有色金属冶金 800 问

主　编　袁水平
副主编　蒋良兴　陈　莹

北　京
冶 金 工 业 出 版 社
2019

内 容 提 要

本书针对有色金属冶金的基础知识和生产实践，以问答的形式介绍了有色金属冶金基本知识及铝冶金、铜冶金、锌冶金、铅冶金、镍冶金、钨钼冶金、金银冶金、稀土冶金等理论和生产知识，并对上述冶金过程中"三废"的处理及二次资源综合利用进行了介绍。

本书可供有色金属冶金工程技术人员和冶金矿业类企业管理人员阅读，也可作为高等院校冶金工程专业的本科生、研究生和教师的教学参考书。

图书在版编目（CIP）数据

有色金属冶金 800 问/衷水平主编. —北京：冶金工业出版社，2019.3（2019.9 重印）
ISBN 978-7-5024-8083-7

Ⅰ.①有⋯　Ⅱ.①衷⋯　Ⅲ.①有色金属冶金—问题解答　Ⅳ.①TF8-44

中国版本图书馆 CIP 数据核字（2019）第 045414 号

出 版 人　谭学余
地　　址　北京市东城区嵩祝院北巷 39 号　邮编　100009　电话　（010）64027926
网　　址　www.cnmip.com.cn　电子信箱　yjcbs@cnmip.com.cn
责任编辑　张熙莹　美术编辑　郑小利　版式设计　孙跃红
责任校对　卿文春　责任印制　牛晓波
ISBN 978-7-5024-8083-7
冶金工业出版社出版发行；各地新华书店经销；三河市双峰印刷装订有限公司印刷
2019 年 3 月第 1 版，2019 年 9 月第 2 次印刷
169mm×239mm；19.5 印张；379 千字；279 页
86.00 元
冶金工业出版社　投稿电话　（010）64027932　投稿信箱　tougao@cnmip.com.cn
冶金工业出版社营销中心　电话　（010）64044283　传真　（010）64027893
冶金工业出版社天猫旗舰店　yjgycbs.tmall.com
（本书如有印装质量问题，本社营销中心负责退换）

本书编委会

主　　编　袁水平

副主编　蒋良兴　陈　莹

委　　员　袁水平　蒋良兴　陈　莹

　　　　　陈　杭　张焕然　苏秀珠

前　言

　　冶金学是一门研究如何经济地从矿石或其他原料中提取金属或金属化合物，并用一定的加工方法制成具有一定性能的金属材料的科学。从人类最早使用金属到今天，冶金学的发展已有数千年历史。在近一百多年的现代工业生产发展中，作为一门基础科学，冶金学发挥了重大作用。随着科学技术的发展，冶金已从狭义的从矿石中提取金属，发展为广义的冶金与材料制备过程工程。

　　现代冶金工业通常把金属分为黑色金属和有色金属两大类。其中铁、铬、锰三种金属被称为黑色金属，其余金属均称为有色金属，而有色金属又习惯性地被分为轻金属、重金属、贵金属和稀有金属四大类。当今有色金属已成为决定一个国家经济、科学技术、国防建设等发展的重要物质基础，是提升国家综合实力和保障国家安全的关键性战略资源。作为有色金属生产第一大国，我国在有色金属研究领域，特别是在复杂低品位有色金属资源的开发和利用上取得了长足进展。但是随着经济的发展，已经探明的优质矿产资源接近枯竭，复杂低品位矿石资源和二次资源将逐步成为主体冶炼原料。因此，有色金属工业的发展迫切需要适应资源特点的新理论、新技术。系统完整、水平领先和相互融合的有色金属技术的开发，对于提高有色金属工业的自主创新能力，促进高效、低碳、无污染、综合地利用有色金属资源，确保有色金属产业的可持续发展，具有重大的推动作用。新技术的开发和应用，始终要以对基础理论和生产知识的理解和认知为基础。本书编写的主要目的是为了提高有色金属专业技术及管理人员的基础知识和工艺实践知识水平，为新理论、新技术的探索开发提供基础支撑。

　　本书作者汇集了紫金矿业集团股份有限公司工程师、福州大学"双师型"教师、中南大学和厦门理工学院的教师，他们具有多年有色金属冶炼生产实践、教学和工艺开发经验，并非常注重产学研用结合。本书以有色金属湿法冶金课程为基础，结合我国有色金属的生产状况，以针对性很强的问答形式进行编写，所提问题大多来自生产一线，并侧重于有色金属冶炼的基本知识、原理、生产工艺及实用操作技能等，是企业生产技术人员及工人必须了解并掌握的内容，主要包括有色金属冶金基本知识及铝冶金、铜冶金、锌冶金、铅冶金、镍冶金、钨钼冶金、金银冶金、稀土冶金等理论和生产知识。本书对问题的解答直接简明，可读性较强，适合于广大有色金属冶金技术人员、操作工人及管理人员阅读，并可作为企业技术培训基础资料，帮助非矿冶专业出身的人员快速、系统地掌握有色金属冶金相关知识。

　　本书由福州大学博士生导师、紫金矿业集团股份有限公司教授级高级工程师衷水平博士任主编（第1章、3章、8章），中南大学蒋良兴博士（第2章、6章、8章）、厦门理工学院陈莹博士（第2章、3章、5章）任副主编，紫金矿业集团股份有限公司工程师、福州大学"双师型"教师陈杭（第4章）、张焕然（第7章）和苏秀珠（第9章）参与了本书编写。

　　由于作者水平所限，书中不足之处，敬请广大读者批评指正。

作　者
2019年1月

目 录

1 有色金属冶金基础知识 ………………………………………… 1

  1.1 金属总述 ……………………………………………………… 1

    1. 金属如何分类? ……………………………………………… 1

    2. 重金属主要包括哪些? ……………………………………… 1

    3. 轻金属主要包括哪些? ……………………………………… 1

    4. 贵金属主要包括哪些? ……………………………………… 1

    5. 稀有高熔点金属包括哪些? ………………………………… 2

    6. 稀散金属主要包括哪些? …………………………………… 2

    7. 稀土金属主要包括哪些? …………………………………… 2

    8. 放射性金属主要包括哪些? ………………………………… 2

    9. 半金属主要包括哪些? ……………………………………… 3

  1.2 有色冶金方法 ………………………………………………… 3

    10. 什么是有色金属冶金学? …………………………………… 3

    11. 有色金属的生产方法主要有哪些? ………………………… 3

    12. 什么是火法冶金,其一般工艺流程包括哪些? …………… 3

    13. 什么是湿法冶金,其一般工艺流程包括哪些? …………… 3

    14. 什么叫电冶金? ……………………………………………… 3

    15. 什么叫真空冶金? …………………………………………… 4

    16. 什么叫微生物冶金? ………………………………………… 4

  1.3 有色冶金基本原理 …………………………………………… 4

    17. 什么是金属熔体? …………………………………………… 4

    18. 什么是熔渣? ………………………………………………… 4

    19. 什么是熔渣的碱度与酸度? ………………………………… 4

    20. 什么是氧化渣与还原渣? …………………………………… 5

    21. 什么是熔盐? ………………………………………………… 5

    22. 什么是熔锍? ………………………………………………… 5

    23. 什么是电位-pH 图? ………………………………………… 5

    24. 什么是吉布斯自由能图? …………………………………… 5

    25. 如何判断反应是否能够自发进行? ………………………… 6

26. 什么是拉乌尔定律? ……………………………………… 6

27. 什么是亨利定律? ……………………………………… 6

28. 什么是偏析? ………………………………………… 6

29. 什么是均相成核与异相成核? ………………………… 7

30. 什么是浓差极化? ……………………………………… 7

31. 什么是阳极钝化? ……………………………………… 7

32. 什么是电化学腐蚀? …………………………………… 7

1.4 有色金属冶金主要过程 …………………………………… 8

33. 什么是磨矿? ………………………………………… 8

34. 什么是选矿? ………………………………………… 8

35. 什么是焙烧? ………………………………………… 8

36. 什么是煅烧? ………………………………………… 8

37. 什么叫烧结和球团? …………………………………… 8

38. 什么叫熔炼? ………………………………………… 8

39. 什么是火法精炼, 主要包括哪些? …………………… 9

40. 什么是搅拌浸出? ……………………………………… 9

41. 什么是池浸? ………………………………………… 9

42. 什么是堆浸? ………………………………………… 9

43. 什么是原地浸出? ……………………………………… 9

44. 什么是液固分离? ……………………………………… 9

45. 什么是溶液净化? ……………………………………… 9

46. 什么是水溶液电解? …………………………………… 10

47. 什么是熔盐电解? ……………………………………… 10

48. 什么是矿浆电解? ……………………………………… 10

49. 什么是电沉积? ………………………………………… 10

50. 什么是萃取? ………………………………………… 10

51. 什么是离子交换法? …………………………………… 11

52. 什么是氯化冶金? ……………………………………… 11

53. 什么是结晶? ………………………………………… 11

54. 什么是沉淀? ………………………………………… 11

55. 冶金过程强化的方法主要有哪些? …………………… 11

56. 什么是熔析精炼? ……………………………………… 11

57. 什么是区域熔炼? ……………………………………… 12

58. 什么是定向凝固? ……………………………………… 12

59. 什么是粉末冶金, 主要包括哪些步骤? ……………… 12

1.5　有色冶金原料基础知识 ………………………………………… 13

60. 什么是矿床? ………………………………………………… 13

61. 什么是矿物? ………………………………………………… 13

62. 什么是矿石? ………………………………………………… 13

63. 什么是矿产储量? …………………………………………… 13

64. 什么是矿石品位? …………………………………………… 13

65. 什么叫精矿? ………………………………………………… 14

66. 什么叫脉石? ………………………………………………… 14

67. 矿石如何分类? ……………………………………………… 14

1.6　有色金属材料基础知识 ………………………………………… 14

68. 什么叫有色金属合金? ……………………………………… 14

69. 什么是铜合金? ……………………………………………… 14

70. 什么是铝合金? ……………………………………………… 15

71. 什么是锌合金? ……………………………………………… 16

72. 什么是铅合金? ……………………………………………… 16

73. 什么是镍合金? ……………………………………………… 16

74. 什么是硬质合金? …………………………………………… 16

1.7　有色冶金环保 …………………………………………………… 16

75. 何谓冶金"三废"? ………………………………………… 16

76. 何谓工业废水? ……………………………………………… 17

77. 水污染指标包括哪些? ……………………………………… 17

78. 生化需氧量是什么? ………………………………………… 17

79. 化学需氧量是什么? ………………………………………… 17

80. 总需氧量是什么? …………………………………………… 17

81. 什么是固体悬浮物? ………………………………………… 17

82. 什么是浊度? ………………………………………………… 17

83. 污水的一、二、三级处理是什么? ………………………… 18

84. 火法冶金过程废水主要有哪些? …………………………… 18

85. 湿法冶金过程废水主要有哪些? …………………………… 18

86. 有色冶金废水处理方法主要包括哪些? …………………… 18

87. 有色冶金过程中产生的废气特点有哪些? ………………… 18

88. 有色冶金废气的处理方法有哪些? ………………………… 18

89. 有色冶金废渣如何分类? …………………………………… 19

90. 火法冶金炉渣的组成及特性是什么? ……………………… 19

91. 什么是二次资源? …………………………………………… 19

92. 什么是固体废物？ ……………………………………………… 19

93. 固体废弃物处理的技术政策包括哪些？ ……………………… 19

94. 固体废弃物如何分类？ ………………………………………… 20

95. 我国主要环境管理制度包括哪些？ …………………………… 20

96. 什么是环境影响评价制度？ …………………………………… 20

97. 什么是环境管理"三同时"制度？ …………………………… 20

2　铝冶金 ………………………………………………………………… 21

　2.1　概述 ………………………………………………………………… 21

98. 铝有哪些物化性质？ …………………………………………… 21

99. 铝的主要消费领域是哪些？ …………………………………… 21

100. 铝矿物的赋存形式有哪些，各种矿物有什么特点？ ……… 22

101. 我国铝土矿的特点是什么？ ………………………………… 23

102. 氧化铝生产方法有哪几种？ ………………………………… 23

103. 铝电解过程有哪些？ ………………………………………… 24

104. 中国氧化铝生产企业和原铝生产企业有哪些？ …………… 24

　2.2　拜耳法生产氧化铝 ………………………………………………… 24

105. 拜耳法的基本原理是怎样的？ ……………………………… 24

106. Na_2O-Al_2O_3-H_2O 系拜耳法循环图有什么特点，如何利用循环图理解拜耳法的原理？ …………………………………………… 25

107. 拜耳法生产氧化铝的基本流程图是怎样的？ ……………… 26

108. 铝土矿为什么要破碎？ ……………………………………… 26

109. 什么是配矿，什么是循环碱量和碱耗？ …………………… 26

110. 如何确定配料苛性比值？ …………………………………… 26

111. 什么是铝酸钠溶液的稳定性？ ……………………………… 28

112. 影响铝酸钠溶液稳定性的主要因素有哪些？ ……………… 28

113. 氧化铝水合物在溶出过程的行为是怎样的？ ……………… 28

114. 含硅矿物的溶出行为是怎样的？ …………………………… 29

115. 含铁矿物的溶出行为是怎样的？ …………………………… 29

116. TiO_2 在溶出过程中的行为是怎样的？ …………………… 30

117. 含 Ca、Mg 矿物在溶出过程中的行为是怎样的？ ………… 30

118. 影响铝土矿溶出过程的因素有哪些？ ……………………… 30

119. 溶出工艺设备主要有哪些？ ………………………………… 32

120. 管道化溶出技术的优越性有哪些？ ………………………… 32

121. 拜耳法过程结垢是如何产生的，结垢有何危害，应该如何清除？ …… 32

122. 溶出矿浆稀释的目的是什么？ ……………………………… 33

123. 赤泥浆液的主要成分是什么？ ……………………………… 33

124. 影响拜耳法赤泥沉降和压缩性能的主要因素有哪些？ …… 33

125. 改善拜耳法赤泥沉降性能的途径有哪些？ ………………… 34

126. 赤泥的危害有哪些？ ………………………………………… 34

127. 铝酸钠溶液分解过程的机理是怎样的？ …………………… 35

128. 影响晶种分解过程的主要因素有哪些？ …………………… 35

129. 分解母液蒸发的目的是什么？ ……………………………… 36

130. 如何降低蒸发水量？ ………………………………………… 36

131. 氢氧化铝焙烧的目的是什么，主要发生哪些反应？ ……… 37

132. 焙烧温度对产品粒度有什么影响？ ………………………… 37

133. 矿化剂对氢氧化铝焙烧有什么影响？ ……………………… 37

134. 氢氧化铝焙烧主要设备有哪些？ …………………………… 37

2.3　烧结法生产氧化铝 ……………………………………………… 38

135. 碱石灰烧结法的原理是什么？ ……………………………… 38

136. 碱石灰烧结法的基本流程是怎样的？ ……………………… 38

137. 氧化铝生产对原料制备的要求有哪些？ …………………… 38

138. 烧结过程的目的和要求分别是什么？ ……………………… 38

139. 烧结过程中主要的物理化学反应有哪些？ ………………… 39

140. 硫对氧化铝生产造成的危害有哪些？ ……………………… 40

141. 烧结过程如何进行排硫？ …………………………………… 40

142. 影响熟料质量的主要因素有哪些？ ………………………… 40

143. 烧结中为什么会产生烧结结圈，结圈对烧结产生哪些影响？ … 41

144. 铝酸盐熟料的溶出的目的和要求分别是什么？ …………… 41

145. 熟料溶出过程中的主要反应有哪些？ ……………………… 41

146. 铝酸钠溶液脱硅过程有什么意义和要求？ ………………… 42

147. 什么是二次脱硅？ …………………………………………… 42

148. 什么叫深度脱硅？ …………………………………………… 42

149. 影响脱硅过程的主要因素有哪些？ ………………………… 42

150. 赤泥分离的主要目的是什么？ ……………………………… 43

151. 赤泥洗涤的主要目的是什么，为什么采用反向洗涤？ …… 43

152. 碳酸化分解的目的和要求分别是什么？ …………………… 43

153. 碳酸化分解的原理是怎样的？ ……………………………… 44

154. 碳酸化分解方法有哪几种？ ………………………………… 44

155. 影响碳酸化分解过程的主要因素有哪些？ ………………… 44

156. 如何提高碳分槽的产能和质量? ……………………………………… 45

157. 碳分槽的基本结构是什么? ……………………………………………… 45

158. 什么是连续碳酸化分解工艺, 其有什么特点? ………………………… 45

159. 分解母液蒸发器的结垢原因是什么, 如何减少结垢的产生? ……… 46

2.4　联合法生产氧化铝 ………………………………………………………… 46

160. 什么是联合法流程, 联合法流程有什么意义? ……………………… 46

161. 什么是并联法、串联法和混联法? …………………………………… 47

162. 串联法工艺的优缺点有哪些? ………………………………………… 47

163. 并联法工艺的优缺点有哪些? ………………………………………… 47

164. 混联法工艺的优缺点有哪些? ………………………………………… 48

2.5　铝电解 ……………………………………………………………………… 48

165. 工业铝电解对 Al_2O_3 物理性能有什么要求? ……………………… 48

166. 电解质由哪些成分组成? ……………………………………………… 48

167. 什么是铝电解质的初晶温度, 电解温度一般要高于初晶温度多少,
　　　电解温度主要取决于什么? ………………………………………… 49

168. 什么是分子比, 它对电解温度有何影响? …………………………… 49

169. 冰晶石熔剂的作用是什么? …………………………………………… 49

170. 铝电解质中的添加剂应满足什么条件, 常用的有哪几种, 它们的
　　　优缺点有哪些? ……………………………………………………… 49

171. 影响电解质电导率的因素有哪些? …………………………………… 50

172. 影响氧化铝在电解质中溶解度的因素有哪些? ……………………… 50

173. 影响电解质黏度的因素有哪些? ……………………………………… 50

174. 电解槽按阳极结构形式可分为哪几种? ……………………………… 51

175. 工业铝电解槽由哪几部分构成? ……………………………………… 51

176. 预焙槽与自焙槽比有哪些优点? ……………………………………… 51

177. 预焙槽的预热启动目的是什么, 有哪几种预热方法? ……………… 51

178. 铝电解的阴极和阳极反应分别是什么? ……………………………… 51

179. 槽工作电压由哪些部分组成, 槽工作电压为什么不能保持过高
　　　也不能保持过低? …………………………………………………… 52

180. 什么是阳极效应? ……………………………………………………… 52

181. 阳极效应产生的机理是什么? ………………………………………… 52

182. 发生阳极效应有何利弊? ……………………………………………… 52

183. 铝电解阴极过电压产生的机理是什么? ……………………………… 53

184. 影响工业槽电流效率的因素有哪些? ………………………………… 53

185. 工业铝电解槽电流效率降低的原因有哪些? ………………………… 54

186. 工业铝电解槽阴极铝的溶解损失有哪些途径? …………………………… 54

187. 电解质水平高低对电解生产过程有什么影响? …………………………… 54

188. 工业铝电解槽中铝液水平过高或过低有何影响? ………………………… 54

189. 电解槽的正常生产特征有哪些? …………………………………………… 55

190. 在铝电解正常生产时期为什么摩尔比会升高? …………………………… 55

191. 如何调整摩尔比, 正确添加 AlF$_3$ 时应注意什么? ……………………… 55

192. 什么是病槽, 常见的病槽和事故有哪几种? ……………………………… 55

193. 为什么采取交叉更换阳极? ………………………………………………… 56

194. 异常换阳极包括哪些, 怎么处理? ………………………………………… 56

3　铜冶金 …………………………………………………………………………… 57

3.1　铜基础知识 ………………………………………………………………… 57

195. 铜的物理和化学性质有哪些? ……………………………………………… 57

196. 铜的主要用途是什么? ……………………………………………………… 57

197. 铜矿物主要有哪些? ………………………………………………………… 58

198. 铜的生产方法有哪些? ……………………………………………………… 58

199. 何谓铜精矿贸易中的加工费 TC/RC? ……………………………………… 58

3.2　火法炼铜 …………………………………………………………………… 58

200. 火法炼铜的工艺流程是什么? ……………………………………………… 58

201. 什么是造锍熔炼, 其过程是什么? ………………………………………… 59

202. 造锍熔炼主要工艺包括哪些? ……………………………………………… 60

203. 造锍熔炼的原辅料有哪些? ………………………………………………… 61

204. 闪速熔炼与熔池熔炼的原料分别有哪些要求? …………………………… 61

205. 什么是冰铜? ………………………………………………………………… 61

206. 冰铜的主要性质有哪些? …………………………………………………… 61

207. 什么是熔炼渣? ……………………………………………………………… 62

208. 炉渣性质对熔炼过程有什么影响? ………………………………………… 62

209. 铜在炉渣中的损失有哪些, 如何降低渣含铜? …………………………… 62

210. Fe$_3$O$_4$ 对熔炼过程有何危害, 如何减少 Fe$_3$O$_4$ 的产生量? …………… 63

211. 炉渣渣型如何选择? ………………………………………………………… 63

212. 如何降低炉渣黏度? ………………………………………………………… 63

213. 什么叫熔炼烟气? …………………………………………………………… 63

214. 什么是烟尘发生率? ………………………………………………………… 64

215. 不同熔炼工艺的烟尘发生率是多少? ……………………………………… 64

216. 熔炼烟尘的处理现状是怎样的? …………………………………………… 64

217. 什么叫锅炉积灰? ……………………………… 65

218. 什么是锅炉盐化装置? ………………………… 65

219. 不同熔炼工艺的主要技术指标是什么? ………… 66

220. 为什么要采用富氧熔炼? ……………………… 67

221. 熔炼过程数学控制模型的作用是什么? ………… 67

222. 冰铜吹炼的目的是什么,分为几个阶段? ……… 67

223. 吹炼各阶段主要发生的反应有哪些? …………… 68

224. PS 转炉的构造有哪些? ………………………… 68

225. 冰铜吹炼的常用作业制度有哪些? ……………… 68

226. 冰铜吹炼制度的选定原则是什么? ……………… 69

227. 冰铜吹炼熔剂的作用及熔剂率的计算方法是什么? … 70

228. 冰铜吹炼过程中各组分变化规律是什么? ……… 70

229. 吹炼风量控制原则是什么? ……………………… 71

230. 什么叫炉次和炉寿? …………………………… 72

231. 提高转炉寿命的措施有哪些? …………………… 72

232. 冰铜吹炼如何减少不必要的热消耗? …………… 73

233. 冰铜吹炼过程中产生的 Fe_3O_4 有什么利弊? …… 73

234. 吹炼过程如何防止炉子过冷和过热? …………… 73

235. 转炉黏渣的原因及处理措施有哪些? …………… 73

236. 转炉吹炼喷炉的原因及处理措施有哪些? ……… 74

237. 如何判断出铜时间? …………………………… 75

238. 造铜期吹炼终点自动判断的机理是什么? ……… 75

239. 粗铜过吹时的特征、原因及其处理措施有哪些? … 75

240. 转炉渣的成分及处理方式有哪些? ……………… 75

241. 白烟尘特性及处理现状是怎样的? ……………… 76

242. 如何提高转炉生产率? ………………………… 76

243. 粗铜的主要成分有哪些? ……………………… 76

244. 粗铜火法精炼的目的是什么? …………………… 77

245. 铜火法精炼由哪几个过程组成? ………………… 77

246. 氧化精炼的原理是什么? ……………………… 77

247. 氧化精炼中杂质如何分类? ……………………… 77

248. 杂质被除去的程度与哪些因素有关? …………… 77

249. 回转式精炼炉有什么特点? ……………………… 78

250. 什么叫稀氧燃烧,有什么优势? ………………… 78

251. 如何缩短氧化精炼过程的时间? ………………… 78

252. 氧、氢含量对还原精炼各有什么影响？ ……………………… 78

253. 如何降低铜中的含氢量？ ………………………………………… 78

254. 还原精炼终点如何判断？ ………………………………………… 79

255. 什么叫带硫还原，其优势有哪些？ ……………………………… 79

256. 如何降低精炼渣的含铜量？ ……………………………………… 79

257. 阳极板浇铸有哪两种方式，各有什么特点？ ………………… 79

258. 浇铸阳极板对熔体温度有什么要求？ ………………………… 79

259. 铸模的种类及其优缺点是什么？ ……………………………… 80

260. 浇铸阳极板对铸模温度有什么要求？ ………………………… 80

261. 什么是阳极板脱模剂？ …………………………………………… 80

262. 阳极板出现气孔的原因是什么？ ……………………………… 81

263. 铜电解精炼的目的和原理是什么？ …………………………… 81

264. 电解精炼如何进行？ ……………………………………………… 82

265. 铜电解精炼的主要设备有哪些？ ……………………………… 82

266. 电解精炼中电极反应如何？ ……………………………………… 82

267. 阳极上杂质元素的行为是怎样的？ …………………………… 83

268. 电解液有什么要求，电解液的成分有哪些？ ………………… 83

269. 铜离子浓度和硫酸含量对电解过程有什么影响？ ………… 83

270. 电解液中为什么要加入添加剂？ ……………………………… 84

271. 电解液温度对电解过程有哪些影响？ ………………………… 84

272. 电解液循环的目的是什么？ ……………………………………… 84

273. 电解液循环的方式是什么？ ……………………………………… 84

274. 什么是平行流电积技术？ ………………………………………… 85

275. 什么是极距，极距对电解有什么影响？ ……………………… 85

276. 什么是铜阳极板钝化现象？ ……………………………………… 85

277. 电解过程中发生短路、断路的原因是什么，如何处理？ …… 85

278. 提高电流密度有什么影响？ ……………………………………… 86

279. 影响电流效率的因素有哪些？ …………………………………… 86

280. 什么是槽电压，如何降低槽电压？ …………………………… 86

281. 什么是残极？ ………………………………………………………… 86

282. 电解液的杂质有哪些，有什么危害？ ………………………… 86

283. 影响阴极铜质量的因素有哪些？ ……………………………… 87

284. 为什么要进行电解液的净化？ …………………………………… 87

285. 电解液的净化方法有哪些？ ……………………………………… 88

286. 什么是诱导法脱砷？ ……………………………………………… 88

287. 什么是黑铜泥? ………………………………………… 88

288. 铜冶炼渣是如何产生的? ……………………………… 89

289. 铜在冶炼渣中如何损失? ……………………………… 89

290. 铜渣中铜的回收方法主要有哪些? …………………… 89

291. 熔炼渣电炉贫化的原理是什么? ……………………… 89

292. 炉渣的贫化包括哪两个阶段? ………………………… 89

293. 贫化电炉的作业方式是什么? ………………………… 89

294. 电炉贫化过程是什么? ………………………………… 90

295. 影响电炉贫化效果的因素有哪些? …………………… 90

296. 沉淀池内的电极贫化法有何优缺点? ………………… 90

297. 铜冶炼炉渣选矿工艺有哪些? ………………………… 90

298. 何为炉渣的浮选? ……………………………………… 90

299. 铜炉渣浮选有何优缺点? ……………………………… 91

300. 铜渣浮选后主要处置方式是什么? …………………… 91

301. 什么是铜阳极泥? ……………………………………… 91

302. 铜阳极泥的物理化学性质是什么? …………………… 91

303. 铜阳极泥的处理方法有哪些? ………………………… 91

3.3　湿法炼铜 ……………………………………………… 92

304. 湿法炼铜的工艺流程是什么? ………………………… 92

305. 为什么要焙烧硫化铜精矿? …………………………… 92

306. 湿法炼铜矿石的浸出方法有哪几种? ………………… 92

307. 为什么要净化浸出液? ………………………………… 93

308. 影响铜矿石堆浸的主要因素有哪些? ………………… 93

309. 如何选择堆场? ………………………………………… 94

310. 堆场底垫的建设要求有哪些? ………………………… 95

311. 筑堆的方法有哪些? …………………………………… 95

312. 堆浸的布液方式有哪些, 铜矿石的布液如何操作? … 96

313. 如何进行氧化铜矿的堆浸? …………………………… 96

314. 不同类型铜矿石的搅拌浸出工艺如何选择? ………… 97

315. 影响搅拌浸出速率的主要因素有哪些? ……………… 97

316. 如何提高浸出速度? …………………………………… 97

317. 细菌浸出铜的主要菌种分类有哪些? ………………… 97

318. 如何进行细菌的采集和培养? ………………………… 98

319. 如何进行细菌的分离和纯化? ………………………… 98

320. 生物浸出主要的化学反应有哪些? …………………… 98

321. 生物堆浸工艺流程是怎样的？ ……………………………………… 99

322. 铜的浸出—萃取—电积法有什么优点？ ………………………… 99

323. 氧化铜矿氨浸—萃取—电积工艺流程是怎样的？ …………… 100

324. 铜矿石的氨浸机理是什么？ ………………………………… 100

325. 什么是萃取因素，影响萃取比的因素有哪些？ ………………… 101

326. 如何计算萃取的饱和容量和净交换容量？ …………………… 101

327. 什么是萃取等温点、反萃等温点，如何绘制萃取等温线？ …… 101

328. 铜萃取剂、稀释剂的选择原则是什么？ ……………………… 102

329. 如何测定有机相中萃取剂的最大负载？ ……………………… 102

330. 如何配制实际需要的铜萃取剂浓度和测定有机相中的萃取剂
　　 浓度？ ………………………………………………………… 102

331. 如何测定最低萃取平衡 pH 值？ ……………………………… 103

332. 如何测定萃取的平衡时间？ ………………………………… 103

333. 如何进行最佳洗涤条件测定？ ……………………………… 103

334. 影响铜萃取平衡的主要因素有哪些？ ……………………… 103

335. 什么是改性剂，工业上常用的改性剂可分为哪几类？ ……… 104

336. 什么是相间污物和乳化，相间污物的组成是什么？ ………… 105

337. 如何减少相间污物的产生？ ………………………………… 105

338. 工业上羟肟类铜萃取剂主要有哪些？ ……………………… 105

339. 溶剂萃取工艺设计的基本原则有哪些？ …………………… 110

340. 影响萃取器放大的因素主要有哪些？ ……………………… 110

341. 有机烧斑的形成原因是什么，如何控制？ ………………… 110

342. 影响电积层结构的因素有哪些？ …………………………… 110

343. 电积铜时，添加剂的分类及作用有哪些？ ………………… 111

344. 铜电积和电解有什么区别？ ………………………………… 111

345. 如何处理电积废液？ ………………………………………… 112

3.4　制酸工艺 ……………………………………………………… 112

346. 常见的制酸工艺有哪些？ …………………………………… 112

347. 烟气制酸的主要工艺流程是什么？ ………………………… 112

348. 烟气净化的目的及原则是什么？ …………………………… 112

349. 动力波洗涤的原理及作用是什么？ ………………………… 113

350. 动力波洗涤工艺的特点是什么？ …………………………… 113

351. 什么是污酸，污酸的主要成分是什么？ …………………… 113

352. 污酸的性质是什么？ ………………………………………… 113

353. 目前污酸的处理方法有什么不足之处？ …………………… 113

354. 污酸中铼的回收现状是什么？ ……………………………… 114

355. 什么是砷滤饼、铅滤饼，要如何处理？ ………………… 114

356. 转化工序的原理及使用的催化剂是什么？ ……………… 114

357. 干吸工序的原理和反应步骤是什么？ …………………… 115

358. 干吸工艺的特点是什么？ ………………………………… 115

359. 什么是"二转二吸"，它有什么优缺点？ ……………… 115

360. 影响吸收率的主要因素有哪些？ ………………………… 115

361. 采用循环冷却水系统的弊端有哪些，如何解决？ ……… 116

4　锌冶金 …………………………………………………………… 117

4.1　基本性质 …………………………………………………… 117

362. 锌的物理和化学性质有哪些？ …………………………… 117

363. 锌的主要化合物的性质有哪些？ ………………………… 117

364. 锌及其化合物的主要用途有哪些？ ……………………… 118

365. 锌的主要矿物有哪些？ …………………………………… 118

366. 我国锌矿资源的特点是什么？ …………………………… 118

367. 锌的冶炼方法分为哪几类？ ……………………………… 118

368. 火法炼锌的基本原理是什么？ …………………………… 119

369. 湿法炼锌的基本原理是什么？ …………………………… 119

370. 现代锌冶金还有哪些新方法？ …………………………… 119

4.2　焙烧作业 …………………………………………………… 119

371. 锌精矿焙烧的目的是什么？ ……………………………… 119

372. 焙烧方式有哪几种？ ……………………………………… 120

373. 锌精矿焙烧工艺大致流程是什么？ ……………………… 120

374. 锌精矿焙烧过程主要发生哪些物理化学反应？ ………… 120

375. 焙烧前炉料准备主要分为哪几步？ ……………………… 121

376. 硫化锌精矿焙烧为什么大多采用沸腾炉？ ……………… 121

377. 沸腾焙烧炉加料方式有哪些？ …………………………… 121

378. 精矿干燥的方法有哪些，其目的是什么？ ……………… 122

379. 火法炼锌和湿法炼锌在焙烧作业时有何不同？ ………… 122

380. 硫化矿物氧化过程的影响因素有哪些？ ………………… 122

381. 如何控制氧化锌和硫酸锌的生成？ ……………………… 122

382. 湿法炼锌对焙烧有什么要求？ …………………………… 122

383. 铁酸锌形成的危害是什么，如何控制？ ………………… 123

384. 硅酸锌生成的危害是什么？ ……………………………… 123

385. 处理高铅、高硅锌精矿时需要采取哪些措施？ ·················· 123

386. 影响沸腾层均匀稳定的因素是什么？ ·················· 124

387. 沸腾焙烧的强化措施有哪些？ ·················· 124

4.3　湿法炼锌 ·················· 124

388. 什么是锌焙砂的浸出，目的是什么？ ·················· 124

389. 中性浸出净化除杂的原理是什么？ ·················· 124

390. 浸出过程为什么要加入氧化剂？ ·················· 125

391. 浸出过程如何选择氧化剂，常用氧化剂有哪些？ ·················· 125

392. 中性浸出过程焙砂加入量如何计算？ ·················· 125

393. 锌焙砂低酸浸出过程发生哪些反应？ ·················· 126

394. 上清液浑浊的原因及应对措施是什么？ ·················· 126

395. 中性浸出过程 pH 值不受控制的原因及处理方法是什么？ ·········· 127

396. 锌浸出过程如何提高铁酸锌的浸出率？ ·················· 127

397. 高硅焙烧矿浸出作业如何控制？ ·················· 127

398. 锌浸出渣如何处理？ ·················· 127

399. 黄钾铁矾法沉淀工艺的原理是什么？ ·················· 127

400. 黄钾铁矾法除铁有什么优缺点？ ·················· 128

401. 针铁矿除铁的工艺原理及特点是什么？ ·················· 128

402. 赤铁矿法除铁的工艺原理及特点是什么？ ·················· 128

403. 净化过程中"铁翻高"的原因是什么？ ·················· 129

404. 硫酸锌浸出液净化的目的是什么？ ·················· 129

405. 锌粉净化除铜、镉的原理是什么？ ·················· 129

406. 影响净化除铜、镉的因素有哪些？ ·················· 130

407. 锌粉置换除钴的方法有哪些，各有什么特点？ ·················· 130

408. 黄药除钴原理是什么？ ·················· 130

409. β-萘酚除钴的原理是什么？ ·················· 131

410. 如何净化除氟、氯？ ·················· 131

411. 湿法炼锌过程中钙、镁对生产有什么影响？ ·················· 131

412. 湿法炼锌过程中除钙、镁的方法有哪些？ ·················· 132

413. 什么是锌的电解沉积？ ·················· 133

414. 锌电积液化学成分有什么要求？ ·················· 133

415. 锌电积的阳极过程是什么？ ·················· 133

416. 锌电积的阴极过程是什么？ ·················· 133

417. 影响氢超电位的因素有哪些？ ·················· 134

418. 杂质对锌电积过程影响是怎样的？ ·················· 134

419. 锌电积电流效率的影响因素是什么? ·············· 135

420. 锌电积技术条件如何控制? ·················· 136

421. 锌电积过程出现烧板故障如何处理? ············· 136

422. 锌电积过程中为什么会产生酸雾,如何防止? ·········· 137

423. 如何进行阳极镀膜? ······················ 137

424. 阴极锌结构与哪些因素有关? ················· 137

425. 锌片主要杂质元素的来源是什么,控制措施是什么? ····· 138

4.4 火法炼锌 ····························· 139

426. 竖罐炼锌主要分为哪几个过程? ················ 139

427. 竖罐各部位在炼锌过程中各有什么作用? ··········· 139

428. 竖罐炼锌对炉料有什么要求? ················· 139

429. 竖罐炼锌的产物有哪些? ···················· 140

430. 鼓风炉炼锌的主要工艺是什么? ················ 140

431. 鼓风炉炼锌从上到下分为哪几个带,各有什么作用? ····· 140

432. 鼓风炉炼锌过程为什么用铅雨冷凝锌蒸气? ·········· 140

433. 铅雨冷凝锌蒸气的原理是什么,有何特点? ·········· 141

434. 平罐炼锌的操作及特点是什么? ················ 141

435. 电炉炼锌的特点是什么? ···················· 141

436. 铅锌熔体如何分离? ······················ 141

437. 锌的化合物在蒸馏过程中的行为如何? ············· 142

438. 杂质在蒸馏过程中的行为如何? ················ 142

439. 精馏法精炼有何特点? ····················· 143

4.5 其他方法 ····························· 143

440. 什么是氨浸法? ························· 143

441. 硫化锌精矿的直接浸出原理是什么? ············· 143

442. 什么是硫化锌精矿的直接电解? ················ 143

443. 等离子炼锌技术的原理是什么? ················ 144

444. 什么是喷吹炼锌法? ······················ 144

445. 什么是氧压浸出? ······················· 144

446. 常压富氧浸出和氧压浸出有什么区别? ············· 144

447. 常压富氧浸出有什么优点? ·················· 145

5 铅冶金 ······························· 146

5.1 铅基础知识 ···························· 146

448. 铅的物理性质有哪些? ····················· 146

449. 铅的化学性质有哪些? …………………………………… 146

450. 铅有哪些主要化合物? …………………………………… 147

451. 铅的用途有哪些? ………………………………………… 148

5.2　铅冶金概述 …………………………………………………… 148

452. 我国铅资源的分布情况是怎样的? …………………… 148

453. 炼铅原料有哪些? ………………………………………… 149

454. 炼铅方法有哪几种? ……………………………………… 149

455. 什么是硫化铅精矿烧结焙烧? ………………………… 149

456. 如何判断金属硫化物的着火温度? …………………… 150

457. 硫化铅氧化反应速度的影响因素有哪些? …………… 150

458. 硫化铅精矿烧结焙烧须控制哪些条件? ……………… 150

459. 影响烧结矿质量的因素有哪些? ……………………… 151

460. 鼓风烧结包括哪些工序? ………………………………… 151

461. 铅烧结块还原熔炼的目的是什么? …………………… 151

462. 铅烧结块还原熔炼的产物是什么? …………………… 151

463. 铅烧结块鼓风炉还原熔炼有什么特点? ……………… 152

464. 鼓风炉熔炼过程中影响碳质燃料燃烧的因素有哪些? … 152

465. 铅鼓风炉还原能力与哪些因素有关? ………………… 152

466. 金属氧化物还原反应由哪几个阶段组成? …………… 153

467. 还原熔炼时烧结块中铅化合物的行为如何? ………… 153

468. 还原熔炼时烧结块中杂质金属的行为如何? ………… 153

469. 鼓风炉还原炼铅包括哪些工序? ……………………… 154

470. 鼓风炉开炉需做哪些工作? ……………………………… 154

471. 鼓风炉炼铅的炉渣成分是什么? ……………………… 155

472. 铅在炉渣中的损失有哪些? ……………………………… 155

473. 降低炉渣含铅的措施有哪些? ………………………… 155

474. 炼铅炉渣的性质对熔炼过程有何影响? ……………… 156

475. 炼铅炉渣如何处理? ……………………………………… 156

476. 什么是硫化铅精矿直接熔炼法? ……………………… 156

477. 什么是基夫赛特炼铅法? ………………………………… 156

478. 什么是 QSL 炼铅法? ……………………………………… 157

479. 什么是卡尔多炼铅法? …………………………………… 158

480. 什么是奥托昆普炼铅法? ………………………………… 159

481. 什么是水口山炼铅法? …………………………………… 159

482. 什么是粗铅的火法精炼? ………………………………… 160

483. 粗铅火法初步精炼如何脱铜? ……………………… 160

484. 粗铅火法初步精炼如何脱锡? ……………………… 161

485. 什么是粗铅的电解精炼? …………………………… 161

486. 粗铅电解精炼过程中杂质的行为如何? …………… 161

487. 铅电解精炼对阳极与阴极有何要求? ……………… 161

488. 电解液成分对电解有何影响? ……………………… 161

489. 阳极泥的洗滤如何进行? …………………………… 162

490. 铅液铸锭方式有哪两种? …………………………… 162

491. 湿法炼铅有哪些方法? ……………………………… 162

492. 湿法炼铅有什么优点? ……………………………… 163

5.3　铅再生 ………………………………………………… 163

493. 还原铅、再生铅和铅精矿的区别是什么? ………… 163

494. 再生铅资源有哪些? ………………………………… 163

495. 再生铅的生产方法有哪些? ………………………… 164

496. 回收再生铅有什么意义? …………………………… 164

497. 我国再生铅的生产情况如何? ……………………… 164

6　镍冶金 ……………………………………………………… 166

6.1　镍基础知识 …………………………………………… 166

498. 镍的物理性质有哪些? ……………………………… 166

499. 镍的化学性质有哪些? ……………………………… 166

500. 镍的主要化合物有哪些? …………………………… 166

501. 镍有哪些用途? ……………………………………… 167

502. 镍的资源分布及产量情况如何? …………………… 167

6.2　镍冶金概述 …………………………………………… 168

503. 镍冶金原料有哪些? ………………………………… 168

504. 镍的生产方法有哪些? ……………………………… 168

505. 不同的镍矿石经火法冶炼分别得到什么产物? …… 168

506. 不同的镍矿石经湿法冶炼方法分别得到什么产物? … 169

507. 硫化镍的火法冶炼工艺流程是什么? ……………… 169

508. 什么是造锍熔炼? …………………………………… 169

509. 硫化镍精矿的造锍熔炼有哪几种方法? …………… 170

510. 造锍熔炼的原料和产物是什么? …………………… 171

511. 杂质元素在造锍熔炼过程中的行为是怎样的? …… 171

512. 镍锍的组成及其性质是什么? ……………………… 172

513. 镍在炉渣中的损失有哪些？ ……………………………………… 172

514. 什么是闪速熔炼？ ………………………………………………… 172

515. 闪速熔炼系统的构成是怎样的？ ………………………………… 173

516. 闪速熔炼的产物成分是什么？ …………………………………… 173

517. 闪速熔炼的物料制备工作有哪些？ ……………………………… 173

518. 闪速熔炼的技术指标有哪些？ …………………………………… 173

519. 闪速熔炼如何控制料比？ ………………………………………… 173

520. 镍锍温度如何控制？ ……………………………………………… 174

521. 控制镍锍品位的意义是什么？ …………………………………… 174

522. 渣型 Fe/SiO$_2$ 如何控制？ ………………………………………… 174

523. 电炉熔炼的优缺点是什么？ ……………………………………… 175

524. 电炉熔炼的产物成分是什么？ …………………………………… 175

525. 低镍锍的产出率的影响因素有哪些？ …………………………… 175

526. 炉渣成分对炉渣性质及金属损失的影响是什么？ ……………… 175

527. 什么是低镍锍吹炼？ ……………………………………………… 176

528. 什么是高镍锍？ …………………………………………………… 176

529. 低镍锍吹炼的特点是什么？ ……………………………………… 176

530. 铜、镍、钴、铁的硫化次序是什么？ …………………………… 177

531. 镍在吹炼过程中的行为是怎样的？ ……………………………… 177

532. 高镍硫缓冷工序的目的是什么？ ………………………………… 177

533. 高镍硫缓冷工序的设备是什么？ ………………………………… 177

534. 高镍硫缓冷过程的降温秩序是什么？ …………………………… 178

535. 高镍锍缓冷作业的影响因素有哪些？ …………………………… 178

536. 什么是磨浮分离法？ ……………………………………………… 178

537. 磨浮分离法的产物是什么？ ……………………………………… 179

538. 什么是镍的隔膜电解精炼法？ …………………………………… 179

539. 镍的电解精炼有什么特点？ ……………………………………… 179

540. 镍电解液净化的流程是什么？ …………………………………… 180

541. 羰基法生产镍的工艺原理是什么？ ……………………………… 180

542. 羰化反应时各元素的行为是什么？ ……………………………… 180

543. 羰基法生产镍的工艺流程是什么？ ……………………………… 180

544. 硫化镍精矿的高压氨浸法生产流程是什么？ …………………… 181

545. 硫化镍精矿的硫酸化焙烧—浸出法生产流程是什么？ ………… 182

7　钨钼冶金 …………………………………………………………… 183

　7.1　钨冶金 ………………………………………………………… 183

546. 什么是稀有金属，稀有金属的分类及其特点是什么？ …………… 183

547. 稀有金属生产的主要步骤是什么？ ……………………………… 183

548. 钨的主要物理化学性质有哪些？ ………………………………… 184

549. 钨及其化合物主要的用途 ………………………………………… 184

550. 钨主要化合物的性质是什么？ …………………………………… 184

551. 钨矿物主要有哪些？ ……………………………………………… 185

552. 冶炼时对钨矿的要求是什么？ …………………………………… 185

553. 钨储量状况如何？ ………………………………………………… 186

554. 钨的生产方法是什么？ …………………………………………… 186

555. 碱法生产 WO_3 为什么要先分解精矿？ ………………………… 186

556. 黑钨矿苏打烧结法的基本原理是什么？ ………………………… 186

557. 苏打高压浸出法的碱度对钨浸出率的影响及改进措施是什么？ … 186

558. 什么是热球磨碱浸工艺？ ………………………………………… 187

559. 苛性钠浸出液中 NaOH 的回收方法是什么？ …………………… 187

560. 白钨矿氟盐分解的原理是什么？ ………………………………… 187

561. 为什么要进行纯钨化合物的制取，有哪些方法？ ……………… 187

562. 碱法粗钨酸钠溶液净化除硅、磷、砷的基本原理是什么？ …… 188

563. 粗钨酸钠溶液的净化如何操作？ ………………………………… 188

564. 三硫化钼沉淀法除钼的原理是什么？ …………………………… 188

565. 如何从钨酸钠溶液中制取钨酸沉淀物？ ………………………… 189

566. 如何制备人造白钨？ ……………………………………………… 189

567. 用钨酸钙如何制备钨酸？ ………………………………………… 189

568. 如何用钨酸制备 WO_3？ ………………………………………… 189

569. 白钨矿酸法制备 WO_3 有哪些工序？ ………………………… 189

570. 仲钨酸铵结晶析出的基本原理是什么？ ………………………… 190

571. 影响 APT 粒度的因素及影响规律是什么？ …………………… 190

572. 蓝色氧化钨及其制备方法是什么？ ……………………………… 191

573. 钨浸出液离子交换法处理的目的是什么？ ……………………… 191

574. 离子交换法净化钨酸钠生产 APT 的流程是什么？ …………… 191

575. 萃取法生产钨酸铵的工艺流程是什么？ ………………………… 192

576. 氢还原法生产钨粉的基本原理、工艺过程及特点是什么？ …… 192

577. 影响氢还原生产钨粉过程的因素有哪些？ ……………………… 192

578. 致密金属钨怎么生产？ …………………………………………… 193

579. 什么是氨氮废水，如何处理？ …………………………………… 193

7.2 钼冶金 …………………………………………………………… 194

580. 钼的主要物理化学性质是什么？ ……………………………………… 194

581. 钨及其化合物主要的用途有哪些？ …………………………………… 194

582. 钼矿物有哪些？ ………………………………………………………… 194

583. 钼金属在碱性体系中的性质如何？ …………………………………… 194

584. MoO_3 与 H_2MoO_4 作为钼冶炼过程重要化合物，其性质如何？ …… 195

585. 根据钼含量不同，钼酸铵主要分为几类？ …………………………… 195

586. 辉钼精矿为什么要进行氧化焙烧？ …………………………………… 195

587. 辉钼矿氧化生成三氧化钼的氧化过程大致分为哪几个阶段？ ……… 195

588. 温度对辉钼矿焙烧的影响是什么？ …………………………………… 195

589. 辉钼矿焙烧主要设备有哪几种？ ……………………………………… 196

590. 辉钼矿采用回转炉焙烧时为什么采用靠近炉尾间接加热？ ………… 196

591. 钼精矿焙烧过程加入石灰工艺的特点是什么？ ……………………… 196

592. 钼精矿焙烧过程添加碳酸钠工艺的特点是什么？ …………………… 196

593. 影响钼精矿氧化焙烧过程的因素都有哪些？ ………………………… 196

594. 钼精矿湿法氧化的实质是什么？ ……………………………………… 197

595. 钼精矿湿法氧化浸出的主要方法有哪些？ …………………………… 197

596. 钼精矿硝酸高压氧浸工艺及其特点是什么？ ………………………… 197

597. 钼精矿次氯酸钠浸出法工艺及其特点是什么？ ……………………… 197

598. 钼氨浸出液脱除磷、砷的方法是什么？ ……………………………… 198

599. 钼萃取过程有机相浓稠、流动性差、产生乳化、分相不好的
　　　原因是什么？ …………………………………………………………… 198

600. 钼萃取过程澄清室分相界面不稳定、水相澄清区逐渐缩小的
　　　原因是什么？ …………………………………………………………… 198

601. 钼酸铵溶液净化的方法主要有哪些？ ………………………………… 198

602. 影响钼酸铵溶液蒸发速度的因素有哪些？ …………………………… 198

603. 钼酸铵溶液酸沉制备钼酸铵的影响因素有哪些？ …………………… 199

604. 钼氨浸渣处理方法主要有哪些？ ……………………………………… 199

605. 钼焙砂升华法制取三氧化钼原理是什么？ …………………………… 199

606. 影响钼酸铵煅烧制备三氧化钼质量的因素有哪些？ ………………… 200

607. 超细钼粉制取的方法有哪些？ ………………………………………… 200

608. 离子交换法钼酸铵溶液净化的原理是什么？ ………………………… 200

609. 致密金属钼如何生产？ ………………………………………………… 200

8　金银冶金 ……………………………………………………………… 201

　8.1　概述 …………………………………………………………………… 201

610. 金的物理和化学性质是什么？ …………………………………… 201

611. 金的主要化合物有哪些？ ………………………………………… 201

612. 金的主要用途是什么？ …………………………………………… 202

613. 金的矿石类型有哪几种？ ………………………………………… 202

614. 我国主要岩金矿床类型的地质特征是什么？ …………………… 203

615. 银的物理化学性质是什么？ ……………………………………… 204

616. 银的主要化合物有哪些？ ………………………………………… 205

617. 银的主要用途是什么？ …………………………………………… 205

618. 主要的含银矿物有哪些？ ………………………………………… 206

619. 金、银在地质构造运动中是如何富集成矿的？ ………………… 206

8.2　矿石准备及选矿 …………………………………………………… 206

620. 生产金的矿物原料有哪些？ ……………………………………… 206

621. 可用于提取金、银的有色金属副产原料有哪些？ ……………… 207

622. 可用于提取金、银的废旧原料有哪些？ ………………………… 207

623. 含金氧化矿石的特点是什么？ …………………………………… 207

624. 从金矿中富集金、银的原则流程是什么？ ……………………… 208

625. 破碎与筛分，磨矿与分级作业的作用是什么？ ………………… 209

626. 重选法适用于什么类型的矿石？ ………………………………… 209

627. 根据重选设备，重选方法主要有哪几种？ ……………………… 209

628. 什么类型贵金属矿石采用浮选法？ ……………………………… 210

629. 自然金浮选的特点是什么，金的粒度与其可浮性之间的关系
　　如何？ …………………………………………………………… 210

630. 浮选广泛应用于各种金银矿的原因是什么？ …………………… 210

631. 含有硫化矿的含金石英脉矿石如何浮选？ ……………………… 211

632. 含金黄铁矿和磁黄铁矿如何浮选分离？ ………………………… 211

633. 含金黄铁矿和毒砂如何浮选分离？ ……………………………… 211

634. 含砷金矿石的处理方法是什么？ ………………………………… 211

635. 碳酸盐法实现含金黄铁矿和毒砂浮选分离的作用机理是什么？ … 211

636. 什么是碳酸化转化—浮选法提金技术？ ………………………… 212

637. 浮选药剂的种类有哪些，作用分别是什么？ …………………… 212

638. 多金属矿物浮选常用的抑制剂有哪些，其特点是什么？ ……… 213

8.3　矿石中金、银提取工艺 …………………………………………… 213

639. 耗氰化剂型复杂矿石的处理流程是什么？ ……………………… 213

640. 内质竞争型矿石处理流程是什么？ ……………………………… 214

641. 耗氧型复杂矿石处理流程是什么？ ……………………………… 214

642. 什么是混汞法，作用原理是什么？ …………………………………… 214

643. 金在氰化溶液中浸出的原理是什么？ …………………………………… 215

644. 什么类型矿石宜采用氰化法，常用的氰化法有哪些？ …………………… 215

645. 影响金氰化浸出的因素有哪些？ ………………………………………… 215

646. 什么是氰化过程中的助浸，有哪些方法？ ……………………………… 216

647. 什么叫炭浆法和炭浸法，其流程和特点以及两者之间的区别
　　 是什么？ …………………………………………………………………… 216

648. 在氰化过程中加入的碱为什么被称为保护碱？ ………………………… 216

649. 矿石中的伴生矿物对金的氰化浸出有什么影响？ ……………………… 217

650. 氰化提金生产中常用的氰化物有哪些？ ………………………………… 217

651. 什么叫渗滤氰化法，其流程和特点是什么？ …………………………… 217

652. 什么叫搅拌氰化法，其流程和特点是什么？ …………………………… 218

653. 从含金氰化贵液中回收金的方法有哪些？ ……………………………… 218

654. 锌粉置换回收金的工艺过程是怎样的？ ………………………………… 218

655. 锌粉置换法的技术操作及技术指标是什么？ …………………………… 218

656. 什么是氰化堆浸法，其流程和特点是什么？ …………………………… 219

657. 适宜用堆浸法处理的矿石特点是什么？ ………………………………… 219

658. 堆浸法提金生产的影响因素有哪些？ …………………………………… 219

659. 矿堆的渗透性对堆浸生产有什么影响，影响矿堆渗透性的因素
　　 有哪些？ …………………………………………………………………… 219

660. 从堆浸贵液中回收金的方法是什么？ …………………………………… 220

661. 活性炭吸附金的原理是什么？ …………………………………………… 220

662. 活性炭吸附堆浸贵液中金的技术条件主要有哪些？ …………………… 220

663. 从载金炭上解吸金的原理是什么？ ……………………………………… 221

664. 影响载金炭金解吸的因素有哪些？ ……………………………………… 221

665. 从载金炭上解吸金的方法有哪些？ ……………………………………… 221

666. 从载金炭解吸贵液中电积金的原理是什么？ …………………………… 222

667. 影响金电积过程的因素有哪些？ ………………………………………… 223

668. 制粒堆浸有哪些优点？ …………………………………………………… 223

669. 氰化法提金的优缺点是什么？ …………………………………………… 223

670. 常见的非氰提金药剂有哪些？ …………………………………………… 224

671. 硫脲溶解金、银的原理是什么，硫脲法的应用有哪些？ ……………… 224

672. 什么是硫代硫酸盐浸出金？ ……………………………………………… 225

673. 什么是石硫合剂法浸出金？ ……………………………………………… 225

674. 什么是类氰试剂法浸出金？ ……………………………………………… 225

675. 水溶液氯化法及其浸金的原理是什么？ …………………………… 225

676. 铜矿中的伴生银如何回收？ ………………………………………… 226

677. 银精矿的氯化焙烧原理及作业条件是什么？ …………………… 227

678. 含氰污水的处理方法有哪些？ …………………………………… 227

679. 碱氯化法处理含氰污水的原理是什么，其特点是什么？ ……… 227

680. 离子交换法处理含氰废水的原理是什么，其优缺点是什么？ … 228

681. 次氯酸盐法处理炭浆提金厂含氰污水的原理是什么，其特点
　　是什么？ ……………………………………………………………… 228

8.4　难处理含金矿石预处理 ……………………………………………… 229

682. 什么是难处理金矿石，金矿石难浸的原因有哪些？ …………… 229

683. 难处理金矿石的预处理方法有哪些，预处理目的是什么？ …… 229

684. 碳质金矿石难处理的原因是什么，其预处理方法有哪些？ …… 230

685. 什么是生物氧化预处理，特点是什么？ ………………………… 230

686. 微生物氧化预处理的主要优缺点是什么？ ……………………… 230

687. 什么是氧化焙烧预处理，其主要特点是什么？ ………………… 231

688. 什么是固化焙烧法，其主要缺点是什么？ ……………………… 231

689. 氯化焙烧与硫酸焙烧的区别是什么？ …………………………… 232

690. 加（热）压氧化预处理的原理是什么？ ………………………… 232

691. 加（热）压氧化预处理的特点是什么？ ………………………… 233

692. 什么是硝酸氧化预处理法，其主要缺点是什么？ ……………… 233

693. 什么是难处理金矿的常压碱浸预处理法？ ……………………… 233

694. 什么是难处理金矿的常压酸预处理法？ ………………………… 234

695. 什么是微波预处理法，其特点是什么？ ………………………… 234

696. 对含砷金矿物的处理通常有什么方法？ ………………………… 234

697. 对含碳金矿物的处理通常有什么方法？ ………………………… 235

698. 对含铜金矿石处理的方法有哪些？ ……………………………… 235

699. 对石英包裹金矿石处理的方法有哪些？ ………………………… 236

8.5　有色冶金副产物中金、银的回收 ………………………………… 236

700. 从铅阳极泥中回收金、银的方法有哪些？ ……………………… 236

701. 金银合金的分离方法是什么？ …………………………………… 236

702. 什么是富铅灰吹法？ ……………………………………………… 237

703. 银锌壳来源是什么，从其中回收金、银的方法有哪些？ ……… 237

704. 从湿法炼锌渣中回收金、银的方法有哪些？ …………………… 237

705. 从锌冶炼中回收银的工艺流程有哪些？ ………………………… 238

706. 从铋精炼渣中提银的方法是什么？ ……………………………… 238

707. 从湿法炼铜渣中回收金、银的方法是什么？ ……………………… 238

708. 从含金硫酸烧渣中回收金的工艺流程是什么？ ………………… 239

8.6　含金、银废料中金、银的回收 ………………………………… 239

709. 含金废旧物料怎么分类？ ………………………………………… 239

710. 从含金废液中回收金的方法有哪些？ …………………………… 239

711. 从含金合金中回收金的方法有哪些？ …………………………… 240

712. 从镀金废件中回收金的方法有哪些？ …………………………… 241

713. 从贴金废件中回收金的方法有哪些？ …………………………… 242

714. 从含金粉尘中回收金的方法有哪些？ …………………………… 242

715. 从含金垃圾中回收金的方法有哪些？ …………………………… 242

716. 含银废旧物料怎么分类？ ………………………………………… 243

717. 从废定影液中回收银的方法有哪些？ …………………………… 243

718. 从银电镀液中回收银的方法有哪些？ …………………………… 243

719. 从废胶片、废印相纸中回收银的方法有哪些？ ………………… 244

720. 从感光乳剂中回收银的方法有哪些？ …………………………… 244

721. 从含银合金废料中回收银的方法有哪些？ ……………………… 244

722. 从镀银废料中回收银的方法有哪些？ …………………………… 245

723. 从其他含银废料中回收银的方法有哪些？ ……………………… 245

8.7　金、银精炼与铸锭 ……………………………………………… 245

724. 金精炼原料有哪些？ ……………………………………………… 245

725. 什么是金、银的火法精炼，主要有哪些方法？ ………………… 245

726. 金的化学精炼方法有哪些？ ……………………………………… 246

727. 金电解精炼的基本原理是什么，电极反应如何进行？ ………… 246

728. 金的萃取法有哪些？ ……………………………………………… 247

729. 银的化学精炼方法有哪些？ ……………………………………… 247

730. 银电解精炼的基本原理是什么，电极反应如何进行？ ………… 248

731. 银电解精炼过程中的杂质行为如何？ …………………………… 248

732. 银电解阳极泥如何处理？ ………………………………………… 248

733. 银电解液的净化方法有哪些？ …………………………………… 249

734. 银的萃取法有哪些？ ……………………………………………… 249

735. 成品金锭的熔铸与操作条件有哪些？ …………………………… 250

736. 成品银锭的熔铸与操作条件有哪些？ …………………………… 250

737. 粗金、粗银及合质金锭的熔铸条件和作业方法是什么？ ……… 251

738. 金、银浇铸过程熔剂和氧化剂添加的原则是什么？ …………… 251

739. 金、银浇铸过程为什么要进行金属的保护与脱氧？ …………… 251

740. 金、银浇铸过程涂料的作用是什么？ ……………………… 251

741. 金、银浇铸缺陷及其形成原因有哪些？ …………………… 252

9　稀土冶金 ………………………………………………………… 253

9.1　概述 …………………………………………………………… 253

742. 什么是稀土元素？ ……………………………………………… 253

743. 稀土矿床一般工业指标（工业品位）有哪些？ ……………… 253

744. 稀土元素在地壳的丰度值及特点是什么？ ………………… 253

745. 稀土元素的重要应用有哪些？ ……………………………… 254

746. 中国稀土资源分布及典型稀土矿山有哪些？ ……………… 256

747. 工业稀土矿物主要有哪些？ ………………………………… 257

748. 稀土总量和单一稀土测定方法有哪些？ …………………… 257

749. 中国风化壳淋积型稀土矿分布及特征是什么？ …………… 257

750. 风化壳淋积型稀土矿成矿原因是什么？ …………………… 258

751. 稀土元素的种类有哪些？ …………………………………… 258

752. 稀土元素具有哪些价态？ …………………………………… 258

753. 何谓稀土配分？ ……………………………………………… 259

754. 稀土离子的颜色特征是什么？ ……………………………… 259

755. 稀土元素原子半径及离子半径变化规律是什么，何谓镧系收缩？ … 259

756. 稀土元素的氧化还原性有哪些？ …………………………… 261

757. 稀土元素的酸碱性质特点是什么？ ………………………… 261

758. 稀土难溶盐化合物包含哪些？ ……………………………… 261

759. 稀土可溶盐化合物包含哪些？ ……………………………… 261

760. 稀土配合物的配位特点是什么？ …………………………… 261

761. 什么是稀土配合物的稳定性？ ……………………………… 262

762. 什么是稀土元素的钆断效应？ ……………………………… 262

763. 什么是稀土元素的四分组效应？ …………………………… 262

9.2　稀土冶金概述 ………………………………………………… 263

764. 稀土精矿有哪些处理方法？ ………………………………… 263

765. 独居石的主要分解方法是什么？ …………………………… 263

766. 氟碳铈矿-独居石混合矿的主要分解方法是什么？ ………… 263

767. 氟碳铈矿在工业上采用的主要分解方法有哪些？ ………… 264

768. 褐钇铌矿在工业上采用的主要分解方法是什么？ ………… 264

769. 磷钇矿在工业上采用的主要分解方法是什么？ …………… 264

770. 风化壳淋积稀土矿矿床的特征是什么？ …………………… 265

771. 风化壳淋积稀土矿中稀土元素有何赋存特点？ …………… 266

772. 风化壳淋积型稀土矿各相稀土采用哪些分相方法？ ……… 267

773. 风化壳淋积型稀土矿物的处理工艺是什么？ ……………… 267

774. 常用稀土元素分离方法有哪些？ …………………………… 267

775. 稀土萃取过程中常用的萃取剂有哪些？ …………………… 268

776. 影响稀土萃取过程分配比和分离系数的因素有哪些？ …… 271

777. 酸性萃取剂萃取分离稀土元素原理及特点是什么？ ……… 271

778. 中性萃取剂萃取分离稀土元素原理及特点是什么？ ……… 272

779. 协同萃取分离稀土元素原理及特点是什么？ ……………… 272

780. 离子缔合萃取及萃取特点是什么？ ………………………… 272

781. 离子交换树脂类型与性质是什么？ ………………………… 273

782. 离子交换色层法分离稀土元素原理及影响因素是什么？ … 273

783. 其他分离稀土元素的方法有哪些？ ………………………… 273

784. 稀土元素与非稀土杂质分离的方法有哪些？ ……………… 274

785. 制备稀土氧化物的基本方法有哪些？ ……………………… 274

786. 无水稀土氯化物的制备方法是什么？ ……………………… 274

787. 无水稀土氟化物的制备方法是什么？ ……………………… 274

788. 稀土氯化物熔盐电解法制取稀土金属或合金原理是什么？ … 274

789. 稀土氧化物-氟化物熔盐电解法制取稀土金属原理是什么？ … 275

790. 金属热还原制取稀土金属原理及要求是什么？ …………… 275

791. 热还原法制取稀土金属典型工艺是什么？ ………………… 275

792. 稀土金属的提纯特点是什么？ ……………………………… 275

9.3　稀土冶金过程中"三废"处理 …………………………………… 276

793. 稀土冶金生产过程中产生的"三废"指哪些？ …………… 276

794. 稀土生产中废气的产生过程、组成是什么？ ……………… 276

795. 常用的废气处理方法有哪些？ ……………………………… 276

796. 稀土生产中废水的来源及组成有哪些？ …………………… 276

797. 稀土生产中废水处理的方法有哪些？ ……………………… 277

798. 稀土生产中固体废物的特点及处理方法是什么？ ………… 277

799. 稀土生产放射工作场所如何规定？ ………………………… 277

800. 稀土放射卫生防护基本要求是什么？ ……………………… 277

参考文献 ………………………………………………………………… 279

1 有色金属冶金基础知识

1.1 金属总述

1. 金属如何分类？

答：在我国金属分为黑色金属和有色金属，而发达国家一般以"ferrous metal"（铁）和"non-ferrous metal"（非铁金属）来分类。

（1）黑色金属。通常指铁、锰、铬及它们的合金（主要指钢铁）。钢铁表面常覆盖着一层黑色的四氧化三铁，而锰和铬主要应用于制合金钢，所以把铁、锰、铬及它们的合金称做黑色金属。这样分类，主要是因为钢铁在国民经济中占有极重要的地位。

（2）有色金属。通常是指除黑色金属以外的其他金属。有色金属通常可分为4类：重金属、轻金属、贵金属、稀有金属。

2. 重金属主要包括哪些？

答：重金属一般是指相对密度在 $4.5g/cm^3$ 以上的金属，过渡元素大都属于重金属。重金属主要有 11 种：铜（Cu）、铅（Pb）、锌（Zn）、镍（Ni）、锡（Sn）、钴（Co）、砷（As）、铋（Bi）、锑（Sb）、镉（Cd）、汞（Hg）。

3. 轻金属主要包括哪些？

答：轻金属一般是指相对密度在 $4.5g/cm^3$ 以下的金属，元素周期表中第 IA、IIA 族均为轻金属，主要有 7 种：铝（Al）、镁（Mg）、钾（K）、钠（Na）、钙（Ca）、锶（Sr）、钡（Ba）。

4. 贵金属主要包括哪些？

答：贵金属通常是指金、银和铂族元素。这些金属在地壳中含量较少，不易开采，价格较贵，所以称为贵金属。这些金属对氧和其他试剂较稳定，金、银常用来制造装饰品和硬币。贵金属主要有 8 种：银（Ag）、金（Au）、铂（Pt）、铱（Ir）、锇（Os）、铑（Rh）、钌（Ru）、钯（Pd）。

5. 稀有高熔点金属包括哪些？

答：稀有高熔点金属包括 8 种，即钨（W）、钼（Mo）、钽（Ta）、铌（Nb）、锆（Zr）、铪（Hf）、钒（V）和铼（Re）。它们的共同特点是熔点高，从 1830℃（锆）至 3400℃（钨），硬度大，抗腐蚀性强，可与一些非金属生成非常硬和难熔的稳定化合物，如碳化物、氮化物、硅化物和硼化物。这些化合物都是生产硬质合金的重要材料。

6. 稀散金属主要包括哪些？

答：稀散金属通常包括镓（Ga）、铟（In）、铊（Tl）、锗（Ge）、硒（Se）、碲（Te）和铼（Re）。稀散金属的共同特点是，在地壳中几乎平均分布，没有单独矿物，更没有单独的矿床，经常以微量杂质形成存在于其他矿物晶格中，稀散金属均从冶金工业和化学工业的各种废料或中间产品中提取，如分散在铝土矿中的镓，可在生产铝的中间产品中提取；锗常存在于煤中，可从煤燃烧的烟尘或含锗渣中提取。

7. 稀土金属主要包括哪些？

答：稀土金属元素就是化学元素周期表中镧系元素——镧（La）、铈（Ce）、镨（Pr）、钕（Nd）、钷（Pm）、钐（Sm）、铕（Eu）、钆（Gd）、铽（Tb）、镝（Dy）、钬（Ho）、铒（Er）、铥（Tm）、镱（Yb）、镥（Lu），以及与镧系密切相关的两个元素——钪（Sc）和钇（Y），共 17 种元素。

8. 放射性金属主要包括哪些？

答：放射性金属可分为天然的（天然放射性元素）和人造的（人造放射性元素）两类。天然放射性金属有钋（Po）、钫（Fr）、镭（Ra）、锕（Ac）、钍（Th）、镤（Pa）、铀（U）。铀和钍赋存于矿物中。天然放射性金属的制取是先从含铀、钍的矿物用化学方法制得纯化合物，然后再把纯化合物还原成金属。人造放射性金属有锝（Tc）、钷（Pm）及锕系元素中的超铀元素，其中包括镎（Np）、钚（Pu）、镅（Am）、锔（Cm）、锫（Bk）、锎（Cf）、锿（Es）、镄（Fm）、钔（Md）、锘（No）、铹（Lr）。此外还有锕系后元素，目前已合成的有 104 号至 111 号元素。人造放射性金属均利用核反应制取，先经分离制得纯化合物，然后再还原成金属。

各放射性金属元素都有若干个放射性核素（同位素），其中绝大多数是不稳定的，能通过衰变转变成另一核素，从而形成放射性衰变系。现已知存在着三个天然的和一个人工的放射性衰变系。

9. 半金属主要包括哪些？

答：半金属一般指硅（Si）、硒（Se）、碲（Te）、砷（As）、硼（B）。这类元素物理化学性质介于金属与非金属之间，如砷是非金属，但又能传热导电。这类金属根据各自的特性有不同用途，如硅是半导体主要材料之一，硒、碲、砷是制备化合物和半导体的原料，硼是合金的添加元素等。

1.2 有色冶金方法

10. 什么是有色金属冶金学？

答：有色金属冶金学是一门研究如何经济地从矿石或精矿或其他原料中提取有色金属或有色金属化合物，并用各种加工方法制成具有一定性能的有色金属材料的科学。有色金属冶金学又有广义和狭义之分。广义：矿石采矿、选矿、冶炼和加工。狭义：矿石或精矿的冶炼，提取冶金。

11. 有色金属的生产方法主要有哪些？

答：有色金属的生产方法主要包括火法冶金、湿法冶金和电冶金。其中火法冶金包括矿石准备、熔炼、精炼等工艺方法；湿法冶金包括浸取、分离、富集和提取等工艺方法；电冶金包含电炉冶炼、熔盐电解和水溶液电解等工艺方法。

12. 什么是火法冶金，其一般工艺流程包括哪些？

答：火法冶金是指在高温下矿石或精矿经熔炼与精炼反应及熔化作业，使其中的有色金属与脉石和杂质分离，获得较纯的有色金属的过程。过程所需能源主要靠燃料燃烧供给，也有依靠过程中的化学反应热来提供。

火法冶金的工艺流程一般分为矿石准备、冶炼、精炼三个步骤。

13. 什么是湿法冶金，其一般工艺流程包括哪些？

答：湿法冶金是利用溶剂，借助于氧化、还原、中和、水解、络合等化学作用，对原料中金属进行提取和分离，得到金属或其化合物的过程。由于大部分溶剂是水溶液，因而也称为水法冶金。湿法冶金的优点是环境污染少，并且能提炼低品位的矿石，但成本较高。主要用于生产锌、氧化铝、氧化铀及一些稀有金属。

湿法冶金生产步骤主要包括浸取、分离、富集和提取。

14. 什么叫电冶金？

答：利用电能从矿石或其他原料中提取、回收和精炼金属的冶金过程。电冶金成为大规模工业生产的先决条件是廉价电能的大量供应。电冶金包括电炉冶炼、熔盐电解和水溶液电解等。

15. 什么叫真空冶金？

答：真空冶金是在低于标准大气压条件下进行的冶金作业。真空冶金可以实现大气中无法进行的冶金过程，能防止金属氧化，分离沸点不同的物质，除去金属中的气体或杂质，增强金属中碳的脱氧能力，提高金属和合金的质量。真空冶金一般用于金属的熔炼、精炼、浇铸和热处理等。随着科学技术的迅速发展，真空冶金在稀有金属、钢和特种合金的冶炼方面得到日益广泛的应用。

16. 什么叫微生物冶金？

答：微生物冶金是指在相关微生物存在时，由于微生物的催化氧化作用将矿物中有价金属以离子的形式溶解到浸出液中加以回收或将矿物中有害元素溶解并除去的方法。利用微生物的这种性质，结合湿法冶金等相关工艺，形成了微生物冶金技术。按照微生物在矿物加工中的作用可将微生物冶金技术分为生物浸出、生物氧化、生物分解。

1.3　有色冶金基本原理

17. 什么是金属熔体？

答：金属熔体指的是液态的金属和合金，如高炉炼铁的铁水、各种炼钢工艺中的钢水、火法炼铜中的粗铜液、铝电解得到的铝液等。金属熔体不仅是火法冶金过程的主要产品，而且也是冶炼过程中多相反应的直接参与者。例如，炼钢中的许多物理过程和化学反应都是在钢液与熔渣之间进行的。因此，金属熔体的物理化学性质对相关冶炼过程的各项工艺指标都有着非常重要的影响。

18. 什么是熔渣？

答：熔渣是指主要由各种氧化物熔合而成的熔体。在许多火法冶金过程中，矿物原料中的主金属往往以金属、合金或熔锍的形式产出，而其中的脉石成分及伴生的杂质金属则与熔剂一起形成一种主要成分为氧化物的熔体，即熔渣。

19. 什么是熔渣的碱度与酸度？

答：熔渣的碱度和酸度是为了表示炉渣酸碱性的相对强弱而提出的概念，通常用熔渣中碱性氧化物与酸性氧化物的相对含量来表示。熔渣碱度与酸度的高低对火法冶金过程常常有较大的影响。例如，在高炉冶炼及炼钢生产中，高碱度渣有利于金属液中硫和磷的脱除。此外，它对熔渣的黏度、氧化能力等物理化学性质以及熔渣对炉子耐火材料的侵蚀有显著的影响。

20. 什么是氧化渣与还原渣？

答：熔渣可分为氧化渣和还原渣两种。所谓氧化渣是指能向与之接触的金属液供给氧，使其中的杂质元素氧化的熔渣；反之，能从金属液中吸收氧，使金属液发生脱氧过程的熔渣称为还原渣。

21. 什么是熔盐？

答：熔盐是盐的熔融态液体，通常说的熔盐是指无机盐的熔融体。最常见的熔盐是由碱金属或碱土金属的卤化物、碳酸盐、硝酸盐以及磷酸盐等组成的。熔盐一般不含水，具有许多不同于水溶液的性质。在冶金领域，熔盐主要用于金属及其合金的电解生产与精炼。

22. 什么是熔锍？

答：熔锍是多种金属硫化物（如 FeS、Cu_2S、Ni_3S_2、CoS、Sb_2S_3、PbS 等）的共熔体，同时往往溶有少量金属氧化物及金属。熔锍是铜、镍、钴等重金属硫化矿火法冶金过程的重要中间产物。

23. 什么是电位-pH 图？

答：pH 值对电位产生影响，电位对电极反应平衡状态产生影响，将体系分成单相（溶液）和多相（固体-溶液与气体-溶液）进行分析，可导出电位与 pH 值之间对应的关系方程式。这些方程式代表了电位和 pH 值对电极反应平衡状态的综合影响。如果应用一个平面图，令其纵坐标代表电位，横坐标代表 pH 值，将上述的关系方程式绘制到此图上，将得到具有各种斜率的直线（或直线族），这就是电位-pH 平衡图。金属-水系的电位-pH 图反映了金属在电解质溶液中的电位和 pH 值对电极反应平衡状态的影响。

24. 什么是吉布斯自由能图？

答：在火法冶金中，为便于直观地分析比较各种化合物的稳定顺序和氧化还原的可能性，分析冶金反应进行的条件，常将反应的 $\Delta G^{\ominus}\text{-}T$ 的关系作图，即吉布斯自由能图。按不同化合物可分为氧化物吉布斯自由能图（也称氧势图，氧位图）、硫化物吉布斯自由能图、氯化物吉布斯自由能图等。

25. 如何判断反应是否能够自发进行？

答： 自发过程是在一定的条件下，不需要外力就可以自动进行的反应过程。

（1）焓变判断：一个自发的过程，体系趋向是由能量高的状态向能量低的状态转化。对化学反应而言，放热反应有自发的倾向。但是，吸热反应也有自发的，放热反应也有不自发的。

（2）熵变判断：在与外界隔离的体系中，自发过程将导致体系的熵增加。

（3）自由能变 ΔG 的判断方法：$\Delta G = \Delta H - T\Delta S$，$\Delta G < 0$，反应正向自发进行；$\Delta G = 0$，反应处在平衡状态；$\Delta G > 0$，反应逆向自发进行。

1）一个放热的熵增加的反应，肯定是一个自发的反应。即 $\Delta H < 0$，$\Delta S > 0$，$\Delta G < 0$。

2）一个吸热的熵减少的反应，肯定不是一个自发的反应。即 $\Delta H > 0$，$\Delta S < 0$，$\Delta G > 0$。

3）一个放热的熵减少的反应，降低温度，有利于反应自发进行。即 $\Delta H < 0$，$\Delta S < 0$，要保证 $\Delta G < 0$，T 要降低。

4）一个吸热的熵增加的过程，升高温度，有利于反应自发发生。即 $\Delta H > 0$，$\Delta S > 0$，要保证 $\Delta G < 0$，T 要升高得足够高。

26. 什么是拉乌尔定律？

答： 拉乌尔定律是指在某一温度下，难挥发非电解质稀溶液的蒸气压等于纯溶剂的饱和蒸气压乘以溶剂的摩尔分数。该定律是物理化学的基本定律之一，广泛应用于蒸馏和吸收等过程的计算中，作为溶液热力学研究的基础，它对相平衡和溶液热力学函数的研究起指导作用，是法国人拉乌尔在 1880 年所提出的。

27. 什么是亨利定律？

答： 亨利定律是物理化学的基本定律之一，由英国的亨利（Henry）在 1803 年研究气体在液体中的溶解度规律时发现，可表述为：在一定温度的密封容器内，气体的分压与该气体溶在溶液内的摩尔浓度成正比。

28. 什么是偏析？

答： 合金中各组成元素在结晶时分布不均匀的现象称为偏析。偏析分为 3 种：（1）晶内偏析，该情况取决于浇铸时的冷却速度，偏析元素扩散能力和固相线倾斜度等，可以通过退火将偏析消除；（2）区域性偏析，在较大范围内化学成分不均匀的现象，退火无法将该情况消除，这种偏析与浇铸温度、浇铸速度等有关；（3）密度偏析，合金凝固时析出的初晶与余下的液体存在较大的密度差，最终导致材料出现分层、化学成分不均匀的情况。

29. 什么是均相成核与异相成核？

答：均相成核作用是在过饱和溶液中，组成沉淀物质的离子（又称构晶离子），由于静电作用而缔合，自发地形成晶核。异相成核是指分子被吸附在固体杂质表面或熔体中存在的未破坏的晶种表面而形成晶核的过程。

30. 什么是浓差极化？

答：（1）在反渗透和超滤过程中，由于膜的选择透过性，溶剂（如水）从高压侧透过膜到低压侧，溶质则大部分被膜截留，积累在膜高压侧表面，造成膜表面到主体溶液间的浓度梯度，促使溶质从膜表面通过边界层向主体溶液扩散，此种现象即为浓差极化。

（2）电流通过电池或电解池时，如整个电极过程为电解质的扩散和对流等过程所控制，则在两极附近的电解质浓度与溶液本体就有差异，使阳极和阴极的电极电位与平衡电极电位发生偏离，这种现象称为"浓差极化"。

31. 什么是阳极钝化？

答：阳极极化引起的金属钝化现象，叫阳极钝化或电化学钝化。阳极钝化是作为阳极的金属或化合物在电流作用下，不同程度地失去转入溶液的能力。一般认为阳极钝化是阳极表面生成一层致密的氧化物（或其他化合物）薄膜，这层薄膜覆盖在金属表面，隔离了阳极与溶液，阻碍了金属的继续氧化溶解，但它仍具有导电作用。

32. 什么是电化学腐蚀？

答：不纯的金属跟电解质溶液接触时，会发生原电池反应，比较活泼的金属失去电子而被氧化，这种腐蚀叫做电化学腐蚀。钢铁在潮湿的空气中所发生的腐蚀是电化学腐蚀最突出的例子。钢铁在干燥的空气里长时间不易腐蚀，但潮湿的空气中却很快就会腐蚀。原来，在潮湿的空气里，钢铁的表面吸附了一层薄薄的水膜，这层水膜里含有少量的氢离子与氢氧根离子，还溶解了氧气等气体，结果在钢铁表面形成了一层电解质溶液，它跟钢铁里的铁和少量的碳恰好形成无数微小的原电池。在这些原电池里，铁是负极，碳是正极，铁失去电子而被氧化。电化学腐蚀是造成钢铁腐蚀的主要原因。

1.4　有色金属冶金主要过程

33. 什么是磨矿？

答：磨矿是在机械设备中，借助于介质（钢球、钢棒、砾石）和矿石本身的冲击和磨剥作用，使矿石的粒度进一步变小，直至研磨成粉末的作业。目的是使组成矿石的有用矿物与脉石矿物达到最大限度的解离，以提供符合下一选矿工序要求的物料粒度。磨矿产品经分级后，不合格部分返回原磨机的，称闭路磨矿；如不返回原磨机或由另一台磨机处理的，称开路磨矿。

34. 什么是选矿？

答：选矿是根据矿石中不同矿物的物理、化学性质，把矿石破碎磨细以后，采用重选法、浮选法、磁选法、电选法等方法，将有用矿物与脉石矿物分开，并使各种共生（伴生）的有用矿物尽可能相互分离，除去或降低有害杂质，以获得冶炼或其他工业所需原料的过程。

35. 什么是焙烧？

答：焙烧指将矿石或精矿置于适当的气氛下，加热至低于它们的熔点温度，发生氧化、还原或其他化学变化的过程。其目的是改变原料中提取对象的化学组成，满足熔炼或浸出的要求。焙烧过程按控制的气氛不同分为：氧化焙烧、还原焙烧、硫酸化焙烧、氯化焙烧等。

36. 什么是煅烧？

答：煅烧是指将碳酸盐或氢氧化物的矿物原料在空气中加热分解，除去二氧化碳或水分变成氧化物的过程，如石灰石煅烧为石灰；氢氧化铝煅烧成氧化铝，作电解铝原料。

37. 什么叫烧结和球团？

答：烧结和球团是提炼矿石的两种常用工艺，即将粉矿或精矿经加热焙烧，固结成多孔状或球状的物料，以适应下一工序的要求。

38. 什么叫熔炼？

答：熔炼是指将处理好的矿石、精矿或其他原料，在高温下通过氧化还原反应，使矿物原料中有色金属组分与脉石和杂质分离为两个液相层即金属（或金属铳）液和熔渣的过程，也称为冶炼，分为还原熔炼、造铳熔炼和氧化吹炼。

39. 什么是火法精炼，主要包括哪些？

答：火法精炼是在高温下进一步处理熔炼、吹炼所得的含有少量杂质的粗金属以提高其纯度。主要分为：氧化精炼、硫化精炼、氯化精炼、熔析精炼、碱性精炼、区域精炼、真空冶金、蒸馏等。

40. 什么是搅拌浸出？

答：搅拌浸出是指磨细物料与浸出剂在机械搅拌或空气搅拌敞式槽中进行混合的浸出过程。

41. 什么是池浸？

答：池浸是一种矿物浸出工艺。使用浸出剂渗浸置于浸出池（槽）中经过破碎的矿石，使其中有价组分转入溶液的过程。

42. 什么是堆浸？

答：堆浸是用浸出剂喷淋矿堆使之在往下渗透过程中，有选择地浸出矿石中的有用成分，并从堆底流出的富液中回收有用成分的方法。按矿石品位的不同，可分为矿石堆浸和废石堆浸；按堆场地点的不同，可分为地表堆浸和地下堆浸。堆浸法主要应用于铜矿、铀矿、金矿和银矿的开采以及含有用成分的冶炼厂炉渣、选厂尾砂的处理。堆浸法工艺简单、设备较少、能耗低，因而基建投资和生产成本也低；其主要缺点是矿石中有用成分的浸出率较低。

43. 什么是原地浸出？

答：原地浸出简称地浸，是在矿石天然产出条件下，通过注液孔向矿层注入浸出液，浸出液选择性地浸出矿石中的有用组分，生成的可溶性化合物进入浸出液流中，通过抽液孔被提升至地表进行加工处理提取金属的一种冶金技术。

44. 什么是液固分离？

答：液固分离过程是将矿物原料经过酸、碱等溶液处理后的残渣与浸出液组成的悬浮液分离成液相与固相的湿法冶金单元过程。主要有物理方法和机械方法，即重力沉降、离心分离、过滤等。

45. 什么是溶液净化？

答：溶液净化是将矿物原料中与欲提取的有色金属一道溶解进入浸出液的杂

质金属除去的湿法冶金单元过程。净化的目的是使杂质不危害下一工序对主金属的提取。方法主要有：结晶、蒸馏、沉淀、置换、溶剂萃取、离子交换、电渗析和膜分离等。

46. 什么是水溶液电解？

答：水溶液电解是利用电能转化的化学能使溶液中的金属离子还原为金属而析出，或使粗金属阳极经由溶液精炼沉积于阴极。前者从浸出净化液中提取金属，称为电解提取或电解沉积（简称电积），也称不溶阳极电解，如铜电积；后者以粗金属为原料进行精炼，称为电解精炼或可溶阳极电解，如粗铜、粗铅的电解精炼。

47. 什么是熔盐电解？

答：利用电能加热并转换为化学能，将某些金属的盐类熔融并作为电解质进行电解，以提取和提纯金属的冶金过程，如铝、镁、钠、钽、铌的熔盐电解生产。

48. 什么是矿浆电解？

答：矿浆电解就是将矿石浸出、浸出溶液净化和电解沉积等过程结合在一个装置中进行，充分利用电解沉积过程中阳极氧化反应来浸出矿石中的有用元素，向电解槽中加入矿石，直接从电解槽中产出金属。

磨细的矿物经浆化后，加入电解槽的阳极区，根据不同的矿物选择合适的电解液，矿浆电解槽用渗透性隔膜将阳极区和阴极区隔开，在阳极区金属矿物被氧化浸出，金属离子透过隔膜进入阴极区，并在阴极上析出，电解过的矿浆经液固分离后，电解液返回矿浆电解槽，渣则进一步回收处理。

49. 什么是电沉积？

答：电沉积是指在电场作用下，在一定的电解质溶液中由阴极和阳极构成回路，通过发生氧化还原反应，使溶液中的离子沉积到阴极或阳极表面的过程。

50. 什么是萃取？

答：利用组分在两个互不相溶的液相中的溶解度差而将其从一个液相转移到另一个液相的分离过程称为溶剂萃取。待分离的一相称为被萃相，用作分离剂的相称为萃取相。萃取相中起萃取作用的组分被称为萃取剂，起溶剂作用的组分称为稀释剂或溶剂。分离完成后的被萃相又称为萃余相。

　　萃取过程主要用于分离和提取存在于液相中的某种物质，在石油化工、湿法冶金、核工业、食品、医药、轻工等领域被广泛使用。

51. 什么是离子交换法？

　　答：不溶性离子化合物上的可交换离子与溶液中的其他同性离子的交换反应，是一种可逆的化学吸附过程，主要以离子交换树脂为载体。

52. 什么是氯化冶金？

　　答：氯化冶金是通过添加氯化剂（Cl_2、$NaCl$、$CaCl_2$ 等）使欲提取的金属转变成氯化物，为制取纯金属做准备的冶金方法。金属和金属的氧化物、硫化物或其他化合物在一定条件下大都能与化学活性很强的氯反应，生成金属氯化物。金属氯化物与该金属的其他化合物相比，具有熔点低、挥发性高、较易被还原、常温下易溶于水及其他溶剂等特点，并且各种金属氯化物的生成难易和性质存在着明显的差异。在冶金中，常常利用上述特性，借助氯化冶金有效地实现金属的分离、富集、提取与精炼等目的。

53. 什么是结晶？

　　答：利用混合物中各成分在同一种溶剂里溶解度的不同或在冷热情况下溶解度显著差异，而采用结晶方法加以分离的操作方法。只要有结晶形成，表明化合物纯度达到了相当纯度。结晶法是精制固体化合物的重要方法之一。初次析出的结晶往往不纯，将不纯的结晶处理制成较纯结晶的过程称为重结晶。

54. 什么是沉淀？

　　答：沉淀是溶液中的溶质由液相变成固相析出的过程。通过沉淀，固液相分离后，除去留在液相或沉积在固体中的非必要成分；沉淀可以达到浓缩的目的，也可以将已纯化的产品由液态变为固态，加以保存或进一步处理。

55. 冶金过程强化的方法主要有哪些？

　　答：冶金过程强化的方法主要有机械活化、化学活化、高温高压、超细磨、高浓度、微生物以及外场强化（微波、超声波、磁场、电场、超重力）等。

56. 什么是熔析精炼？

　　答：熔析是指熔体在熔融状态或其缓慢冷却过程中，使液相或固相分离。在冷却金属合金时，除了共晶组成以外，都会产生熔析现象。熔析现象在有色金属冶炼过程中被广泛地应用于精炼粗金属，例如粗铅熔析除银、粗锌熔析除铁除铅、粗锡熔析除铁等。

57. 什么是区域熔炼?

答:金属中大都含有各种杂质,当这种含有杂质的熔体金属降温凝固时,凝固晶体中的杂质分布量和它的熔融体中的杂质分布量是不相同的,区域熔炼就是利用这个原理来提纯金属。如果沿一根金属棒安装一个可以移动的加热器,让加热器从棒的一端开始加热熔化,加热器向前移动,熔区也就随着前移,而离开加热器的熔区则又逐渐凝固,这样一直进行到棒的另一端,称做一次通过。若进行很多次通过,就可以使金属中的杂质集中到金属棒的一端,切去富集杂质的一端,即得到高纯金属。这种提纯金属的方法就称做区域熔炼。

58. 什么是定向凝固?

答:定向凝固是在凝固过程中采用强制手段,在凝固金属样未凝固熔体中建立起沿特定方向的温度梯度,从而使熔体在气壁上形核后沿着与热流相反的方向,按要求的结晶取向进行凝固的技术。该技术最初是在高温合金的研制中建立并完善起来的。采用、发展该技术最初是用来消除结晶过程中生成的横向晶界,从而提高材料的单向力学性能。该技术运用于燃气涡轮发动机叶片的生产,所获得的具有柱状乃至单晶组织的材料具有优良的抗热冲击性能、较长的疲劳寿命、较高的蠕变抗力和中温塑性,因而提高了叶片的使用寿命和使用温度,成为当时震动冶金界和工业界的重大事件之一。

定向凝固技术对金属的凝固理论研究与新型高温合金等的发展提供了一个极其有效的手段。但是传统的定向凝固方法得到的铸件长度是有限的,在凝固末期易出现等轴晶,且晶粒易粗大。为此出现了连续定向凝固技术,它综合了连铸和定向凝固的优点,又相互弥补了各自的缺点及不足,从而可以得到具有理想定向凝固组织、任意长度和断面形状的铸锭或铸件。它的出现标志着定向凝固技术进入了一个新的阶段。

59. 什么是粉末冶金,主要包括哪些步骤?

答:粉末冶金是制取金属粉末或用金属粉末(或金属粉末与非金属粉末的混合物)作为原料,经过成型和烧结,制造金属材料、复合材料以及各种类型制品的工艺技术。

粉末冶金由以下几个主要工艺步骤组成:配料、压制成型、坯块烧结和后处理。对于大型的制品,为了获得均匀的密度,还需要采取等静压(各方向同时受液压)的方法成型。

1.5 有色冶金原料基础知识

60. 什么是矿床？

答： 矿床是指在地壳中由地质作用形成的，其所含有用矿物资源的数量和质量在一定的经济技术条件下能被开采利用的综合地质体。一个矿床至少由一个矿体组成，也可以由两个或多个，甚至十几个乃至上百个矿体组成。矿床是地质作用的产物，但又与一般的岩石不同，它具有经济价值。矿床的概念随经济技术的发展而变化。19 世纪时，含铜高于 0.5% 的铜矿床才有开采价值，随着科技进步和采矿加工成本的降低，含铜 0.4% 的铜矿床已被大量开采。

61. 什么是矿物？

答： 矿物是指在各种地质作用中产生和发展着的具有相对固定化学组成和物理性质的自然元素或他们的化合物，它是组成岩石和矿石的基本单元。

62. 什么是矿石？

答： 在现代技术经济条件下，能以工业规模从矿物中加工提取金属或其他产品的矿物集合体。

63. 什么是矿产储量？

答： 矿产储量是埋藏在地下或分布于地表（包括地表水体）内经过地质勘探发现或查明达到一定富集程度，具有工业利用价值的矿产数量。矿产资源一般可分为燃料、金属、非金属三大类。每一大类又包括多种矿产。由于各种矿产勘探工作深度不同，需按揭露和控制程度以及矿山生产要求进行分类分级。世界上还没有统一的储量分级标准。欧美国家多采用"三级制"，如英国、加拿大将矿产资源储量划分为"证实""近似""可能"三级，美国分为"确定""推定""推测"三级，苏联采用五级制。我国把矿产资源储量分为四类五级，（四类：开采储量、设计储量、远景储量、地质储量；五级：A1、A2、B、C1、C2）。其中开采储量一般为 A1 级，设计储量一般为 A2、B、C1 级，远景储量为 C2 级。

64. 什么是矿石品位？

答： 矿石品位指单位体积或单位质量矿石中有用组分或有用矿物的含量。一般以质量分数表示（如铁、铜、铅、锌等矿），有的用 g/t 表示（如金、银等矿），有的用 g/m^3 表示（如砂金矿等），有的用 g/L 表示（如碘、溴等化工原料矿产）。矿产品位是衡量矿床经济价值的主要指标。

65. 什么叫精矿？

答：有价金属品位较低的矿石经机械富集（或物理富集），如重选、磁选、浮选等选矿过程处理，获得一定产率的有价金属品位较高的矿石，这部分富集了有价金属的矿石即为精矿。

66. 什么叫脉石？

答：脉石是指矿石中不能利用即废石矿物的集合体，其组成的矿物称为脉石矿物。

67. 矿石如何分类？

答：矿石的种类很多，常可分为金属矿石和非金属矿石。

在金属矿石中还按金属存在的化学状态分成自然矿石、硫化矿石、氧化矿石和混合矿石。有用矿物是自然元素的矿石称做自然矿石，例如：金、银、铂、硫等。硫化矿石的特点是其中有用矿物为硫化物，例如：黄铜矿（$CuFeS_2$）、方铅矿（PbS）等。氧化矿石中有用矿物是氧化物，例如：磁铁矿（Fe_3O_4）、赤铁矿（Fe_2O_3）等。混合矿石内既有硫化矿物，又有氧化矿物。

当矿石中只含有一种有用金属时，称为单金属矿石；含有两种以上金属时，称为多金属矿石。由于矿石品位不同，工业上处理的方法也不同，所以习惯上根据矿石中有用成分含量的差别，又分为富矿石和贫矿石。

1.6　有色金属材料基础知识

68. 什么叫有色金属合金？

答：以一种有色金属作为基体，加入一种或几种其他金属或非金属元素，所组成的既具有基体金属通性又具有某些特定性的物质，称为有色金属合金。与钢铁等黑色金属材料相比，有色金属合金具有许多优良的特性，强度和硬度一般比纯金属高，具有良好的综合力学性能和耐腐蚀性能。有色金属合金的用途广泛，广泛应用于汽车、建材、家电、电力、3C、机械制造等行业。

69. 什么是铜合金？

答：铜合金是以纯铜为基体加入一种或几种其他元素所构成的合金，常用合金分为白铜、青铜、黄铜三大类。

（1）白铜。以镍为主要添加元素的铜合金。铜镍二元合金称普通白铜；加有锰、铁、锌、铝等元素的白铜合金称复杂白铜。工业用白铜分为结构白铜和电工白铜两大类。结构白铜的特点是力学性能和耐蚀性好，色泽美观。这种白铜广泛用于制造精密机械、眼镜配件、化工机械和船舶构件。电工白铜一般有良好的热电性能。锰铜、康铜、考铜是含锰量不同的锰白铜，是制造精密电工仪器、变阻器、精密电阻、应变片、热电偶等用的材料。

（2）黄铜。黄铜是由铜和锌所组成的合金。如果只是由铜、锌组成的黄铜就称为普通黄铜。黄铜常被用于制造阀门、水管、空调内外机连接管和散热器等。如果是由两种以上的元素组成的多种合金就称为特殊黄铜。如由铅、锡、锰、镍、铁、硅组成的铜合金。特殊黄铜又称为特种黄铜，它强度高、硬度大、耐化学腐蚀性强，切削加工的力学性能也较突出。黄铜有较强的耐磨性能。由黄铜所拉成的无缝铜管质软、耐磨性能强。黄铜无缝管可用于热交换器和冷凝器、低温管路、海底运输管。制造板料、条材、棒材、管材，铸造零件等，含铜62%~68%，塑性强，制造耐压设备等。含锌低于36%的黄铜合金由固溶体组成，具有良好的冷加工性能，如含锌30%的黄铜常用来制作弹壳，称为壳黄铜或七三黄铜。含锌在36%~42%之间的黄铜合金由固溶体组成，其中最常用的是含锌40%的六四黄铜。为了改善普通黄铜的性能，常添加其他元素，如铝、镍、锰、锡、硅、铅等。铝能提高黄铜的强度、硬度和耐蚀性，但使塑性降低，适合作海轮冷凝管及其他耐蚀零件。锡能提高黄铜的强度和对海水的耐腐性，故称海军黄铜，用作船舶热工设备和螺旋桨等。铅能改善黄铜的切削性能，这种易切削黄铜常用作钟表零件。黄铜铸件常用来制作阀门和管道配件等。

（3）青铜。青铜是我国使用最早的合金，至今已有三千多年的历史。青铜原指铜锡合金，后除黄铜、白铜以外的铜合金均称青铜，并常在青铜名字前冠以第一主要添加元素的名。锡青铜的铸造性能、减摩性能好和力学性能好，适合制造轴承、蜗轮、齿轮等。铅青铜是现代发动机和磨床广泛使用的轴承材料。铝青铜强度高，耐磨性和耐蚀性好，用于铸造高载荷的齿轮、轴套、船用螺旋桨等。磷青铜的弹性极限高，导电性好，适于制造精密弹簧和电接触元件。铍铜是一种过饱和固溶体铜基合金，其力学性能、物理性能、化学性能及抗蚀性能良好，可用来制造煤矿、油库等使用的无火花工具。粉末冶金制作针对钨钢、高碳钢、耐高温超硬合金制作的模具需电蚀时，因普通电极损耗大，速度慢，钨铜是比较理想材料。

70. 什么是铝合金？

答：铝合金是以铝为基材的合金总称。主要合金元素有铜、硅、镁、锌、锰，次要合金元素有镍、铁、钛、铬、锂等。铝合金密度低，但强度比较高，接近或超过优质钢，塑性好，可加工成各种型材，具有优良的导电性、导热性和抗蚀性，工业上广泛使用，使用量仅次于钢，在航空、航天、汽车、机械制造、船舶及化学工业中已大量应用。

71. 什么是锌合金？

答：锌合金是以锌为基材加入其他元素组成的合金。常加的合金元素有铝、铜、镁、镉、铅、钛等低温锌合金。锌合金熔点低，流动性好，易熔焊，钎焊和塑性加工，在大气中耐腐蚀，残废料便于回收和重熔；但蠕变强度低，易发生自然时效引起尺寸变化。

按制造工艺可分为铸造锌合金和变形锌合金。铸造合金的产量远大于变形合金。铸造锌合金流动性和耐腐蚀性较好，适用于压铸仪表、汽车零件外壳等。

72. 什么是铅合金？

答：铅合金是以铅为基材加入其他元素组成的合金。按照性能和用途，铅合金可分为耐蚀合金、电池合金、焊料合金、印刷合金、轴承合金和模具合金等。铅合金主要用于化工防蚀、射线防护、制作电池板和电缆套。在湿法冶金工艺中，铅合金广泛应用于电解阳极，具有硬度高、力学性能好、铸造性能优、使用寿命长、生产工艺简单等优点。

73. 什么是镍合金？

答：镍合金是以镍为基材加入其他元素组成的合金，镍合金可作为电子管用材料、精密合金（磁性合金、精密电阻合金、电热合金等）、镍基高温合金以及镍基耐蚀合金和形状记忆合金等。在能源开发、化工、电子、航海、航空和航天等部门中，镍合金都有广泛用途。

74. 什么是硬质合金？

答：硬质合金是由难熔金属的硬质化合物和黏结金属通过粉末冶金工艺制成的一种合金材料。硬质合金具有很高的硬度、强度、耐磨性和耐腐蚀性，被誉为"工业牙齿"，用于制造切削工具、刀具、钻具和耐磨零部件，广泛应用于军工、航天航空、机械加工、冶金、石油钻井、矿山工具、电子通信、建筑等领域。

1.7　有色冶金环保

75. 何谓冶金"三废"？

答：冶金"三废"包括：废气、废水、废渣，具体指排放的固体废物、烟尘、粉尘、二氧化硫、含重金属废水等有害物。冶金行业"三废"双重性，"三废"治理与资源化相辅相成。

76. 何谓工业废水？

答：工业废水是指工业企业生产过程中产生和排放的废水。包括生产污水（包括生活污水）和生产废水两大类。

（1）生产污水，指在生产过程中所形成的，被有机或无机性生产废料所污染的废水（包括温度过高而造成热污染的工业废水）。

（2）生产废水，指在生产过程中形成的，但未直接参与生产工艺，只起辅助作用，未被污染物污染或污染很轻的水。

77. 水体污染指标包括哪些？

答：水体污染指标包括生化需氧量、化学需氧量、总需氧量、总有机碳、悬浮物、有毒物质、大肠菌群数、pH 值等。

78. 生化需氧量是什么？

答：生化需氧量（BOD）是表示在有氧条件下，好氧微生物氧化分解单位体积水中有机物所消耗的游离氧的数量。

79. 化学需氧量是什么？

答：化学需氧量（COD）是在一定条件下，采用一定的强氧化剂（重铬酸钾、高锰酸钾等），所消耗的氧化剂量。

80. 总需氧量是什么？

答：总需氧量（TOD）是指水中能被氧化的物质，主要是有机物去燃烧中变成稳定的氧化物时所需要的氧量，结果以 O_2 的 mg/L 表示。

81. 什么是固体悬浮物？

答：固体悬浮物指悬浮在水中的固体物质，包括不溶于水中的无机物、有机物及泥砂、黏土、微生物等。

82. 什么是浊度？

答：浊度是指溶液对光线通过时所产生的阻碍程度，它包括悬浮物对光的散射和溶质分子对光的吸收。水的浊度不仅与水中悬浮物质的含量有关，而且与它们的大小、形状及折射系数等有关。

83. 污水的一、二、三级处理是什么？

答：按污水的处理程度划分，污水处理通常分为三级。一级处理，又称预处理，采用物理方法除去水体中的悬浮物，使废水初步净化，为二级处理创造条件。二级处理，采用物理方法、化学方法和生物方法等除去水体中的胶质杂质。二级处理一般能除去90%左右的可降解有机物（如BOD物质）和90%~95%的固体悬浮物，但一些重金属毒物和生物难以降解的高碳化合物无法清除。三级处理，又称高级处理和深度处理，采用物理化学方法和生物方法等使水质达到排放标准及用水要求。三级处理是工业用水采用封闭循环系统的重要组成部分。一般一级处理水达不到排放标准，必须进行再处理；二级处理水可以达标排放；三级处理水可直接排放地表水系或回用。

84. 火法冶金过程废水主要有哪些？

答：火法冶金过程废水主要包括烟气洗涤废水、设备冷却水、冲渣水、余热锅炉排污水、排水车间及设备清洗水。

85. 湿法冶金过程废水主要有哪些？

答：湿法冶金过程废水主要包括烟气洗涤废水和湿法冶金工艺过程排放或泄漏的废水两种。其中设备冷却水基本未受污染，冲渣水仅轻度污染；烟气湿式洗涤系统排出的废水和湿法冶金工艺过程排放或泄漏的废水成分复杂、污染严重，是重点治理对象。

86. 有色冶金废水处理方法主要包括哪些？

答：有色冶金废水处理方法主要包括：物理法、化学法、物理化学法、生物法。

87. 有色冶金过程中产生的废气特点有哪些？

答：有色冶金过程中的烟气主要是火法冶金产生，其特点：（1）废气温度高，成分复杂，烟气有腐蚀性；（2）烟尘颗粒细，吸附力强；（3）废气具有回收价值；（4）废气排放量大。

88. 有色冶金废气的处理方法有哪些？

答：有色冶金废气的处理方法主要包括：除尘、脱硫、脱硝。

（1）除尘是指从含尘气体中去除颗粒物以减少其向大气排放的技术措施，按除尘的捕集机理可分为机械除尘器、电除尘器、过滤除尘器和洗涤除尘器等。

（2）脱硫是指燃烧前脱去燃料中的硫分以及烟道气排放前的去硫过程。目前脱硫方法一般可划分为燃烧前脱硫、燃烧中脱硫和燃烧后脱硫等三类。其中，燃烧后脱硫技术主要有钙法、钠法、镁法、锰法、氨法、炭法、海水法、生物法、等离子法、膜法、活性焦法等。

（3）脱硝是指把已生成的 NO_x 还原为 N_2 或进一步氧化形成硝酸盐，从而脱除烟气中的 NO_x。烟气脱硝技术主要有干法（选择性催化还原烟气脱硝、选择性非催化还原法脱硝）和湿法两种。

89. 有色冶金废渣如何分类？

答： 按照冶炼过程可以将有色冶金废渣分为湿法冶炼废渣和火法冶炼废渣。湿法冶炼废渣就是指从含金属矿物中浸出了目的金属后的固体剩余物；火法冶炼废渣指含金属矿物在熔融状态下分离出有用组分后的产物，其来源包括：矿石、熔剂和燃料灰分中的造渣成分，是各种氧化物的共熔体。

90. 火法冶金炉渣的组成及特性是什么？

答： 火法冶金炉渣一般由 CaO、SiO_2、FeO、Al_2O_3、MgO 组成。重有色金属火法冶金的炉渣主要为 CaO、SiO_2、FeO 三元系组成的共熔体，其含量占炉渣总量的 85%～90%。火法冶金的弃渣一般为熔渣，一般可作为铺路材料或生产矿渣水泥的添加料。

91. 什么是二次资源？

答： 在社会的生产、流通、消费、生活过程中产生的不再具有原使用价值并以各种形态存在，但可以通过某些技术、工艺综合利用加工、回收等途径，使其重新获得具有使用价值的各种在目前技术经济条件下的各种废弃物的总称。

二次资源的开发利用具有节省一次资源、节省建设资金的社会效益。资料表明，用金属废料生产金属比用矿石生产节约的能源是：钢 50%、铜 84%、铝 95%、锌 74%、铅 56%、镁 96%，再生有色金属的生产费用约是原生金属的 50%；再生资源的开发利用，具有减少各种污染的环境效益。

92. 什么是固体废物？

答： 固体废物指人类在生产过程、社会生活中和其他活动中产生的不再需要或"没有利用价值"而被遗弃的固体或半固体物质。

93. 固体废弃物处理的技术政策包括哪些？

答： 固体废弃物处理的技术政策可归纳为"三化"，即无害化、减量化和资源化。

（1）减量化：通过适宜的手段减少固体废物的数量和体积。从两方面着手，一是对固体废物进行处理利用，二是减少固体废物的产生。

（2）无害化：将固体废物通过工程处理，达到不损害人体健康、不污染周围自然环境的目的。

（3）资源化：采取工艺措施从固体废物中回收有用的物质和能源。固体废物"资源化"是固体废物的主要归宿。

94. 固体废弃物如何分类？

答：我国将固体废弃物分为工业固体废弃物、危险废物和城市垃圾三类。工业固体废物是指在工业、交通等生产活动中产生的固体废物。危险废物是指列入国家危险废物名录或者根据国家规定的危险废物鉴别标准和鉴别方法认定的具有危险特性的废物。城市生活垃圾是指在城市日常生活中或者为城市日常生活提供服务的活动中产生的固体废物以及法律、行政法规规定视为城市生活垃圾的固体废物。

95. 我国主要环境管理制度包括哪些？

答：我国主要环境管理制度有环境影响评价制度、"三同时"制度、排污收费制度、环境保护目标责任制、城市综合整治定量考核制度、排放污染物许可证制度、污染物集中控制制度、限期治理制度等。

96. 什么是环境影响评价制度？

答：环境影响评价是指对规划和建设项目实施后可能造成的环境影响进行分析、预测和评估，提出预防或者减轻不良环境影响的对策和措施，进行跟踪监测的方法与制度。

97. 什么是环境管理"三同时"制度？

答："三同时"制度是指新建、改建、扩建项目和技术改造项目以及区域开发建设项目的污染治理设施必须与主体工程同时设计、同时施工、同时投产使用的制度。

2 铝 冶 金

2.1 概述

98. 铝有哪些物化性质?

答:铝是一种轻金属,具有银白色的金属光泽。铝的主要物化性质如下:

(1) 熔点低。铝的熔点与纯度有密切关系。纯度为 99.996%的铝,其熔点为 933.4K（660.4℃）。

(2) 沸点高。液态铝的蒸气压不高,沸点为 2467℃。

(3) 密度小。从晶格参数算出铝的密度为 $2.6987g/cm^3$,而实测的密度值为 $2.6966\sim2.6988g/cm^3$。

(4) 电阻率低。高纯铝的电阻率在 293K 时为 $(2.62\sim2.65)\times10^{-8}\Omega\cdot m$,相当于铜的标准电阻率的 $1.52\sim1.54$ 倍。

(5) 铝具有很好的导热能力。在 20℃时,铝的热导率为 $2.1W/(cm\cdot℃)$。

(6) 铝具有良好的反射光线的能力,特别是对于波长为 $0.2\sim12\mu m$ 的光线。

(7) 铝没有磁性,不产生附加的磁场,所以在精密仪器中不会起干扰作用。

(8) 铝易于加工,易于压延和拉丝,可用一般的方法把铝切割、焊接或黏接。

(9) 铝可以同多种金属构成合金,例如 Al-Ti、Al-Mg、Al-Zn、Al-Li、Al-Fe、Al-Mn 等。某些合金的力学强度甚至超过结构钢,具有很大的强度/质量比值。

99. 铝的主要消费领域是哪些?

答:(1) 铝的密度很小,虽然它比较软,但可制成各种铝合金,如硬铝、超硬铝、防锈铝、铸铝等。这些铝合金广泛应用于飞机、汽车、火车、船舶等制造工业。此外,宇宙火箭、航天飞机、人造卫星也使用大量的铝及铝合金。例如,一架超声速飞机约由 70%的铝及其铝合金构成。船舶建造中也大量使用铝,一艘大型客船的用铝量常达几千吨。

(2) 铝的导电性仅次于银、铜和金,虽然它的电导率只有铜的 2/3,但密度只有铜的 1/3，所以输送同量的电，铝线的质量只有铜线的一半。铝表面的氧化膜不仅有耐腐蚀的能力，而且有一定的绝缘性，所以铝在电器制造工业、电线电缆工业和无线电工业中有广泛的用途。

（3）铝是热的良导体，它的导热能力比铁大 3 倍，工业上可用铝制造各种热交换器、散热材料和炊具等。

（4）铝有较好的延展性（它的延展性仅次于金和银），在 100~150℃ 时可制成薄于 0.01mm 的铝箔。这些铝箔广泛用于包装香烟、糖果等，还可制成铝丝、铝条，并能轧制各种铝制品。

（5）铝的表面因有致密的氧化物保护膜而不易受到腐蚀，常被用来制造化学反应器、医疗器械、冷冻装置、石油精炼装置、石油和天然气管道等。

（6）铝粉具有银白色光泽（一般金属在粉末状时的颜色多为黑色），常用来做涂料，俗称银粉、银漆，以保护铁制品不被腐蚀，而且美观。

（7）铝在氧气中燃烧能放出大量的热和耀眼的光，常用于制造爆炸混合物，如铵铝炸药（由硝酸铵、木炭粉、铝粉、烟黑及其他可燃性有机物混合而成）、燃烧混合物（如用铝热剂做的炸弹和炮弹可用来攻击难以着火的目标或坦克、大炮等）和照明混合物（如含硝酸钡 68%、铝粉 28%、虫胶 4%）。

（8）铝热剂常用来熔炼难熔金属和焊接钢轨等。铝还用作炼钢过程中的脱氧剂。铝粉和石墨、二氧化钛（或其他高熔点金属的氧化物）按一定比率均匀混合后，涂在金属上，经高温煅烧而制成耐高温的金属陶瓷，它在火箭及导弹技术上有重要应用。

（9）铝板对光的反射性能也很好，反射紫外线比银强，铝越纯，其反射能力越好，因此常用来制造高质量的反射镜，如太阳灶反射镜等。

（10）铝具有吸音性能，音响效果也较好，所以广播室、现代化大型建筑室内的天花板等也采用铝。耐低温，铝在温度低时，它的强度反而增加而无脆性，因此它是理想的用于低温装置材料，如冷藏库、冷冻库、南极雪上车辆、氧化氢的生产装置。

100. 铝矿物的赋存形式有哪些，各种矿物有什么特点？

答：铝土矿是目前氧化铝生产工业最主要的矿石资源。世界上 95% 以上的氧化铝是用铝土矿生产出来的。它是一种组成复杂、化学成分变化很大的矿石。铝土矿是一种以氧化铝水合物为主要成分的复杂铝硅酸盐矿石，主要化学成分有 Al_2O_3、SiO_2、Fe_2O_3、TiO_2，还有少量的 CaO、MgO、硫化物，微量的镓、钒、磷、铬等元素的化合物。

铝土矿中的氧化铝主要以三水铝石、一水软铝石和一水硬铝石状态赋存，其性质见表 2-1。

表 2-1　三水铝石、一水软铝石和一水硬铝石的性质

性　　质	三水铝石	一水软铝石	一水硬铝石
化学分子式	$Al_2O_3 \cdot 3H_2O$ 或 $Al(OH)_3$	$Al_2O_3 \cdot H_2O$ 或 $AlOOH$	$Al_2O_3 \cdot H_2O$ 或 $AlOOH$
氧化铝质量分数/%	65.36	84.97	84.98
晶系	单斜晶系	斜方晶系	斜方晶系
莫氏硬度	2.3~2.5	3.5~5	6.5~7
密度/$g \cdot cm^{-3}$	2.3~2.4	3.01~3.06	3.3~3.5

铝土矿的矿物类型对氧化铝的溶出性能影响很大，其中，三水铝石型铝土矿中的氧化铝最容易被苛性碱溶液溶出，一水软铝石型次之，而一水硬铝石的溶出则较难。

101. 我国铝土矿的特点是什么？

答：我国铝土矿现有资源大多数为古生代一水硬铝石型，仅河南、山西、贵州、山东、四川和广西六省的储量就占全国总储量的 94%，矿石均以高铝、高硅、低铁为特征。这些地区的铝土矿经与适量低品位铝土矿相配矿，可大大增加铝土矿的工业矿量。我国铝土矿的远景储量约为 13 亿吨。

102. 氧化铝生产方法有哪几种？

答：氧化铝生产方法大致可以分为 4 类，即碱法、酸法、酸碱联合法和热法。但目前用于工业生产的几乎全属于碱法。

碱法生产氧化铝，是用碱（NaOH 或 Na_2CO_3）来处理铝矿石，使矿石中的氧化铝转变成铝酸钠溶液。矿石中的铁、钛等杂质和绝大部分的硅则成为不溶解的化合物，将不溶解的残渣（由于含氧化铁而呈红色，因此称为赤泥）与溶液分离。纯净的铝酸钠溶液分解析出氢氧化铝，经与母液分离、洗涤后进行焙烧，得到氧化铝产品。碱法生产氧化铝又分为拜耳法、烧结法和拜耳—烧结联合法等多种流程。

拜耳法是 K. J. Bayer 于 1889~1892 年提出的，其特点是：（1）适合高 A/S（铝硅比）的矿石，$A/S>9$；（2）流程简单，能耗低，成本低；（3）产品质量好，纯度高。

烧结法主要指碱石灰烧结法，其特点是：（1）适合于低 A/S 矿石，A/S 为 3~6；（2）流程复杂，能耗高，成本高；（3）产品质量较拜耳法低。

联合法是指拜耳法和烧结法的联合生产方法。在生产规模较大时，采用该方法可以兼有两种方法的优点，取得比单一方法更好的经济效果，同时可以更充分利用铝矿资源。其特点是：（1）适合于中等 A/S 矿，A/S 为 7~9；（2）流程复

杂，能耗高，成本高；（3）产品质量较拜耳法低，但铝土矿资源利用率较高。

103. 铝电解过程有哪些？

答：铝电解是在铝电解槽中进行的，电解所用的原料为氧化铝，电解质为熔融的冰晶石，采用炭素阳极。电解作业一般是在940～960℃下进行的，电解的结果是阴极上得到熔融铝和阳极上析出 CO_2。由于熔融铝的密度大于电解质，因而沉在电解质下面的炭素阴极上。熔融铝定期用真空抬包从槽中抽吸出来，装有金属铝的抬包运往铸造车间，在那里倒入混合炉，进行成分调配，或配制合金，或者经过除气和除杂质等净化作业后进行铸锭。槽内排出的气体，通过槽上捕集系统送往干式净化器中进行处理，达到环境要求后再排放到大气中去。

104. 中国氧化铝生产企业和原铝生产企业有哪些？

答：中国铝工业在将近半个世纪的历程中，形成了山东、山西、贵州、河南和广西的氧化铝工业基地。这五大铝工业基地覆盖着我国绝大部分氧化铝生产，为发展我国铝工业起着举足轻重的作用。目前我国主要的氧化铝厂见表2-2。

表 2-2　中国主要氧化铝厂

厂　　名	生产方法	投产时间
山东铝厂	联合法	1954 年
郑州铝厂	联合法	1965 年
贵州铝厂	联合法	1965 年
山西铝厂	联合法	1988 年
中州铝厂	联合法	1990 年
广西平果铝厂	拜耳法	1994 年

在全国一百多家电解铝厂中，最主要的是贵州铝厂、青海铝厂、抚顺铝厂、广西平果铝厂、豫港龙泉伊川铝厂等。

2.2　拜耳法生产氧化铝

105. 拜耳法的基本原理是怎样的？

答：拜耳法的实质就是下面反应在不同条件下的交替进行：

$$Al_2O_3 \cdot nH_2O(n = 1, 3) + 2NaOH \rightleftharpoons 2NaAlO_2 + (n + 1)H_2O \qquad (2-1)$$

首先在高温高压条件下以 NaOH 溶液溶出铝土矿，使其中氧化铝水合物按式（2-1）反应向右进行得到铝酸钠溶液，Fe、Si 等杂质进入赤泥；而向经过彻底分离赤泥后的铝酸钠溶液添加晶种，在不断搅拌和逐渐降温的条件下进行分解，使式（2-1）反应向左进行析出氢氧化铝，并得到含大量氢氧化钠的母液；母液经过蒸发浓缩后再返回用于溶出新的一批铝土矿；氢氧化铝经过焙烧脱水得到产品氧化铝。

106. Na_2O-Al_2O_3-H_2O 系拜耳法循环图有什么特点，如何利用循环图理解拜耳法的原理？

答：拜耳法生产 Al_2O_3 的工艺流程是由许多工序组成的，其中主要有铝土矿的溶出、溶出矿浆的稀释、晶种分解和分解母液蒸发等四个工序。在这四个工序中铝酸钠溶液的温度、浓度和苛性比值都不相同。将各个工序铝酸钠溶液的组成分别标记在 Na_2O-Al_2O_3-H_2O 系等温线图上并将所有得到的点用直线连接起来就构成了一个封闭的拜耳法循环图。以处理一水铝石型铝土矿为例（见图 2-1），拜耳法循环从铝

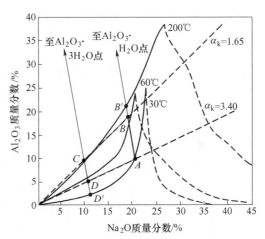

图 2-1　Na_2O-Al_2O_3-H_2O 系等温线图

土矿溶出开始，用来溶出铝土矿中氧化铝水合物的铝酸钠溶液（即循环母液）的组成相当于 A 点，它位于 200℃ 等温线的下方，即循环碱液在该温度下是未饱和的，因而它具有溶解氧化铝水合物的能力。随着 Al_2O_3 的溶解，溶液中 Al_2O_3 浓度逐渐升高，当不考虑矿石中杂质造成 Na_2O 和 Al_2O_3 的损失时，溶液的组成应沿着 A 点与 $Al_2O_3 \cdot H_2O$ 的图形点的连线变化，直到饱和为止，溶出线的最终成分在理论上可以达到这根线与溶解度等温线的交点 B'。在实际生产过程中，由于溶出时间的限制，溶出过程在此之前的 B 点便结束。B 点为溶出液的组成点，其苛性比值比平衡液的苛性比值要高 0.15～0.2。AB 直线称做溶出线。为了从溶出液中析出氢氧化铝需要使溶液处于过饱和区，为此用赤泥洗液将其稀释，溶液中 Na_2O 和 Al_2O_3 的浓度同时降低，故其成分由 B 点沿等苛性比值线变化到 C 点，BC 两点所得到的直线称做稀释线（实际上由于稀释沉降过程中发生少量的水解现象，溶液的苛性比值稍有升高）。分离赤泥后，降低温度（比如降低为 60℃），溶液的过饱和程度进一步提高，加入氢氧化铝晶种，便发生分解反应析出氢氧化铝。在分解过程中溶液组成沿着 C 点与 $Al_2O_3 \cdot 3H_2O$ 的图形点连线变化。如果溶液在分解过程中最后冷却到 30℃，种分母液的成分在理论上可以达

到连线与 30℃ 等温线的交点 D'。在实际生产中，分解过程是在溶液中仍然过饱和着 Al_2O_3 的情况下结束的。CD 连线称做分解线。如果 D 点的苛性比值与 A 点相同，那么通过蒸发，溶液组成又可以回复到 A 点。DA 连线成为蒸发线。由此可见，组成为 A 点的溶液经过一次作业循环，便可以从矿石中提出一批氧化铝。在实际生产过程中，由于存在 Al_2O_3 和 Na_2O 的化学损失和机械损失，溶出时蒸汽冷凝水使溶液稀释，添加的晶种进入母液使溶液苛性比值有所升高等原因，与理想过程有所差别，在每一次作业循环后必须补充所损失的碱，才能使母液的组成恢复到循环开始的 A 点。从以上的分析可见，在拜耳法生产氧化铝的过程中，最重要的是在不同的工序控制一定的溶液组成和温度，使溶液具有适当的稳定性。

107. 拜耳法生产氧化铝的基本流程图是怎样的？

答：拜耳法生产氧化铝的基本流程图如图 2-2 所示。

108. 铝土矿为什么要破碎？

答：溶出过程是多相反应。溶出反应及扩散过程均在相界面进行，溶出速度与相界面面积成正比。矿磨得越细，溶出速度越快。另外矿石磨细后，才能使原来被杂质包裹的氧化铝水合物暴露出来，增多矿粒内部的裂隙，缩短毛细管长度，也能促使溶出过程的进行。

109. 什么是配矿，什么是循环碱量和碱耗？

答：配矿就是把成分有差异的铝土矿根据需要按比例混合均匀，使进入流程中的铝矿石的铝硅比和氧化铝、氧化铁含量符合生产要求。

循环碱量是指生产 1t 氧化铝在循环母液中所必须含有的碱量。碱耗是指每生产 1t 产品氧化铝所需消耗的碱量。碱耗包括化学损失、附液损失、机械损失、产品带走损失。化学损失指参与沉淀反应的 Na_2O 的消耗量。附液损失指赤泥附液带走的 Na_2O 量。机械损失指跑、冒、滴、漏带走的 Na_2O 量。

110. 如何确定配料苛性比值？

答：配料苛性比值（α_k）是指预期矿石中 Al_2O_3 充分溶出时，溶出液所应达到的苛性比值。溶出时单位质量的铝土矿所应配入的循环母液就是据此计算的。显然提高配料 α_k，在溶出过程中溶液可以保持着大的未饱和度，使溶出速度加快，达到高的溶出率。但是它会使分解速度减慢，分解率降低，并且使循环效率降低，物料流量增大。

提高循环母液的苛性比值也可以降低循环碱量，但是其效果不如降低配料苛性比值显著。因此，为了保证高的循环效率，应采取尽可能低的配料苛性比值。

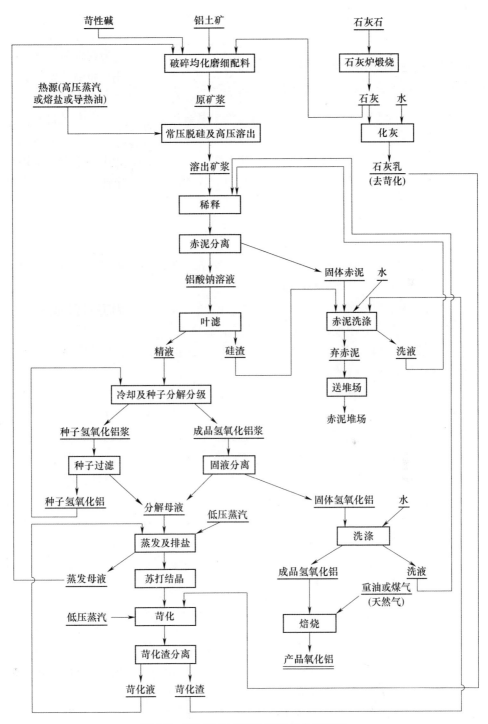

图 2-2　拜耳法生产氧化铝的基本流程图

通常配料苛性比值要比在此条件下的平衡苛性比值高出 0.2~0.3。随着溶出温度的提高，这个差值可以适当缩小。

111. 什么是铝酸钠溶液的稳定性？

答：在氧化铝生产过程中的铝酸钠溶液，绝大部分处于过饱和状态，其中包括种分母液。而过饱和的铝酸钠溶液结晶析出氢氧化铝，在热力学上是自发的不可逆过程，如果生产过程控制不好，就会造成氧化铝的损失。所以研究铝酸钠溶液的稳定性，对生产过程有重要意义。所谓铝酸钠溶液的稳定性，是指从过饱和铝酸钠溶液开始分解析出氢氧化铝所需时间的长短。过饱和程度越大，稳定性越低，析出氢氧化铝时间越短。

112. 影响铝酸钠溶液稳定性的主要因素有哪些？

答：（1）铝酸钠溶液的摩尔比。在其他条件相同时，溶液的摩尔比越低，其过饱和程度越大，溶液的稳定性越低。

（2）铝酸钠溶液的浓度。由 Na_2O-Al_2O_3-H_2O 系平衡状态等温截面图可知，在常压下，随着溶液浓度的降低，等温线的曲率变大，所以当溶液摩尔比一定时，中等浓度（Na_2O 50~160g/L）铝酸钠溶液的过饱和程度大于更稀或更浓的溶液。中等浓度的铝酸钠溶液稳定性最小，其结晶诱导期最短。

（3）溶液中所含的杂质。氢氧化铁离子经胶凝作用长大，结晶成纤铁矿结构，它与一水软铝石极为相似，因而起到氢氧化铝结晶中心的作用。而钛酸钠是表面极为发达的多孔状结构，极易吸附铝酸钠，使其表面附近的溶液摩尔比降低，氢氧化铝析出沉积于其表面，因而起到结晶种子的作用。这些杂质的存在，降低了铝酸钠溶液的稳定性。

然而工业铝酸钠溶液中的多数杂质，如 SiO_2、Na_2SO_4、Na_2S 及有机物等，却使工业铝酸钠溶液的稳定性不同程度地提高。SiO_2 在溶液中能形成体积较大的铝硅酸根络合离子，而使溶液黏度增大。碳酸钠能增大 Al_2O_3 的溶解度，有机物不但能增大溶液的黏度，而且易被晶核吸附，使晶核失去作用。因此，这些杂质的存在，又使铝酸钠溶液的稳定性变大。

113. 氧化铝水合物在溶出过程的行为是怎样的？

答：不同类型的铝土矿由于其氧化铝存在的结晶状态不同，与铝酸钠溶液的反应能力自然就会不同，即使同一类型的铝土矿，由于产地不同，它们的结晶完整性也会不同，其溶出性能也就会不同。

关于三水铝石在铝酸钠溶液中溶解的机理，库兹涅佐夫认为，当溶液中有大量的 OH^- 离子存在时，它可以侵入三水铝石的晶格中，切断晶格之间的键，于是

形成游离的 $Al(OH)_6^{3-}$ 离子团扩散到溶液中。$Al(OH)_6^{3-}$ 在溶液中 OH^- 含量较少时，会离解成 $Al(OH)_4^-$ 和 OH^-。

卡尔维则认为 $Al(OH)_6^{3-}$ 不是溶出反应的中间产物，而氢氧化铝分子是中间产物，他用干涉仪证明铝酸钠溶液中有半径为 $0.22 \sim 0.24nm$ 的粒子，并认为它是氢氧化铝分子。他认为溶出过程首先生成氢氧化铝分子，扩散到溶液中，然后再和 OH^- 作用。赫尔曼特有类似的看法，他认为溶解的第一步是自结晶上分裂出氢氧化铝分子。这些氢氧化铝分子被吸附在结晶表面，当某些分子获得较大动能时，则自结晶表面吸附层进入溶液。

114. 含硅矿物的溶出行为是怎样的？

答： SiO_2 是铝土矿中最常见的杂质，也是碱法生产氧化铝最有害的杂质。铝土矿中含硅矿物有无定型态的蛋白石、石英等氧化硅及其水合物，如高岭石、叶腊石、绢云母、伊利石和长石等硅酸盐和铝硅酸盐。它们与铝酸钠溶液的反应能力取决于其存在的形态、结晶度以及溶液成分和温度等因素。无定型的蛋白石 $SiO_2 \cdot nH_2O$ 化学活性最大，不但易溶于 $NaOH$ 溶液，甚至能与 Na_2CO_3 反应生成硅酸钠。高岭石在 $50℃$ 便开始与 $NaOH$ 溶液显著作用。以高岭石为例，它与铝酸钠母液的反应如下：

$$Al_2O_3 \cdot 2SiO_2 \cdot 2H_2O + 6NaOH \Longrightarrow 2NaAl(OH)_4 + 2Na_2SiO_3 + H_2O$$

$$(2\text{-}2)$$

反应生成的硅酸钠和铝酸钠都进入溶液。当硅酸钠浓度达到一定值时，两者相互反应，生成水合铝硅酸钠逐渐析出，这一反应使溶液中的 SiO_2 含量降低，因而称为脱硅反应，其反应式为：

$$1.7Na_2SiO_3 + 2NaAl(OH)_4 \Longrightarrow Na_2O \cdot Al_2O_3 \cdot 1.7SiO_2 + 3.4NaOH + 2.3H_2O$$

$$(2\text{-}3)$$

115. 含铁矿物的溶出行为是怎样的？

答： 铝土矿中含铁的矿物主要有氧化物、硫化物、硫酸盐、碳酸盐以及硅酸盐。最常见的是氧化物，其中包括赤铁矿、针铁矿、褐铁矿和磁铁矿。铝土矿溶出时所有赤铁矿全部残留在赤泥中，成为赤泥的重要组成部分。赤泥中以针铁矿存在的含铁杂质通常具有不良的沉降和过滤性能。因此，在溶出时添加石灰促进了针铁矿转变为赤铁矿。

氧化铁含量越多，赤泥量越大，则洗涤用水越多，因此水的蒸发量大，导致赤泥分离设备、洗涤设备及蒸发设备相应增多。

在生产溶液中往往含有 $2 \sim 3mg/L$ 以铁酸钠形态溶解的铁，还含有细度在

$3\mu m$ 以下的含铁矿物微粒。这些微粒很难滤除，成为氢氧化铝的杂质。

116. TiO_2 在溶出过程中的行为是怎样的?

答：TiO_2 只在 Al_2O_3 含量未达到饱和的铝酸钠溶液中才能与 NaOH 相互作用产生钛酸钠。TiO_2 与苛性钠溶液作用生成钛酸钠，其组成随溶液浓度和温度而改变。在溶出一水硬铝石型的铝土矿时，氧化钛使溶解过程显著恶化。这是由于 TiO_2 在一水硬铝石表面生成一层很致密的钛酸钠保护膜，将矿物包裹起来，阻碍其溶出。三水铝石易于溶解，TiO_2 的阻碍影响较小。一水软铝石受到的阻碍也小得多。

在拜耳法生产中，TiO_2 是很有害的杂质，它引起 Na_2O 的损失和 Al_2O_3 溶出率的降低。特别是在原矿浆预热器和压煮器的加热表面生成钛结疤，增加热能的消耗和清理工作量。

铝土矿溶出时，添加石灰是减少和消除 TiO_2 危害的有效措施。CaO 与 TiO_2 反应，最终生成结晶状的钛酸钙 $CaO \cdot TiO_2$。CaO 的添加可以有效地防止在水硬铝石表面生成钛酸钠保护膜。

117. 含 Ca、Mg 矿物在溶出过程中的行为是怎样的?

答：在铝土矿中有少量的方解石 $CaCO_3$ 和白云石 $CaCO_3 \cdot MgCO_3$。碳酸盐是铝土矿中常见的有害杂质，它们在碱溶液中容易分解，使苛性钠转变为碳酸钠：

$$MeCO_3 + 2NaOH = Na_2CO_3 + Me(OH)_2 \qquad (2-4)$$

式中 Me 表示钙或者镁。氢氧化钙和氢氧化镁与铝酸钠溶液反应生成水合铝酸盐析出，造成 Al_2O_3 损失。

118. 影响铝土矿溶出过程的因素有哪些?

答：在铝土矿溶出过程中，由于整个过程是复杂的多相反应，因此影响溶出过程的因素比较多。这些影响因素可大致分为铝土矿本身的溶出性能和溶出过程作业条件两个方面。铝土矿的溶出从本质上讲是晶格的破坏过程，因此氧化铝水合物的晶型和结构自然影响溶出的快慢。除了矿物晶型和结构的影响，铝土矿的外观形态，如空隙、裂缝等的存在有利于铝土矿的溶出。下面主要讨论溶出过程中溶出条件的影响。

（1）温度。温度是溶出过程中最主要的影响因素，不论反应过程是由化学反应控制还是扩散控制，温度都是影响反应过程的一个重要因素。从 Na_2O-Al_2O_3-H_2O 系溶解度曲线可以看出，提高温度后，铝土矿在碱溶液中的溶解度显著增加，溶液的平衡摩尔比明显降低，使用浓度较低的母液就可以得到摩尔比低的溶出液。由于溶出液与循环母液的 Na_2O 浓度差缩小，蒸发负担减轻，碱的循环效率提高。此外，溶出温度提高还可以使赤泥结构和沉降性能改善，溶出液摩尔比降低也有利于制取砂状氧化铝。

提高温度使矿石在矿物形态方面的差别所造成的影响趋于消失。例如，在300℃以上的温度，不论氧化铝水合物的矿物形态如何，大多数铝土矿的溶出过程都可以在几分钟内完成，并得到近于饱和的铝酸钠溶液。

但是提高温度会使溶液的饱和蒸气压急剧增大，溶出设备和操作方面的困难也随之增加，这就使溶出温度受到限制。

（2）搅拌强度。强烈的搅拌使整个溶液成分趋于均匀，矿粒表面上的扩散层厚度将会相应减小，从而强化了传质过程。加强搅拌还可以在一定程度上弥补温度、碱浓度、配碱数量和矿石粒度方面的不足。

（3）循环母液碱浓度。母液碱浓度越高，Al_2O_3 的未饱和程度就越大，铝土矿中的 Al_2O_3 的溶出速度就越快，而且能得到摩尔比低的溶出液。高浓度溶液的饱和蒸气压低，设备所承受的压力也要低些。但是从整个流程来看，种分后的铝酸钠溶液，即蒸发原液的 Na_2O 质量浓度不宜超过 240g/L，如果要求母液的碱浓度过高，蒸发过程的负担和困难必然增大，所以从整个流程来权衡，母液的碱浓度只宜保持为适当的数值。

（4）配料摩尔比。预期溶出液摩尔比（*MR*）称为配料 *MR*。它的数值越大，即单位质量的矿石配的碱量越高。由于在溶出过程中溶液始终保持着更大的不饱和度，因此溶出速度必然更快。但是，这样一来循环效率必然降低，物料流量则会增大。为了降低循环碱量，降低配料摩尔比较提高母液摩尔比的效果更大。所以，在保证 Al_2O_3 的溶出率不过分降低的前提下，制取摩尔比尽可能低的溶出液是对于溶出过程一项重要要求。低摩尔比的溶出液还有利于种分过程的进行。

（5）矿石细磨程度。细磨程度越高，粒度越小，比表面积越大。这样矿石与溶液接触面积就越大，即反应面积增加了，溶出速率就会增快。另外，矿石的细磨程度提高可使原来被杂质包裹的氧化铝水合物暴露出来，增加了氧化铝的溶出率。溶出三水铝石型铝土矿时，一般不要求磨得更细，有时破碎到 16mm 即可进行渗滤溶出。致密难溶的一水硬铝石性矿石则要求细磨。然而过分的细磨使生产费用增加，又无助于进一步提高溶出速度，而且还可能使溶出赤泥变细，造成赤泥分离洗涤的困难。

（6）溶出时间。铝土矿溶出过程中，只要 Al_2O_3 的溶出率没有达到最大值，那么增加溶出时间，Al_2O_3 的溶出率就会增加。

（7）CaO 的添加。拜耳法高压溶出过程中添加 CaO 的作用有：1）消除铝土矿中 TiO_2 的不良影响，避免钛酸钠的生成；2）提高 Al_2O_3 的溶出速度；3）促进针铁矿转变为赤铁矿，进而改善赤泥的沉降性能；4）降低碱耗，CaO 可以使部分 SiO_2 沉淀，减少 SiO_2 与碱的反应，降低碱耗；5）清除杂质，CaO 可以使铝酸钠溶液中的钒酸根、铬酸根和氟离子转变成相应的钙盐进入赤泥。

119. 溶出工艺设备主要有哪些?

答: 拜耳法生产氧化铝已经走过了100多年的历程, 尽管拜耳法生产方法本身没有实质性的变化, 但就溶出技术而言却发生了巨大的变化。溶出方法由单罐间歇溶出作业发展为多罐串联连续溶出, 进而发展为管道化溶出。目前的管道化溶出器, 溶出温度可达280~300℃。加热方式由蒸汽直接加热发展为蒸汽间接加热, 乃至管道化溶出高温度的熔盐加热。

120. 管道化溶出技术的优越性有哪些?

答: 管道化溶出技术的优越性有:

(1) 导热性好, 传热系数高。管道化溶出是一种新型的溶出装置, 矿浆从加热到溶出全过程都是在管道里进行的。矿浆在管道中有较高的流动速度 (一般为2~5m/s), 内部流速大, 矿浆产生高度的湍流运动, 改善了传热效果。

(2) 溶出时间短, 单位容积产能高。提高溶出温度和搅拌强度能够大大地提高溶出速率, 一般来说, 每提高10℃, 反应速率增加1.5倍。因此, 当溶出温度在300℃时, 只需1~2min便可完成溶出。由于溶出时间缩短, 单位容积产能得到提高。

(3) 溶出液苛性比值低, 有利于分解速率的加快。氧化铝在碱液中的溶解度, 随着温度的提高而增加。管道化溶出由于温度高, 溶出液的苛性比值低, 这对缩短分解时间、强化分解有利。

(4) 可采用低碱浓度溶出。随着溶出反应温度的提高, 溶出用的循环母液的碱浓度可降低到与分解母液相同的浓度, 这样就使整个拜耳法过程不必用能量消耗大的蒸发装置来蒸发分解母液, 使整个生产过程的能耗降低。

(5) 热源可采用熔盐加热。无机盐载热体是一种硝酸盐的混合物, 将该熔盐在加热炉中加热至510~540℃后送入换热装置与被加热物料进行热交换, 熔盐本身温度降低后, 再用熔盐循环泵送入熔盐加热炉中加热, 循环使用。

121. 拜耳法过程结垢是如何产生的, 结垢有何危害, 应该如何清除?

答: 拜耳法过程中产生的结垢主要有3种: (1) 溶液脱硅过程中产生钠硅渣、水化石榴石等。(2) 含钛矿物在溶出过程中与添加剂及溶液反应生成, 主要成分有钛酸钙和羟基钛酸钙。(3) 除了上述结垢成分以外, 还有磷酸盐、含镁矿物、氟化物和草酸盐等。

在氧化铝生产过程中, 结垢的形成比较复杂。给氧化铝生产带来的危害主要是使热交换设备的传热系数下降, 能耗升高, 造成生产成本增加。当加热面的结垢厚达1mm时, 为达到相同的加热效果, 必须增加一倍的传热面积, 或者相应提高加热介质的温度。结垢直接影响生产工艺和技术经济指标。

结垢的清除方法主要有机械清理、火焰清理、高压水洗和化学清洗。机械清理是指用机械工具冲碎结垢；火焰清理是用火焰骤然加热管道，使结垢爆裂脱落，达到清除的目的；高压水洗是用 $10\sim100MPa$ 高压水冲洗结垢，使结垢脱落，达到消除结垢的目的；化学清洗是用混合酸（$3\%HCl + 5\%HF$）并加入 $2.5g/m^3$ 的缓蚀剂，在 $80℃$ 下，反复冲洗管道 $5\sim6h$ 就可以清除结垢。

122. 溶出矿浆稀释的目的是什么？

答： 溶出矿浆在分离之前用赤泥洗液稀释的目的主要有：（1）降低铝酸钠溶液的浓度，便于晶种分解溶出矿浆浓度很高，高浓度的铝酸钠溶液比较稳定，不利于晶种分解。用赤泥洗液将溶出矿浆稀释，降低溶液的稳定性，加快分解速度，有利于种分过程。（2）使铝酸钠溶液进一步脱硅，氧化硅在高浓度的铝酸钠溶液中的平衡浓度也很高。稀释使溶液浓度降低，二氧化硅的过饱和度增大，溶液中有大量的赤泥颗粒作为种子，溶液温度又高，有利于脱硅反应。（3）有利于赤泥分离溶出后矿浆浓度高，黏度大，不利于赤泥分离，稀释使溶液浓度降低，黏度下降，赤泥沉降速度加快，从而有利于赤泥分离。（4）便于沉降槽的操作。矿浆浓度波动将影响沉降槽的操作，矿浆稀释使溶液浓度稳定，在稀释槽内混合后使矿浆成分波动小，有利于沉降槽的操作。

123. 赤泥浆液的主要成分是什么？

答： 高压溶出后的浆液是一个复杂的体系。液相为铝酸钠溶液，是强碱性的电解质，其中含有铝酸钠、氢氧化钠、碳酸钠，此外含有少量的硅酸钠、硫酸钠、草酸钠等。固相为赤泥。赤泥中主要成分为铝硅酸盐、铁的化合物和钛酸盐等。赤泥的矿物组成和粒度主要取决于铝土矿的组成、结构和溶出条件。

高压溶出后的浆液经过稀释后的液固比一般为 $10\sim35$。工业生产中拜耳法赤泥通常是采用沉降分离和沉降洗涤的。

124. 影响拜耳法赤泥沉降和压缩性能的主要因素有哪些？

答：（1）铝土矿的矿物组成和化学成分。铝土矿的矿物组成和化学成分是影响赤泥沉降和压缩性能的主要因素。铝土矿中常见的一些矿物，如黄铁矿、胶黄铁矿、针铁矿、高岭石、蛋白石、金红石等矿物使赤泥的沉降性能降低，而赤铁矿、菱铁矿、磁铁矿、水绿矾等则有利于沉降。前一类矿物所构成的赤泥往往吸附着较多的 $Al(OH)_4^-$，Na^+ 和结合水，而后一类矿物构成的赤泥则吸附较少。

（2）赤泥浆液的温度。溶液密度及黏度随着温度的提高而下降，因而有利于其中赤泥的沉降。温度升高能减少胶体质点所带电荷，促进赤泥颗粒的聚集。

另外，分离及洗涤温度较高，溶液的稳定性也较好，氧化铝的水解损失减少，设备管道结疤减少，所以在赤泥的分离洗涤过程中，必须严格保证较高的温度，通常均保持在95℃以上。

（3）矿石细磨程度。矿石磨得越细，赤泥粒子越小。粒子的沉降速度与其粒径的平方成正比，矿石磨得过细不利于赤泥沉降。

（4）铝酸钠溶液的浓度及黏度。赤泥浆液的浓度越大，液固比越小，浆液的黏度越大，沉降速度就越慢，沉降性能变差。

125. 改善拜耳法赤泥沉降性能的途径有哪些？

答：改善拜耳法赤泥沉降性能的途径有：

（1）铝土矿预先焙烧。将铝土矿预先在500℃左右下进行焙烧，使含水氧化铁矿物变成致密稳定的无水氧化铁，并除去有机物。

（2）提高溶出温度。提高溶出温度可以获得结晶较好的水合铝硅酸钠。如溶出温度大于260℃时所得赤泥将变成疏水性的。当溶出温度达到290℃时，尽管矿石中含有大量高岭石和针铁矿等矿物，赤泥的沉降性能依然很好，这是因为在高温下高岭石反应成为结晶良好的水合铝硅酸钠，而针铁矿等转变为稳定的赤铁矿，不再重新水化。所以高温溶出后的赤泥是憎水的，即使粒度小，由于表面能大，仍然有利于粒子聚结。

（3）添加絮凝剂。添加絮凝剂是目前工业上普遍采用的加速赤泥沉降的有效办法。在絮凝剂的作用下，赤泥浆液中处于分散状态的细小赤泥颗粒互相联接成絮团，粒度增大，沉降速度显著提高。

126. 赤泥的危害有哪些？

答：全世界每年排放赤泥约6000万吨，我国每年排出的赤泥量就达600万吨以上，累积赤泥堆存量高达5000万吨，而其利用率仅为15%左右。赤泥堆存不但需要一定的基建费用，而且占用大量土地，污染环境，并使赤泥中的许多可利用成分得不到合理利用，造成资源的二次浪费，严重地阻碍了铝工业的可持续发展。目前国内外氧化铝厂大都将赤泥输送到堆场，筑坝湿法堆存，靠自然沉降分离使部分碱液回收利用。另一种方法是将赤泥干燥脱水后堆存，我国的平果铝业公司主要采用干法堆存，虽然减少了堆存量及可增加堆存的高度，但处理成本增加，并仍需占用土地，同时南方雨水充足，也容易造成土地碱化及水系的污染。

赤泥在堆放过程中除了占用大量土地外，还由于赤泥中的化学成分入渗土地易造成土地碱化、地下水污染，人们长期摄取这些物质，必然会影响身体健康。赤泥的主要污染物为碱、氟化物、钠及铝等，其含量较高，超过了国家规定的排放标准（《有色金属工业固体废物污染控制标准》（GB 5058—85））。

由于赤泥中含有大量的强碱性化学物质，稀释 10 倍后其 pH 值仍为 11.25～11.50（原土为 12 以上），极高的 pH 值决定了赤泥对生物和金属、硅质材料的强烈腐蚀性。高碱度的污水渗入地下或进入地表水，使水体 pH 值升高，以致超出国家规定的相应标准，同时由于 pH 值的高低常常影响水中化合物的毒性，因此还会造成更为严重的水污染。一般认为碱含量为 30～400mg/L 是公共水源的适合范围，而赤泥附液的碱度高达 26348mg/L，如此高碱度的赤泥附液进入水体，其污染不言而喻，赤泥对生态环境的不良影响必须给予高度的重视和认真的研究。

127. 铝酸钠溶液分解过程的机理是怎样的？

答： 铝酸钠溶液的分解过程不同于一般无机盐溶液的结晶过程，它是一个复杂的物理化学过程。虽然在这方面进行了大量的研究工作，但是认识仍然是不够的。大多数研究者倾向于铝酸根离子是通过聚合作用形成聚合离子群并最终形成三水铝石的超微细晶粒的理论。他们认为在过饱和的铝酸钠溶液中，铝酸根 $Al(OH)_4^-$ 能按照反应式 $nAl(OH)_4^- \longrightarrow Al_n(OH)_{3n+1}^- + (n-1)OH^-$ 生成聚合离子。随着溶液成分接近于平衡成分，增加了离子碰撞的可能性。使聚合分子数增加，这些聚合分子连接为缔合物 $[Al_n(OH)_{3n+1}]_m$，这种缔合物达到一定尺寸后就会变成新相的晶核。

128. 影响晶种分解过程的主要因素有哪些？

答： （1）分解原液的浓度和苛性比值。分解原液的浓度和苛性比值是影响种分速度、产出率和分解槽单位产能最主要的因素，对分解产物氢氧化铝的粒度也有明显的影响。当溶液苛性比值一定时，有一使分解槽单位产能最大的最佳浓度。溶液苛性比值越低，最佳浓度越高。因为随着溶液苛性比值降低，溶液过饱和度增加，分解速度加快，分解时间缩短。因此分解槽单位产能增加。

（2）分解温度。分解温度是影响氢氧化铝粒度的主要因素。将温度 50℃ 提高至 85℃，晶体长大的速度增大约 6～10 倍。分解温度高有利于避免或减少新晶核的生成，得到结晶完整、强度较大的氢氧化铝。因此，生产砂状氧化铝的拜耳法厂，分解初温控制在 70～85℃ 之间，终温也达到 60℃，这对晶体长大与直收率显然是不利的。生产面粉状氧化铝的工厂，对产品粒度无严格要求，故采用较低的分解温度。

（3）晶种数量和质量。铝酸钠溶液必须添加大量晶种才能进行分解是它的一个突出特点。晶种数量通常用晶种系数（种子比）表示，也有用晶种的绝对数量表示。随着晶种系数的增加，分解速度加快，特别是当晶种系数比较小时，提高晶种系数的作用更为显著。

晶种的质量是指它的活性及强度大小，它取决于晶种制备的方法、条件、保存时间及结构和粒度。晶种的活性对分解速度影响很大，采用新沉淀比表面积大的细粒氢氧化铝为活性晶种时，晶种系数可以降低为 0.05～0.1。但是目前工业上并未采用活性晶种，一方面是它的制备困难，另一方面是它难以保证氢氧化铝产品的粒度和强度。采用高强度的氢氧化铝晶种才能制得强度大的产品。

（4）分解时间及母液苛性比值。分解时间延长，氧化铝的分解率提高，母液苛性比值增加。随着分解时间延长，分解速度越来越小，母液苛性比值的增长也相应的越来越小，分解槽单位产能越来越低，而细粒级的含量越来越多，因此过分延长分解时间是不恰当的。

（5）搅拌速度。搅拌可使氢氧化铝晶种能在铝酸钠溶液中保持悬浮状态，保证晶种与溶液有良好的接触，使溶液的浓度均匀，加速溶液的分解，并使氢氧化铝晶体均匀地长大。搅拌也使氢氧化铝颗粒破碎和磨蚀，一些强度小的颗粒破裂并无坏处，它可以成为晶种在以后的作业循环中转化为强度大的晶体，因此在分解过程中应保持一定的搅拌速度。

（6）杂质的影响。溶液中含有少量有机物对分解过程影响不大，但是积累到一定程度后，分解速度下降，$Al(OH)_3$ 粒度变细。因为吸附在晶种表面的有机物阻碍晶体的进一步长大，也降低了氢氧化铝强度。硫酸钠和硫酸钾使分解速度降低，当 SO_3 含量超过 30～40g/L 时，分解速度开始显著降低，氢氧化铝粒度不均匀。铝土矿中含少量的锌，一部分在溶出时进入铝酸钠溶液，种分时全部以氢氧化锌形态析出进入氢氧化铝中，从而降低氢氧化铝产品质量。氟化物在一般含量下对分解速度无影响。但氟、钒、磷等杂质对氢氧化铝的粒度都有影响。

129. 分解母液蒸发的目的是什么？

答：母液蒸发就是利用蒸汽把母液间接加热至沸腾使水激烈汽化，同时将生成的水蒸气连续地抽至冷凝器中冷却成水加以排除。分解母液蒸发的目的主要是排除流程中母液中多余的水分，保持循环系统的水量平衡；使母液浓度符合铝土矿溶出的浓度要求；排除生产过程累积的杂质。

130. 如何降低蒸发水量？

答：（1）减少循环碱液的流量。提高循环效率以减少母液流量是减少蒸发水量的主要因素。提高分解母液 α_k，特别是降低溶出液的 α_k，可大大提高循环效率，减少循环母液流量，当溶出液 α_k 由 1.7 降低到 1.5 时，碱液流量约减少23%，蒸发水量也相应减小。由于过分提高分解母液 α_k 使分解槽单位产能降低，因此主要途径是通过提高铝土矿溶出温度，达到降低溶出液 α_k 的目的。

（2）降低循环母液的浓度。当循环母液浓度由 300g/L 降低至 220g/L，在其他条件不变时，蒸发量可降低28%。但循环母液浓度决定于溶出过程的需要，溶出三水铝石型铝土矿可以采用浓度低的循环母液，而在240℃溶出一水硬铝石型铝土矿的条件下，降低循环母液浓度和溶出液 α_k 的可能性是有限的。

（3）提高稀释后铝酸钠溶液的浓度。将稀释后的铝酸钠溶液浓度由130g/L Na_2O 提高到160g/L Na_2O 时，可减少蒸发水量30%。实践证明适当提高溶液的浓度是有利的，但浓度过高不利于赤泥分离和种分过程。

131. 氢氧化铝焙烧的目的是什么，主要发生哪些反应？

答：氢氧化铝焙烧的目的是在一定温度下把氢氧化铝的附着水和结合水脱除，并发生分解反应，形成氧化铝，再进行晶型转变，得到具有一定物理和化学性能的氧化铝产品。

工业生产的氢氧化铝含有10%～15%的附着水，其分子组成为 $Al(OH)_3$。焙烧是在900～1250℃下进行的，氢氧化铝在焙烧过程中发生一系列变化。当温度达到100～120℃时，附着水即被完全蒸发掉。继续提高温度则发生结晶水的脱除以及无水氧化铝的晶型转变。

132. 焙烧温度对产品粒度有什么影响？

答：焙烧过程中氢氧化铝随着脱水和相变的进行，其物理性质发生一系列变化。物料在焙烧中发生了由粉化到强化再到粉化的过程。当温度达到400℃时，细粒子数量达到最大值，比表面积达到最大，随着脱水过程的结束，结晶体结构趋于改善，强度提高，细粒子减少，氧化铝粒度变粗。当温度达到1200～1300℃时，由于 $\alpha\text{-}Al_2O_3$ 的再结晶，集合体强度大大降低，大部分崩解，产生大量的细粒子。1000℃左右焙烧的氧化铝，其安息角小，流动性好，粒度较粗，且由于 $\alpha\text{-}Al_2O_3$ 含量低、粒度小、比表面积大，在冰晶石熔体中的溶解度较大。

焙烧过程中的加热速率以及焙烧产品的冷却速率也会影响产品的粉化。加热和冷却速率越慢，以及焙烧和冷却过程中物料颗粒受的机械磨损减少，则产品氧化铝粒度越粗。

133. 矿化剂对氢氧化铝焙烧有什么影响？

答：在焙烧氢氧化铝时添加 AlF_3 或 CaF_2 作为矿化剂，可以提高回转窑的产能，降低热耗，减少灰尘量，对氧化铝的物理性质也有较大影响。氟化铝的主要作用是能加速氧化铝相转变，降低相转变温度。

134. 氢氧化铝焙烧主要设备有哪些？

答：氢氧化铝的焙烧设备主要采用回转焙烧窑、循环焙烧炉或闪速焙烧炉。

目前，因回转焙烧窑能耗较高，自动控制水平较低，飞扬损失大，对氧化铝的磨损大，因此已逐渐被淘汰。

目前焙烧主要采用具有较高自动控制水平的循环焙烧炉。循环焙烧炉也称为循环沸腾焙烧炉，是流态化技术在氧化铝工业中的应用。循环焙烧炉是由焙烧炉和一个直接与焙烧炉连在一起的旋风器及 U 形密封槽组成的。焙烧过程所需要的热能由燃料在焙烧炉内直接燃烧而产生的燃烧气体提供，它同时也是焙烧物料的沸腾介质。

2.3 烧结法生产氧化铝

135. 碱石灰烧结法的原理是什么？

答：碱石灰烧结法生产氧化铝是将铝土矿与一定数量的苏打石灰（或石灰石）配成炉料，在回转窑内进行高温烧结，炉料中的 Al_2O_3 与 Na_2CO_3 反应生成可溶性的固体铝酸钠。杂质氧化铁、二氧化硅和二氧化钛分别生成铁酸钠、原硅酸钙和钛酸钙。这些化合物都是在熟料中能够同时保持平衡的。铝酸钠极易溶于水或稀碱溶液，铁酸钠则易水解。而原硅酸钙和钛酸钙不溶于水，与碱溶液的反应也较微弱。因此，稀碱溶液溶出时，可以将熟料中的 Al_2O_3 和 Na_2O 溶出，得到铝酸钠溶液，与进入赤泥的硅酸钙、钛酸钙和赤铁矿等不溶性残渣分离。熟料的溶出液（粗液）经过专门的脱硅净化过程得到纯净的铝酸钠精液。它在通入 CO_2 气体后，苛性比值和稳定性降低，于是析出氢氧化铝并得到碳分 Na_2CO_3 母液，后者经蒸发浓缩后返回配料。因此在生产过程中 Na_2CO_3 也是循环使用的。

136. 碱石灰烧结法的基本流程是怎样的？

答：碱石灰烧结法制备氢氧化铝的基本流程图如图 2-3 所示。

137. 氧化铝生产对原料制备的要求有哪些？

答：氧化铝生产对原料制备的要求有：（1）参与化学反应的物料要有一定的细度；（2）参与化学反应的物料各成分之间要有一定的配比并充分混合。原料制备在氧化铝生产中具有重要的作用。能否制备出满足氧化铝生产要求的生料浆，将直接影响氧化铝及氧化钠的溶出率，也影响熟料窑的操作等。

138. 烧结过程的目的和要求分别是什么？

答：烧结过程的主要目的在于将生料中的 Al_2O_3 尽可能完全地转变成可溶性的铝酸钠、氧化铁转变成铁酸钠，而杂质 SiO_2、TiO_2 转变为不溶性的原硅酸钙

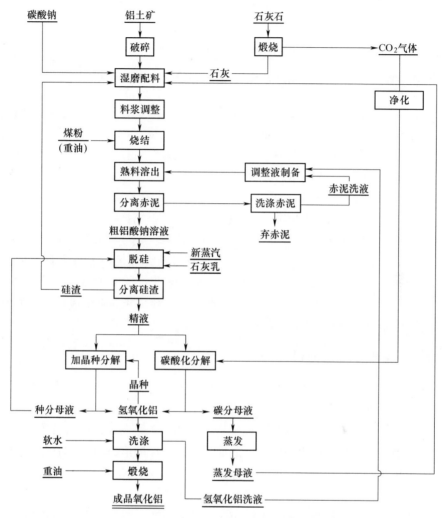

图 2-3 碱石灰烧结法制备氢氧化铝的基本流程图

和钛酸钙。烧结过程所得到的熟料具有适当的强度和可磨性。

熟料粒度应该均匀，大块的出现是烧结温度过高的标志，而粉末太多则是欠烧的结果。熟料大部分应为 30~50mm，呈灰黑色，无熔结或夹带欠烧的现象。

139. 烧结过程中主要的物理化学反应有哪些？

答： 烧结过程中主要的物化反应有：（1）Al_2O_3 与 Na_2CO_3 生成偏铝酸钠。（2）用烧结法处理高硅含铝原料时，炉料中的 SiO_2 在烧结过程中应该转变为硅酸钙。SiO_2 和 CaO 可以生成 $CaO \cdot SiO_2$（偏硅酸钙）、$3CaO \cdot 2SiO_2$（二硅酸三钙）、$2CaO \cdot SiO_2$（原硅酸钙）、$3CaO \cdot SiO_2$（硅酸三钙）四种化合物。只有原硅酸钙在高温下能与 $Na_2O \cdot Al_2O_3$ 同时稳定存在，而且溶出时不与铝酸钠溶液发生显著的反应。（3）氧化铁在高温下与碳酸钠反应生成铁酸钠。（4）TiO_2 参与反应，生成钙钛矿进入熟料和溶出渣。

140. 硫对氧化铝生产造成的危害有哪些？

答： 硫对氧化铝生产造成的危害主要有以下几个方面：（1）生料中含有的硫使碱耗增加。进入生产流程中的硫与碱液反应生成 Na_2SO_4。而 Na_2SO_4 不能与 Al_2O_3 起反应，称为中性碱，增加碱耗。1kg 硫大约损失 NaOH 1～1.5kg 或 Na_2CO_3 3.4kg。（2）熟料中的 Na_2SO_4 含量升高对大窑操作带来困难。Na_2SO_4 的熔点为 884℃，并且能与 Na_2CO_3 等生成熔点较低的化合物，使物料进入烧成带之前就出现液相。Na_2SO_4 熔体的黏度较大，易使炉料黏挂在窑壁上，结成厚的副窑壁和结圈，致使熟料滚成大球，造成下料口堵塞。（3）母液中 Na_2SO_4 含量升高给蒸发操作带来困难，并且增加气耗。分解母液在蒸发时若有大量 Na_2SO_4 和 Na_2CO_3 等在蒸发器加热管壁上结晶析出，则会降低管壁的传热系数，使蒸发器能力显著下降。并且蒸发器结疤严重，清洗次数随之增加。（4）拜耳精液中 Na_2SO_4 含量增加，将使分解率有所下降。

141. 烧结过程如何进行排硫？

答： 混联法和烧结法主要采取生料加煤技术进行排硫。烧结法生料加煤，能够脱除大量的硫，具有稳定熟料窑操作的作用，并且还有以下优点：（1）一部分 Fe_2O_3 被还原为 FeO，配料时可以适当减少 Na_2O 配入量，从而节约用碱。如果配碱量不变，则相应地提高碱比，从而提高 Al_2O_3 的溶出率。（2）生料加煤后烧制的熟料在正常情况下熟料中 S^{2-} 含量大于 0.32%，Na_2SO_4 含量稳定在 2% 以下，可获得黑心多孔、可磨性好的熟料，因此可改善熟料在湿磨过程中的粉碎性质，熟料溶出产能可提高 8%～10%。（3）因不易产生过磨现象，溶出后赤泥为黑绿色，细度均匀适中，改善了赤泥沉降性能，提高了沉降槽的产能，同时可降低溶出过程二次反应损失。

142. 影响熟料质量的主要因素有哪些？

答： （1）炉料成分。炉料成分决定着熟料的物相成分，如果炉料不符合配方要求，在熟料中便不能生成预期的物相，而使 Al_2O_3、Na_2O 的溶出率降低。炉料成分对于烧结温度和烧结温度范围也有影响。

（2）烧结温度。适宜的烧结温度主要决定于炉料成分。当烧结温度过低时，化学反应进行不完全，因而使熟料中的 Al_2O_3 和 Na_2O 溶出率降低。同时由于存在着未反应的游离石灰，在赤泥分离过程增加出现赤泥膨胀的可能性。溶出液与赤泥接触的时间延长，使得 Al_2O_3、Na_2O 的损失增加。当烧结温度过高时，熟料过烧使窑的作业失常，不仅使煤耗增加，窑的产能降低，湿磨产能降低，而且由于碱的挥发，导致熟料成分的改变，也使有用成分的溶出率下降。

（3）煤粉质量。烧结炉料的回转窑所用的燃料一般为烟煤煤粉，煤粉中含有大量的灰分，有时还有相当数量的硫化物。灰分主要由 Al_2O_3、SiO_2、CaO 和 Fe_2O_3 组成。而且 SiO_2 的含量常常在 50% 以上。灰分中各成分直接落在炉料中与苏打、石灰反应。因此配料时必须考虑进入熟料中灰分的数量及其组成。

（4）炉料的粒度和混合程度。炉料烧结时的物理化学反应是在固态下进行的，仅在结束时有少量熔体出现，因而物料的细磨程度对反应速度和反应完全程度是有影响的。

143. 烧结中为什么会产生烧结结圈，结圈对烧结产生哪些影响？

答：生料烧结过程中，由于液相的出现和凝结，在烧成带前后两端形成致密而高于窑皮的结圈称为前结圈和后结圈。

氧化铝熟料中 $2CaO \cdot SiO_2$ 和 $Na_2O \cdot Fe_2O_3$ 是生成液相的主要成分，其次是 MgO、Na_2SO_4 等杂质。随着配料中铝硅比（A/S）的降低，熟料的熔融温度显著降低，烧成范围窄，出现结圈的机会多。当其他成分一定时，铝硅比（A/S）小于 2.8 时结圈显著增加，铝硅比（A/S）大于 3.2 时结圈可缓和或生成的结圈不致造成危害；当 Fe_2O_3 含量增多，F/A 大于 0.15 时，结圈会产生；当碱比小于 0.9 时会导致结圈的生成；喂料不均，料层不均使火焰位置伸长或缩短交换的频繁改变，也会加速结圈生成；燃料中含硫高也会使结圈增多。

结圈对熟料窑的生产影响很大，一般它高于正常窑皮 1~2 倍，非正常状态下，甚至高出窑皮 3~4 倍。它既影响熟料窑的稳定操作及技术经济指标，又影响熟料窑的长期安全运转。因为结圈使窑内通风面积缩小，导致通风不良；破坏窑的热工制度，严重时无法操作；威胁安全生产，如造成电收尘爆炸事故，因此，要尽量防止结圈的生成，生成后则要及时消除。

144. 铝酸盐熟料的溶出的目的和要求分别是什么？

答：熟料溶出过程要使熟料中的 $Na_2O \cdot Al_2O_3$ 尽可能完全地转入溶液，而 $Na_2O \cdot Fe_2O_3$ 尽可能完全地分解，以获得 Al_2O_3、Na_2O 高的溶出率。溶出液要与赤泥尽快地分离，以减少氧化铝和碱的化学损失。分离后的赤泥，夹带着附液，应充分洗涤，以减少碱和氧化铝的机械损失。

145. 熟料溶出过程中的主要反应有哪些？

答：烧结法熟料中主要成分是铝酸钠、铁酸钠、原硅酸钙。在熟料溶出过程中，铝酸钠溶解在碱溶液中，铁酸钠水解生成氢氧化钠进入溶液，含水氧化铁进入赤泥，化学反应式为：

$$Na_2O \cdot Al_2O_3 + 4H_2O \longrightarrow 2NaAl(OH)_4 \qquad (2-5)$$

$$Na_2O \cdot Fe_2O_3 + 2H_2O \longrightarrow 2NaOH + Fe_2O_3 \cdot H_2O \downarrow \qquad (2-6)$$

原硅酸钙除少量被溶液中的氢氧化钠、碳酸钠、铝酸钠分解，使二氧化硅进入溶液外，大部分残留在固体残渣中。

146. 铝酸钠溶液脱硅过程有什么意义和要求？

答：熟料在溶出过程中，由于 $2CaO \cdot SiO_2$ 与溶液中的 $NaOH$、Na_2CO_3 及 $NaAl(OH)_4$ 相互作用而被分解，使较多的二氧化硅进入溶液。通常在熟料溶出液中，Al_2O_3 浓度约为 120g/L，SiO_2 含量高达 4.5~6g/L，高出铝酸钠溶液中 SiO_2 平衡浓度许多倍，这种 SiO_2 过饱和程度很高的粗液，在碳酸化分解过程中，大部分 SiO_2 将随氢氧化铝一起析出，使产品氧化铝不符合质量要求。因此，在进行分解以前，粗液必须经过专门的脱硅过程。一般要求精液的硅量指数大于400。目前国内外烧结法厂已经发展了多种脱硅流程，例如，先在温度为 150~170℃ 的压煮器中进行一段脱硅，使溶液中硅量指数提高到 400 左右，然后再在常压下加石灰进行二段脱硅，使溶液硅量指数达到 1000~1500。

147. 什么是二次脱硅？

答：在一次脱硅浆液从脱硅机经自蒸发器进入缓冲槽时，再加入石灰乳进行脱硅，使残存的 SiO_2 以水化石榴石析出，该工艺称为二次脱硅，二次脱硅所得精液硅量指数可提高到 1000~1500 以上。二次脱硅工艺之所以可以达到较好的脱硅效果，是因为在高温并加硅渣作晶种的一次脱硅条件下，粗液中大部分 SiO_2 在脱硅机中以钠硅渣析出。这时再加入石灰乳，石灰乳与溶液及 SiO_2 反应，生成溶解度更小的水化石榴石固相，使溶液中的 SiO_2 含量进一步降低，提高了脱硅的深度。

148. 什么叫深度脱硅？

答：深度脱硅也称为三次脱硅，是指在现有的二次脱硅工艺的精液中再添加少量的石灰乳在反应槽中反应 1~1.5h。钙硅渣分离后返回二次脱硅工序。深度脱硅的基本原理与二次脱硅基本相同。深度脱硅所生成的水化石榴石中 SiO_2 的饱和度比较低，一般为 0.1g/L 左右。

149. 影响脱硅过程的主要因素有哪些？

答：(1) 温度。温度对脱硅过程的动力学有决定性作用。在 100~170℃ 范围内，随着温度的升高水合铝硅酸钠结晶析出的速度显著提高，溶解度降低，硅量指数不断提高。在压力大于 0.7MPa 时溶液的铝硅比（A/S）最高。继续提高温度，由于 SiO_2 的溶解度复而增大，溶液的铝硅比（A/S）反而降低，适当地提高温度可以缩短脱硅时间，增大设备产能，因而生产中多采用加压脱硅。

（2）原液中 Al_2O_3 的浓度。精液中 SiO_2 平衡浓度随 $Al_2O_3(Na_2O)$ 浓度的降低而降低。因此降低 Al_2O_3 浓度有利于制得硅量指数较高的精液。

（3）原液 Na_2O 浓度。保持溶液中 Al_2O_3 浓度不变，提高 Na_2O 浓度，即提高其苛性比值，使得 SiO_2 的平衡浓度提高，硅量指数显著降低。因此，在保证溶液有足够稳定性的前提下，苛性比值越低，脱硅效果越好。

（4）原液中 Na_2CO_3、Na_2SO_4 和 $NaCl$ 的浓度。粗液中往往含有一定量的 Na_2CO_3 和 Na_2SO_4 等盐类，它们属于水合硅酸钠核心所吸收的附加盐，可以生成 $3(Na_2O \cdot Al_2O_3 \cdot 2SiO_2 \cdot 2H_2O) \cdot Na_{(2)}X \cdot nH_2O$ 一类沸石族化合物，分子式中 X 代表 CO_3^{2-}、SO_4^{2-}、Cl^-、$Al(OH)_4^-$ 等阴离子。由于这一类沸石族化合物在铝酸钠溶液中的溶解度均小于 $Na_2O \cdot Al_2O_3 \cdot 2SiO_2 \cdot 2H_2O$ 的溶解度，因此，这些盐类的存在可以降低 SiO_2 的平衡浓度，提高脱硅深度的影响。

（5）添加晶种。添加适量晶种可以避免水合铝硅酸钠形成晶核的困难，促使脱硅深度和速度显著地提高。

（6）脱硅时间。当温度一定，二氧化硅没有达到平衡前，溶液的硅量指数随着时间延续而提高。不过时间越长，反应速度越慢，硅量指数增长速度越慢。

150. 赤泥分离的主要目的是什么？

答：赤泥分离的主要目的是使熟料中的氧化铝、氧化钠尽可能地转入溶液，以获得较高的溶出率。使溶液与不溶物尽快分离，减少氧化铝和氧化钠的化学损失，并将合格的粗液送去脱硅。

151. 赤泥洗涤的主要目的是什么，为什么采用反向洗涤？

答：经赤泥分离后得到的赤泥，都带有一定数量的附着液。为了回收赤泥附液中的有用成分 Al_2O_3 和 Na_2O，赤泥必须用热水加以洗涤，一般需要经过 $5\sim8$ 次热水反向洗涤，以尽可能回收氧化铝和氧化钠，减少其机械损失。

在赤泥洗涤中，采用热水与赤泥流向相反的工艺流程，可以减少热水消耗，提高洗涤效率，获得较高的浓度的赤泥洗液，返回生产流程。

152. 碳酸化分解的目的和要求分别是什么？

答：碳酸化分解是将脱硅后的精液通入 CO_2，使 $NaOH$ 转变成为碳酸钠，促使氢氧化铝从溶液中洗出来，得到的氢氧化铝和主要成分为碳酸钠的碳分母液，后者经蒸发浓缩后返回配制生料浆，氢氧化铝则在洗涤煅烧后成为氧化铝。

碳酸化分解作业，必须在保证产品质量的前提下，尽可能地提高分解率和分解槽的产能，极力减少随同碳分母液送去配制生料浆的 Al_2O_3 量，借以降低整个流程中的物料流量和有用成分的损失。

153. 碳酸化分解的原理是怎样的?

答：碳酸化分解是同时存在气液固三相的多相反应过程。发生的物理化学反应包括：（1）二氧化碳为铝酸钠溶液吸收，使苛性碱中和；（2）氢氧化铝的析出；（3）水合铝硅酸钠的结晶析出；（4）水合碳铝酸钠（ $Na_2O \cdot Al_2O_3 \cdot 2CO_2 \cdot nH_2O$ ）的生成和破坏，并在碳酸化分解终了时沉淀析出。水合铝硅酸钠的析出主要是在碳分过程的末期，它使氢氧化铝被 SiO_2 和碱污染。碳酸化分解末期，当溶液中剩下 Al_2O_3 少于 $2 \sim 3g/L$ 时，由于溶液温度不高，使水合碳酸钠生成析出。所以，当溶液彻底碳酸化分解时，所得氢氧化铝中含有大量的碳酸钠。

154. 碳酸化分解方法有哪几种?

答：根据具体条件及对产品质量要求的不同，碳酸化分解方法也不一样，主要有以下几种：

（1）完全碳酸化。这种方法是将铝酸钠溶液碳酸化至氧化铝全部析出。该方法到目前为止，工业上还没有采用过。

（2）分段碳酸化。这种方法是使铝酸钠溶液中的氢氧化铝分段析出。

（3）混合分解法。这种方法是将精液先部分地进行碳酸化，然后将溶液继续进行种子分解。

155. 影响碳酸化分解过程的主要因素有哪些?

答：（1）分解原液的纯度和碳酸化分解深度。分解原液的纯度包括硅量指数和浮游物两个方面。分解原液浮游物是 $Al(OH)_3$ 中杂质 SiO_2 和 Na_2O 的来源之一，是杂质 Fe_2O_3 的最主要来源。碳酸化分解率主要根据精液的硅量指数和氢氧化铝中 SiO_2 允许量来确定的，硅量指数越高，在保证氢氧化铝质量的前提下，其他条件相同时，浓度较高的精液要比浓度较低的精液分解的氢氧化铝中的 SiO_2 和不可洗去的碱多。

（2） CO_2 气体的纯度、浓度和通气速度。 CO_2 气体的浓度及通气速度决定着分解的速率，高浓度的 CO_2 气源，分解速率快。分解槽产能以及 CO_2 利用率高，有利于氢氧化铝晶体长大，节省压缩机动力。当 CO_2 气体压力一定时，达到预定分解率时，通气时间短，则通气速度越快。同时，提高通气速度，缩短了分解时间，并使分解出的 $Al(OH)_3$ 迅速地与母液分离，可以减少 SiO_2 的析出数量。

（3）分解温度。分解温度高，有利于氢氧化铝晶体的长大，从而可减弱其吸附碱和二氧化硅的能力，并有利于氢氧化铝的分离和洗涤。

（4）晶种。在精液中加入适量的氢氧化铝晶种，提高碳酸化分解初期的分解率，还能改善碳分 $Al(OH)_3$ 的晶体结构和粒度组成，降低 $Al(OH)_3$ 的杂质 SiO_2 和 Na_2O 含量，使其粒度均匀，同时能减少槽内结垢程度。晶种的加入使氢氧化铝循环积压于流程中，增加了氢氧化铝分离设备的负担。

（5）搅拌。搅拌可使溶液成分均匀，避免局部碳酸化，并有利于晶种的生长，得到粒度较粗和碱含量较低的氢氧化铝；此外，搅拌还可以减轻碳分槽内的结垢和沉淀。

156. 如何提高碳分槽的产能和质量？

答：提高碳分槽产能和质量的方法有：（1）提高硅量指数 A/S。降低精液中杂质 SiO_2 含量，提高硅量指数。精液中 SiO_2 含量越低，分解率越高，这样可提高产量和 $Al(OH)_3$ 质量，降低消耗。（2）降低氢氧化铝水分，降低热耗为了降低焙烧窑的热耗，把过滤机的单真空头改为双真空头，连续吹风改为间接吹风。减少氢氧化铝附着水，可降低焙烧窑油耗。（3）降低 $Al(OH)_3$ 中的附碱量。为了降低 $Al(OH)_3$ 中的附碱量，我国烧结法工厂的氢氧化铝过滤机采用二次反向洗涤，洗涤水量为 1t $Al(OH)_3$ 用 $1\sim1.2$t 水，水温大于 90℃，为了进一步提高 $Al(OH)_3$ 质量，降低附碱量，也采用三次反向洗涤，但不利于生产能耗的降低。（4）提高分解槽产能。通过加强技术操作和设备改造，提高分解槽的产能。选择合理的分解周期、溶液浓度及苛性比值、CO_2 压力和浓度、分解率等指标。对搅拌链板进行加固以保证安全运转，加大汽水分离器，周期性地清除结疤，防止阻塞管道而造成冒槽，以及将进料系统阀门改转壶，主要是缩短进料时间，减轻劳动强度，这些都有利于提高分解槽的产能。

157. 碳分槽的基本结构是什么？

答：碳酸化分解是在碳分槽内进行的。碳分槽的主体结构如图 2-4 所示。通常碳分槽是用钢板焊接而成的圆筒形槽体，内装有挂链式的机械搅拌器，槽壁装有 4 根从槽的下部通入 CO_2 气体的支管。

158. 什么是连续碳酸化分解工艺，其有什么特点？

答：连续碳酸化分解是在一组（一般为 6 台）碳分槽内连续进行的碳酸化分解作业，每个碳分槽都保持一定的操作条件。连续碳酸化分解，保持了碳酸化分解生产流程的连续化，设备利用率、产能和劳动生产率均高于间断碳酸化分解，提高了设备生产能力，减轻了劳动强度，而且还能防止分解槽的结疤生成，生产

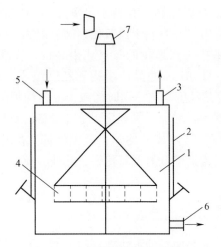

图 2-4　碳分槽构造示意图

1—槽体；2—CO_2 通气管；3—气液分离器；4—挂链式搅拌器；5—进料管；

6—出料管；7—传动部分

过程较易实现自动化。但存在产品 Al(OH)₃ 粒度较细、含碱量较高、动力消耗大的问题。

159. 分解母液蒸发器的结垢原因是什么，如何减少结垢的产生？

答：氧化硅在母液中的含量是过饱和的，它以铝硅酸钠形态析出的速度随温度的升高而加快。但它在铝酸钠溶液中的溶解度随 Na_2O 浓度增加而增加。因此，低浓度的铝酸钠母液在蒸发过程中，随着水分的蒸发，水合铝硅酸钠析出并在加热管壁上结垢。

防止和减轻蒸发器结垢的方法很多，除了将导致结垢的杂质组分预先从生产流程中排出和采用适当的蒸发流程和作业条件以外，还可以采用物理化学方法。近年来，国内外对于采用磁场、电场、超声波以及使用添加剂等方法预防氧化铝生产设备的结垢进行了很多研究。例如，在适当条件下在电场中处理蒸发母液，可大大减轻乃至完全防止在加热面上生产铝硅酸钠结垢，从而可使蒸发器产能提高 20%。

2.4　联合法生产氧化铝

160. 什么是联合法流程，联合法流程有什么意义？

答：目前生产氧化铝的工业方法主要是拜耳法和碱石灰烧结法。两者各有其优缺点和使用范围。在某些情况下，采用拜耳法和烧结法的联合生产流程，取长补短可以得到比单纯的拜耳法或烧结法更好的经济效果，使铝矿资源得到更充分的利用。根据铝土矿的化学成分、矿物组成以及其他条件的不同，联合法有并联、串联和混联三种基本流程。

161. 什么是并联法、串联法和混联法？

答：（1）并联法。当矿区有大量低硅铝土矿同时又有一部分高硅铝土矿时，可采用并联法。其工艺流程是由两种方法并联组成的，以拜耳法处理低硅优质铝土矿为主，烧结法处理高硅铝土矿为辅。烧结法系统得到的铝酸钠溶液并入拜耳法系统，以补偿拜耳法系统苛性碱的损失。

（2）串联法。串联法适用于处理中等品位的铝土矿和低品位的三水铝石型铝土矿。它是首先将矿石用拜耳法处理，提取其中大部分氧化铝，然后再用烧结法处理拜耳法赤泥，进一步提取其中的氧化铝和碱。得到的铝酸钠溶液和拜耳法溶出液混合，进行晶种分解。种分母液蒸发析出的一水苏打送烧结法系统配置生料。

（3）混联法。采用串联法处理中等品位铝土矿的困难是拜耳法赤泥的烧结熟料的铝硅比低，烧结温度范围窄，烧结技术较难控制。如果铝土矿中 Fe_2O_3 含量低，生产中的碱损失还不能全部由串联法中的烧结法系统提供的铝酸钠溶液补偿。解决这个问题的方法之一是添加一部分低品位矿石与赤泥一起进行烧结，以提高熟料的铝硅比，扩大烧结温度范围。这种兼有串联法和并联法的方法称为混联法。混联法要求赤泥熟料的铝硅比不低于 2.3。

162. 串联法工艺的优缺点有哪些？

答：串联法的主要优点有：（1）由于矿石经过拜耳法与烧结法两次处理，因此氧化铝回收率高，碱耗较低，在处理难溶铝土矿时可以适当降低对拜耳法溶出条件的要求，使之较易进行。（2）矿石中大部分氧化铝由加工费用和投资都较低的拜耳法提取出来，只有少量是由烧结法处理，减少了回转窑的负荷与燃料消耗量，使氧化铝成本降低。（3）全部产品是用晶种分解法得到的，产品质量高。

串联法的主要缺点是工艺流程复杂，工序多，两系统相互制约，给生产带来组织调度上的困难。烧结过程的技术条件也受拜耳法系统赤泥成分的制约，很难控制在适宜范围内。另外，由于赤泥熟料的 Al_2O_3 含量低，熟料产率高，使熟料中氧化铝和碱的溶出率比铝土矿烧结料低。

163. 并联法工艺的优缺点有哪些？

答：并联法主要优点有：（1）可充分利用同一矿区矿石资源。在处理高品位铝土矿的同时，还处理了部分低品位的矿石，并收到较好的经济效果。（2）生产过程的全部碱损失都是用价格较低的纯碱补充的，能降低氧化铝成本。（3）种分母液蒸发时析出的 $Na_2CO_3 \cdot H_2O$ 可直接送烧结法系统配料，因而省去了碳酸钠苛化工序。$Na_2CO_3 \cdot H_2O$ 吸附的有机物也在烧结过程中烧掉，减少了有机物循环积累及其对种分的不良影响。（4）烧结法系统中低苛性比值的铝酸钠溶液加到拜耳法系统混合使拜耳法中溶液的苛性比值降低，能提高晶种分解速率。由于全部精液都用种分分解，因而烧结法溶液的脱硅要求可以放低些，但种分母液的蒸发过程也可能因此增加困难。

并联法的主要缺点是：（1）工艺流程比较复杂，烧结法系统送到拜耳法系统的铝酸钠溶液量应该正好补充拜耳法部分的碱损失，保证生产中的流量平衡。拜耳法系统的生产不免受烧结法系统的影响和制约。（2）用铝酸钠溶液代替纯苛性碱补偿拜耳法系统的苛性碱损失，使拜耳法各工序的循环碱量有所增加，同时还可能带来 Na_2SO_4 在溶液中积累问题，对各个工序的技术经济指标造成影响。

164. 混联法工艺的优缺点有哪些？

答：混联法兼有串联法和并联法的优点：（1）拜耳法系统的赤泥，用烧结法回收其中的氧化铝和氧化钠，提高了氧化钠的总回收率，降低了碱耗。（2）在烧结法系统中配制生料浆时添加相当数量的低品位铝土矿，既提高了熟料铝硅比，改善了烧结过程，同时也有效地利用了一部分低品位矿石。（3）以廉价的苏打加入烧结法，以补偿生产过程中苛性碱的损失。混联法的主要缺点是流程长，设备繁多，很多作业过程相互牵制。

2.5 铝电解

165. 工业铝电解对 Al_2O_3 物理性能有什么要求？

答：工业氧化铝的物理性能对于保证电解过程正常运行和提高气体净化的效率关系很大。一般要求它具有较小的吸水性，能够较多较快地溶解在熔融冰晶石里面，加工时飞扬损失少，并能较好的封闭炭阳极，防止它在空气中氧化，保温性能好，同时对于气体净化还要求它具有良好的活性和足够的比表面积，从而能够有效吸附 HF 气体。这些物理性能主要取决于氧化铝晶体的晶型、粒度和形状。

166. 电解质由哪些成分组成？

答：工业铝电解槽的电解质主要成分是冰晶石与氧化铝组成的熔融混合物。

除此之外，还使用 AlF_3、LiF、CaF_2 和 MgF_2 添加剂，这些添加剂会改变电解质的熔点（初晶温度）、密度、电导率、黏度等物理化学性质。

167. 什么是铝电解质的初晶温度，电解温度一般要高于初晶温度多少，电解温度主要取决于什么？

答：初晶温度是指熔盐以一定的速度降温冷却时，熔体中出现第一粒固相晶粒时的温度。该温度也称为熔度，是指固体盐以一定速度升温时，首次出现液相时的温度。通常电解过程实际温度要高于电解质熔度 $10\sim15℃$。这种过热温度有利于电解质较快地溶解氧化铝；过热度也控制着侧部炉帮和底部结壳的生成和熔化。

在电解过程中，电解温度除与极距电压降大小有关外，主要取决于电解质的熔点。为了保持低温电解生产，不设法降低电解质熔点而单纯降低电解过程温度必然导致电解质过冷，引起病槽，影响生产。

168. 什么是分子比，它对电解温度有何影响？

答：分子比是电解质中的氟化钠与氟化铝的分子数量的比值，分子比即摩尔比。另一种工业上常用的为质量比，指电解质中氟化钠与氟化铝质量分数之比。

现在电解生产中大多数都采用摩尔比为 $2.2\sim2.4$，电解质呈酸性。摩尔比低有利于降低电解质温度，提高电流效率，但摩尔比越低，氧化铝溶解度越低，槽内易产生大量沉淀，所以摩尔比不宜过低。

169. 冰晶石熔剂的作用是什么？

答：冰晶石作为电解铝的熔剂，它的作用如下：

（1）能较好地熔解氧化铝，所构成的熔体可在纯冰晶石熔点以下进行电解，并且流动性好；

（2）在电解温度下，冰晶石-氧化铝熔体的密度比铝液密度要小 10%，故电解出来的铝液能沉积在电解液下面的阴极上，这样既可以减少铝的氧化损失，又大大简化了铝电解槽的结构；

（3）冰晶石具有良好的导电性；

（4）冰晶石中不含有电位顺序比铝电性更正的金属杂质，能保证产品铝的质量。

目前，冰晶石还是铝电解生产中最理想的一种熔剂。

170. 铝电解质中的添加剂应满足什么条件，常用的有哪几种，它们的优缺点有哪些？

答：电解质中的添加剂基本上应满足下列要求：首先是在电解过程中不被电

解成其他物质，进而影响铝的质量；添加剂应能对电解质的性质有所改善，如降低电解质初晶温度、提高电解质电导率、减少铝的溶解度、减少电解质的密度等，提高电解铝的经济技术指标。此外，它的吸水性和挥发性应该小，而对氧化铝的溶解度不致有较大的影响，同时来源广泛而且价格低廉。

常用的添加剂有氟化钙、氟化镁、氟化锂等。它们都具有降低电解质初晶温度的优点，LiF 还能提高电解质的电导率，但是大多数具有减小 Al_2O_3 溶解度的缺点。

171. 影响电解质电导率的因素有哪些？

答：在电解生产中电解质的电导率受到多方面的影响：

（1）电解温度。温度越高，离子运动越快，电导率增加。

（2）电解质摩尔比。电导率随摩尔比的增加而增加。

（3）Al_2O_3 浓度。电解质的电导率随 Al_2O_3 浓度的增加而降低。

（4）电解质中的炭粒。当电解温度高时，会使电解质中炭粒含量增多，炭粒含量增多时不仅使电解质的电导率降低，还能减少电解质对 Al_2O_3 晶体的润湿性，从而也会造成氧化铝的沉淀。

（5）电解质中的添加剂。添加剂对于冰晶石电导率的影响可分为两类：1）向电解质中添加氟化锂和氟化钠能改善电解质的导电性，特别是氟化锂效果显著；2）向电解质中添加氟化钙和氟化镁能降低电解质的导电性，它们使炭渣容易分离，减少电解质中的炭粒含量，使电解质的导电性提高，间接地增加电导率。

172. 影响氧化铝在电解质中溶解度的因素有哪些？

答：氧化铝在电解质中的溶解度对生产具有很大影响。氧化铝在电解质中的溶解度与电解温度和电解质成分有关。一般来说，氧化铝在冰晶石中的溶解度随温度的升高而增加。而在实际工业电解质中氧化铝溶解度因受复杂的成分和工作条件的影响，一般保持在 2%~8% 之间。电解质中的添加剂都会在不同程度地降低氧化铝的溶解度。高摩尔比电解质中溶解氧化铝的能力大，但随氟化铝含量的增加而氧化铝的溶解度降低。尤其摩尔比过低，电解质过酸时氧化铝的溶解度会更小，以致造成电解槽四周塌壳，沉淀过多，影响电解槽的正常加工。

173. 影响电解质黏度的因素有哪些？

答：黏度是电解槽中支配流体动力学的重要参数之一。例如，电解质的循环性质，Al_2O_3 颗粒的沉落，铝珠、炭粒的输运以及阳极气体的排除等都同电解质的黏度有关。它影响到阳极气体的排出和细微铝珠与电解质的分离，从而关系到金属铝损失和电流效率。

冰晶石熔体中加入 Al_2O_3，黏度一直增加，$w(Al_2O_3)$ 超过 10%后，黏度陡然上升，电解质此时特别黏稠。

174. 电解槽按阳极结构形式可分为哪几种？

答：电解槽按阳极结构形式可分为两大类四种形式。第一类是自焙阳极电解槽，其分别有旁插式和上插式；第二类是预焙阳极电解槽，其有不连续式和连续式两种。

175. 工业铝电解槽由哪几部分构成？

答：电解槽是一个钢制槽壳内部衬以耐火砖和保温层，压型炭块嵌于槽底，作为电解槽的阴极。电流通过电解质由炭质阳极流入炭质阴极，完成电解过程。电解槽的构造主要包括阳极装置、阴极装置、上部结构、母线装置和电气绝缘等。

176. 预焙槽与自焙槽比有哪些优点？

答：现在，世界上的预焙槽都向着大型化和现代化方向发展，说明它具有明显的优越性：（1）预焙槽容量大，单槽产能增加，劳动生产率显著提高；（2）能源利用率有明显提高，阳极电压降低，电流效率提高，吨铝电耗低；（3）生产中烟尘少，便于采用干法或湿法净化回收；（4）可实现高度的机械化和电子计算机的控制。

177. 预焙槽的预热启动目的是什么，有哪几种预热方法？

答：预焙槽的预热启动就是利用置于铝电解槽阴阳两极间的发热物质产生热量，使电解槽阳极阴极的温度升高，实现以下目的：使阴极炭块间和槽周边的扎糊烧结焦化，与阴极炭块形成一个牢固的整体；烘干阴极内衬，并逐步将槽膛温度提高到接近电解温度，为启动电解槽做准备。

铝电解槽焙烧启动方法可以分为两大类，一类是电焙烧法，另一类为燃料焙烧法。根据发热电阻物料的不同，电焙烧法又分为铝液焙烧法（铝液作电阻体的电焙烧法）和焦粒（或石墨粉）焙烧法。

178. 铝电解的阴极和阳极反应分别是什么？

答：铝电解过程中阴极上发生的基本反应是络合铝离子得电子还原为金属铝，而阳极上发生的基本反应是炭阳极与熔体中的络合氧反应，生成 CO_2。在冰晶石-氧化铝熔盐电解过程中，在电解析出铝的同时，在两极上还伴随发生一些重要的过程和现象，因这些过程和现象对生产有害无益，所以称为两极副反应。

阴极副反应有金属钠的析出、阴极铝的再溶损失、碳化铝的生成；阳极副反应主要有阳极效应、阳极气体成分的变化。

179. 槽工作电压由哪些部分组成，槽工作电压为什么不能保持过高也不能保持过低？

答：槽电压是阳极母线至阴极母线之间的电压降，槽电压由阳极压降、电解质压降、阴极压降、极化电压和母线压降组成。槽电压对电解温度有明显的影响，过高和过低都对电解带来不利影响。槽电压过高不但浪费电能，而且电解质热量收入增多，会使电解走向热行程，炉膛被熔化，铝质量受影响，并影响电流效率。槽电压过低也不行，虽然最终热收入减少可能出现低温时的好处，但由于电解质冷缩，产生大量的沉淀，会很快使炉底电阻增加而发热，二次反应增加，由冷行程转为热行程，其结果的损失可能比高电压要大得多。槽电压过低还可能造成压槽、阳极周边长包、滚铝和不灭效应等技术事故。

180. 什么是阳极效应？

答：阳极效应是熔盐电解所固有的一种特征现象。当其发生时，在阳极与电解质接触的周边出现许多细小的电弧，发生轻微的噼啪声，电解质沸腾停滞，此时电解槽电压从正常值升高到数十伏，并联在电压表上的停止信号灯也亮起来。

181. 阳极效应产生的机理是什么？

答：关于阳极效应的机理，即阳极效应发生的原因，目前仍然是一个小有争议的课题。目前，大多数学者和专家所认同的观点如下：阳极效应可以看做是一种阻塞效应。它很大程度上阻碍阳极与熔体之间的电流传递，当电解槽中氧化铝浓度很低时，阳极表面电解质熔体中的络合铝氧氧离子不能补充到阳极表面去放电，致使阳极表面的铝氧氟离子的浓度极化扩散过电压升高，从而导致 F^- 的放电，并在阳极表面与阳极碳反应生成碳氟化合物 CF_4 和 C_2F_6 气体，它们的出现使阳极表面对电解质的润湿性变差，阳极气体不能排出，而在阳极表面形成气膜，最终电流不得不从电阻很大的气膜中穿过，产生弧光放电，槽电压升高，发生阳极效应。

182. 发生阳极效应有何利弊？

答：阳极效应在铝电解生产中有一定的好处：（1）阳极效应发生时，电解质对炭粒润湿不良，可使炭渣从电解质中分离出来，使电解质的比电阻下降，从而可降低槽电压。（2）阳极效应产生的热量有 60% 可用于溶解氧化铝，有助于控制槽内沉淀数量。（3）补充电解槽热量的不足。

阳极效应过多对铝电解生产的不利方面有：（1）浪费大量的电能。（2）增加氟化盐的挥发损失。（3）效应频繁会影响系列电流的波动下降，从而影响系列中其他槽的产量，使温度下降。

183. 铝电解阴极过电压产生的机理是什么？

答：在铝电解过程中，其电解电流大部分是由 Na^+ 携带的，小部分是由 F^- 携带的。Na^+ 在电场的作用下趋向阴极表面，但在阴极表面放电的不是 Na^+，而是 AlF_6^{3-} 和 AlF_4^- 络合离子反应生成金属铝和 F^-，因此在阴极表面富集了 NaF，使阴极表面的电解质摩尔比高于电解质熔体内部的摩尔比，从而形成一种浓差过电压。

184. 影响工业槽电流效率的因素有哪些？

答：（1）电解温度。目前工业电解槽电解质温度一般保持在 940~960℃ 之间。电解质温度升高将导致已经电解出来的铝在电解质中溶解度增大，溶解后扩散速度加快等，增加铝的损失，降低电流效率。反之，电解温度过低时，电解质黏度大，铝与电解质的分离不好，氧化铝的溶解度降低，槽内沉淀增多，电阻增大，电压上升，电流效率降低。

（2）槽电压与极距。在其他条件不变的情况下，槽电压表示极距的高低，在温度不升高的条件下，极距增加则电流效率提高，但极距已足够大时，再增加极距，电流效率提高得并不明显，而且因极距的增加，使电解质电压降增大，槽电压升高，电耗增大，槽温升高，反过来影响电流效率。

（3）摩尔比。电解质摩尔比大于 3 时，一方面由于加强了铝自氟化钠中取代钠的反应，另一方面氟化钠过剩大大增加了钠离子放电的可能性，电流效率降低。

（4）氧化铝浓度。提高氧化铝浓度，可降低电解质的初晶温度，减少铝的溶解损失量，能够防止在阴极析出钠，有助于提高电流效率。氧化铝浓度高时电解质黏度增加，电导率变小，槽内沉淀可能增加，造成病槽，对电流效率不利。

（5）添加剂。目前可供选择的添加剂有氟化镁、氟化钙、氟化锂等。这些添加剂都具有降低电解质初晶温度的作用，有利于实现低温操作，因此，都具有提高电流效率的作用。

（6）铝液水平与电解质水平。由于铝的导电性和导热性好，因此保持较高的铝液水平，可以使阳极底部的热量散发出来，有利于降低槽温，又能使周围形成坚实的炉膛，收缩铝液镜面，提高阴极电流密度，这两者都有利于提高电流效率，但保持过高的铝液水平，不仅操作困难，热量损失多，还会造成槽底结壳增厚，炉底电压降升高，因此，必须保持适当的铝液水平。

185. 工业铝电解槽电流效率降低的原因有哪些？

答：造成铝电解电流效率降低的本质是铝的损失，其主要因素有：（1）铝的溶解损失，已经析出的铝有一部分重新溶解在电解质中被再氧化，属于化学损失，这是电流效率降低的主要原因；（2）高价离子与低价离子的循环转换；（3）电流损失，阴阳极之间局部短路，溶解在电解质内呈元素状态的铝和钠的电子导电等均属电流流失；（4）其他损失，如机械夹杂损失等。

186. 工业铝电解槽阴极铝的溶解损失有哪些途径？

答：铝的溶解损失既有物理溶解，也有化学溶解。

物理溶解主要有：（1）金属铝以原子粒子或胶体粒子的形式溶解到电解质熔体中；（2）金属铝与电解质熔体反应生成金属钠以原子粒子的形式溶解到电解质熔体中。

化学溶解有：（1）阴极金属铝与电解质反应生成低价铝离子，溶解到电解质熔体中；（2）阴极金属铝与电解质反应生成的低价钠离子溶解在电解质熔体中；（3）阴极表面生成的金属钠与电解质中的 Na^+ 反应生成低价离子 Na_2^+ 溶解到电解质熔体中。

187. 电解质水平高低对电解生产过程有什么影响？

答：铝电解槽内，电解液和铝液两层液体按照密度差别而分处上下两层。所谓电解质水平和铝液水平，是指它们各自的厚度。

电解质水平高，可以使电解槽具有较大的热稳定性，电解温度波动小，并有利于加工时氧化铝充分熔解，不易产生沉淀。同时，阳极与电解质的接触面积增大，使槽电压减小。但是，电解质水平过高，会使阳极埋入电解质中太深，阳极气体不易排出，导致电流效率降低，并易出现阳极底掌消耗不均或长包现象。电解质水平低，数量少，电解质热稳定性差，对热量变化特别敏感，氧化铝的溶解量降低，易产生大量沉淀，阳极效应增加，过低时还易出现槽电压摆动现象，这些均降低电流效率。

188. 工业铝电解槽中铝液水平过高或过低有何影响？

答：铝液水平过高，散热量大，会使槽底发冷，电解质水平不易控制，易产生大量沉淀和炉底结壳，伸腿过高或过宽给正常生产带来困难，更不便于机械化和自动化操作。铝水平过低，阳极浸入电解质中过深，使阳极地下和周边温差加大，加剧电解质循环，增加铝的损失。其次易造成伸腿熔化，槽底过热，电解温度升高，出现热槽。另外，阴极铝液的稳定性差，最易出现槽电压摆动现象，这些均降低电流效率。

189. 电解槽的正常生产特征有哪些?

答:铝电解槽经过焙烧、启动和后期管理阶段之后,即转入正常生产阶段。在该阶段电解槽是在规定的电流制度下进行生产,其特征为:电解槽的各项技术参数已达到规定范围,建立了较稳定的热平衡制度;阳极周围侧壁上已牢固地形成电解质-氧化铝结壳,使槽膛有稳定的内型;阳极不氧化,不发红,不长包;阳极周边的电解质均沸腾,电解质干净,与炭渣分离清楚,从火眼喷出的炭渣和火苗颜色清晰;阳极底下没有大量沉淀,炉面氧化铝结壳完整,并覆盖一定数量的氧化铝保温。

190. 在铝电解正常生产时期为什么摩尔比会升高?

答:(1)原料中杂质对电解质成分的影响。在电解生产中所用的氧化铝、氟化盐和阳极中都含有一定数量的杂质成分,如 H_2O、Na_2O、SiO_2、CaO、MgO、SO_2 等,这些杂质均分解氟化铝或冰晶石,使电解质中氧化铝和氟化钠增加,摩尔比增高。

(2)电解质的挥发损失影响。在正常生产中,从电解质表面挥发的蒸气中绝大部分是氟化铝,温度越高,损失越大,从而电解质中氟化钠相对增加,摩尔比升高。

(3)添加剂对摩尔比的影响。在电解质摩尔比小于 3 的情况下,添加 MgF_2 时,MgF_2 和 Na_3AlF_6 反应生成 $NaMgAlF_6$ 和 NaF,使摩尔比上升。

191. 如何调整摩尔比,正确添加 AlF_3 时应注意什么?

答:摩尔比高时,添加氟化铝加以调整;摩尔比低时,添加氟化钠或纯碱加以调整。氟化铝添加方法:氟化铝应添加在氧化铝面壳层的中间部位,即在加工后先加一层氧化铝后,将氟化铝均匀地撒在薄壳上,然后再加保温料。下次加工时,可以不扒料,氟化铝随壳一起打入槽内。

添加氟化铝时注意事项有:(1)氟化铝不能加在电解质液面上,也不要加在火眼和阳极附近;(2)出铝前加工时不宜加氟化铝;(3)为了减少氟化铝的损失,可将氟化铝与冰晶石混合使用,氟化铝在电解槽出铝后的首次加工时添加最好,平时可在电解槽小头加工时添加。

192. 什么是病槽,常见的病槽和事故有哪几种?

答:在系列生产中,除新启动槽外,凡是不具备正常生产技术条件和外观特征的电解槽,都属于病槽。在实际生产中,最常见的病槽主要有:冷槽、热槽、压槽、滚铝、电解质含碳等。在生产中，由于管理和操作不当或设备失灵就会造成重大生产事故，甚至使整个系列生产瘫痪。常见的事故有：漏炉、难灭效应、短路口放炮、阳极导杆与母线打火、阳极升降失控、出铝操作严重过失、针振的判定及处理、异常电压、阳极长包、阳极脱落等。当事故发生时，要及时采取正确的处理方法，避免事故的进一步扩大，将损失控制在最小范围内。

193. 为什么采取交叉更换阳极？

答：因为新换上的阳极使局部进行电解质温度降低，在一两天内导电能力较差，为保证各阳极能够均匀分担电流，所以要采用交叉法更换阳极。基本的原则是：（1）相邻的阳极要错开更换时间，并把时间隔开长一些；（2）要使两边阳极槽母线梁上的新旧炭块组均匀分布，基本上是交替更换，使得两边母线电流分布接近相等，承重均衡。

194. 异常换阳极包括哪些，怎么处理？

答：异常换阳极包括阳极断层、掉块、裂纹、脱落、长包、涮化钢爪等，处理方法如下：

（1）对阳极断层、裂纹、脱落、涮化钢爪的阳极，根据使用天数，确定使用残极还是新极。原则上已超过 1/2 周期的可用残极换上，否则必须换上新极，以保证阳极更换顺序正常执行。

（2）长包的阳极，经吊出槽外检查，确认打掉包后能继续使用者，可以打包后继续使用；不能使用者，则根据上一条原则换阳极。

（3）脱落阳极体积较大者，要用夹子或大钩等铁工具取出脱落极；碎裂者，用漏铲捞净全部碎炭块。

（4）异常换极除上述原则和操作外，其他操作程序与正常换极相同。

3 铜 冶 金

3.1 铜基础知识

195. 铜的物理和化学性质有哪些?

答: 物理性质:铜是一种具有金属光泽的紫红色金属,具有良好的展性和延性;导电、导热性极佳,仅次于银;无磁性,不挥发;液态铜流动性好。熔点为 1083℃,密度为 8.96g/cm³。铜的蒸气压很小,在熔点温度下仅为 $9×10^{-5}Pa$。熔融铜能吸收氢、氧、二氧化硫、二氧化碳、一氧化碳等气体,凝固时,大部分溶解的气体又从铜中放出,造成铜铸件内带有气孔,影响铜的力学性能和电工性能。

化学性质:常温下,铜在干燥空气中很稳定,加热时生成黑色氧化铜(Cu_2O),在含有二氧化碳的潮湿空气中,能缓慢氧化形成碱式碳酸铜(铜绿)。高温下,铜不与氢、碳、氨作用。由于铜为正电性元素,因此不能置换酸(如盐酸和硫酸)中的氢,但可以充分、迅速地溶于硝酸,并能溶于热浓硫酸中。铜能溶于氨水,并能与氧、硫、卤素等直接化合。

196. 铜的主要用途是什么?

答: 由于铜具有较高的导电性、传热性、延展性、抗拉性和耐腐性,因此在国防工业、电气工业、机械制造工业以及其他部门的应用都很广,特别在电气工业应用更为广泛。主要用途如下:

(1)电气工业:主要用于电力输送、电机制造、通信电缆、住宅电气线路等方面;

(2)电子工业:主要用于电路印刷、集成电路、线路框架以及电真空器件等方面;

(3)能源及制造业:主要用于零部件的制造,以及石化、海洋工业等;

(4)建筑和艺术用铜:用于管道系统、房屋装修,以及家庭的装饰、装修;

(5)交通工业:船舶、汽车、铁路和飞机均使用铜及铜合金作为零部件;

(6)其他方面:铜也可以用于钟表、造纸、印刷、医药、超导和低温材料的制作等方面。

197. 铜矿物主要有哪些？

答：铜在地壳中的含量比较少，主要以各种化合物的形态存在。目前已知的铜矿物达 200 多种，常见的可分为自然铜、硫化矿和氧化矿三种类型。自然铜在自然界中很少。硫化铜矿主要有黄铜矿（$CuFeS_2$）、斑铜矿（Cu_5FeS_4）、辉铜矿（Cu_2S）、铜蓝（CuS）等，目前世界上铜产量的 90% 左右来自硫化铜矿。氧化铜矿主要有孔雀石（铜绿，$CuCO_3 \cdot Cu(OH)_2$）、蓝铜矿（$2CuCO_3 \cdot Cu(OH)_2$）、赤铜矿（Cu_2O）、黑铜矿（CuO）等。

198. 铜的生产方法有哪些？

答：铜的生产方法有火法和湿法两大类。目前，世界上原生铜产量中 85% 左右由火法冶炼生产，15% 左右为湿法冶炼生产。

火法炼铜是生产铜的主要方法，该方法除了部分预备作业及电解精炼作业之外，其余过程均在高温下进行。火法炼铜的最大优点是原料适应性强、能耗低。火法熔炼主要有三个过程：造锍熔炼、冰铜吹炼以及火法精炼。火法炼铜主要用于处理硫化铜矿的各种铜精矿、废杂铜以及低品位废矿。

湿法炼铜是在常温常压或高压下，用溶剂浸出矿石或焙烧矿中的铜，经过净液使铜与杂质分离，再用电积或萃取电积等方法，将溶液中的铜提取出来。对于氧化铜矿和自然铜矿，可以用溶剂直接浸出；对硫化矿，一般先焙烧，而后浸出。湿法炼铜主要用于火法不能处理的低品位氧化矿和尾矿、坑内残矿和难选复合矿。

199. 何谓铜精矿贸易中的加工费 TC/RC？

答：TC/RC（treatment and refining charges for processing concentrates）是指铜精矿转化为精铜的处理和精炼费用。TC 就是处理费（treatment charges）或粗炼费，而 RC 就是精炼费（refining charges）。TC/RC 是矿产商和贸易商向冶炼厂支付的、将铜精矿加工成精铜的费用。TC 以美元/吨铜精矿报价，而 RC 以美分/磅精铜报价。

3.2 火法炼铜

200. 火法炼铜的工艺流程是什么？

答：火法炼铜包括熔炼、吹炼、精炼等工序，熔炼主要是造锍熔炼，目的是使铜精矿或焙烧矿中的部分铁氧化，并与脉石、熔剂等造渣除去，产出含铜较高的冰铜。吹炼能够消除烟害，回收精矿中的硫，产出铜品位达98%以上的粗铜。粗铜精炼分火法精炼和电解精炼，火法精炼是利用某些杂质对氧的亲和力大于铜，而其氧化物又不溶于铜液等性质，通过氧化造渣或挥发除去；电解精炼是利用铜与其他金属的电性差异，电解产出合格的阴极铜产品。火法炼铜具体过程如图3-1所示。

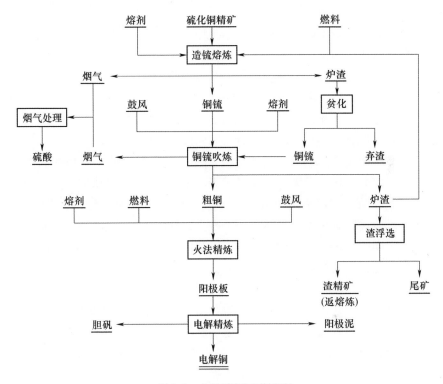

图3-1　火法炼铜工艺流程

201. 什么是造锍熔炼，其过程是什么？

答：在高温、强氧化性气氛下，进行半自热或自热熔炼，将硫化铜精矿熔化生成金属硫化物的共熔体，即为造锍熔炼。造锍熔炼将精矿中的铜富集于冰铜中，大部分铁的氧化物与加入的熔剂造渣，冰铜与炉渣由于性质差别极大，可澄清分离。

造锍熔炼过程可以看做是几种金属硫化物之间的互溶过程。CuS在熔化之前会发生热解离，解离产生的元素硫遇氧即氧化成 SO₂ 逸出，而铁只能部分与多余的硫相结合成 FeS 进入铜锍，其余的铁只能以氧化物的形式与脉石造渣。由于铜锍的密度比炉渣大，且二者不互溶，从而达到了分离的目的。

202. 造锍熔炼主要工艺包括哪些？

答：（1）密闭鼓风炉熔炼。密闭鼓风炉熔炼是在竖式炉中靠炉料与上升炉气对流加热进行熔炼的过程。鼓风炉熔炼过程按逆流原理进行，即炉料与燃料从炉子上部加入，垂直向下往炉缸移动，并从炉缸放出熔炼产物。鼓入炉内的空气及燃料燃烧所形成的气体，从下面沿着垂直炉身通过炉内的炉料与燃料的空隙上升。

密闭鼓风炉的热效率高，炉内最高温度可达1450℃，且高温区集中；但床能力低，需要处理块矿和优质焦炭，不符合当前技术发展。

（2）反射炉熔炼。反射炉内为中性或者弱氧化性气氛，炉料由精矿或焙烧矿与熔剂、返尘等组成，细粒炉料在料坡上被加热到1200℃，熔炼成冰铜和炉渣，两者机械混合在一起，经料坡流入熔池中，在流动过程中，一边放热，一边调整成分，最终形成冰铜和炉渣，二者按照密度不同分层。

反射炉易于操作管理，对物料的适应性强，渣含铜量低，但是热利用率低，能耗高，床能力低，烟尘量大，对环境污染严重。

（3）电炉熔炼。在铜冶炼过程中，一般使用矿热电炉。在矿热电炉中，电流从一个电极通过炉渣和冰铜导向另一个电极，其中大部分电能转变为热能，使得炉渣较大程度的过热，利用过热的炉渣做载体，使炉料受热熔化，并且发生各种物理化学变化，完成造渣和造冰铜过程。

电炉熔炼容易形成高温区，且温度易控制，能处理各种物料，不需要使用燃料，减少对环境的污染，电能也可以有效利用，有价金属的回收率高。但是电炉熔炼耗电量大，对电力缺乏地区，并不适用。

（4）闪速熔炼。闪速熔炼是将预热空气和干燥精矿以一定比例加入反应塔顶部的精矿喷嘴中，在喷嘴内空气和精矿强烈的混合，并且以很大的速度呈悬浮状态垂直或水平喷入反应塔内，布满整个反应塔截面，在高温作用下，炉料迅速发生各种物理化学反应，产生的熔体降入沉淀池内，进而完成造冰铜和造渣过程，并进行澄清分离，分别由冰铜口和渣口排出。

闪速熔炼的优点有能耗低、炉气质量高、床能力高、脱硫率高达70%以上、环境保护好。但是炉渣含铜量高，需要单独贫化；烟尘率较高，需返炉处理。

（5）熔池熔炼。熔池熔炼是通过气体的搅拌作用，使得精矿、熔剂与烟灰或其他原料投入熔池后，即与被气流搅动卷起的熔体混合熔融，使熔池内熔体-炉料-气体之间进行强烈的搅拌与混合，从而完成造冰铜、造渣反应。熔池熔炼的优势在于：一方面熔池熔炼对矿料的要求普遍较低，含水8%~10%的精矿无需干燥或者制粒，可直接通过加料口加入熔炼炉，并可处理废杂铜、电子垃圾等；另一方面，熔池熔炼的反应几乎全在熔池内进行，烟尘率比起闪速熔炼工艺有明显的降低。

目前熔池熔炼按送风方式可分为顶吹、侧吹和底吹三大类，顶吹的代表炉型有艾萨炉和奥斯麦特炉；侧吹的熔池熔炼有诺兰达炉、特尼恩特炉、白银炉、瓦纽科夫炉和金峰炉等；底吹熔炼方式主要有中国恩菲自主研发的氧气底吹炼铜工艺。

203. 造锍熔炼的原辅料有哪些？

答：（1）硫化铜精矿，还含有部分氧化脱硫的焙砂和高品位氧化矿；

（2）造渣熔剂，主要成分是二氧化硅和氧化钙，根据实际需要加入，合理炉渣组成；

（3）返料，主要成分是转炉渣（SiO_2、FeO、Fe_3O_4、Cu）和烟尘（烟气夹带的细粒物料以及易挥发元素与化合物）；

（4）空气、富氧空气或者工业纯氧。

204. 闪速熔炼与熔池熔炼的原料分别有哪些要求？

答：闪速熔炼是利用精矿喷嘴将混合精矿物料以很大的速度喷吹进入反应塔进行造锍反应，整个过程持续时间仅 $1\sim2s$，所以要求物料粒度小于 1mm，且经深度干燥（$H_2O<0.3\%$），以免产生液膜覆盖在物料表面，阻碍反应的进行。

熔池熔炼是将混合物料投入到熔池中，通过气体的搅拌作用发生反应，其对矿料的要求较低，含水 8%～10% 的精矿无需干燥或者制粒，可直接通过加料口加入熔炼炉，并可处理废杂铜、电子垃圾等。

205. 什么是冰铜？

答：冰铜也叫铜锍，主要由 Cu_2S 和 FeS 互相熔解而成的，它的含铜率为40%～70%，含硫率为 15%～25%。冰铜密度较大，沉于下层，可以从冶金炉（熔炼炉）的排铜口流出来，熔炼渣则从上部渣层排渣口排出。冰铜是铜与硫的化合物，按铜的含量高低，有白冰铜（Cu_2S，含铜 70% 左右）、高冰铜（含铜60% 左右）、低冰铜（含铜 40% 以下）之分。

206. 冰铜的主要性质有哪些？

答：（1）熔点：940～1130℃，随冰铜品位变化而变化；

（2）密度：随冰铜品位的提高而增大，一般为 4.0～4.6g/cm³，高于炉渣密度（3～3.7g/cm³）；

（3）黏度：$\eta=2.4\times10^{-3}Pa\cdot s$，比炉渣黏度低很多（0.5～2Pa·s），因此冰铜具有良好的流动性；

（4）表面张力：与铁橄榄石（$2FeO \cdot SiO_2$）熔体间的界面张力约为 $20 \sim 60N/m$，其值很小，由此可判断冰铜容易悬浮在熔渣中；

（5）液态冰铜遇水会发生爆炸。

207. 什么是熔炼渣？

答：熔炼渣是炉料和燃料中各种氧化物相互熔融而成的共熔体，主要的氧化物是 SiO_2 和 FeO，其次是 CaO、Al_2O_3 和 MgO 等。固态炉渣是由 $2FeO \cdot SiO_2$ 和 $2CaO \cdot SiO_2$ 等硅酸盐复杂分子化合物组成，液态炉渣则是由各种离子组成的离子共熔体。表 3-1 列出了各种造锍熔炼工艺所产生炉渣的化学组成。

表 3-1 熔炼渣成分   （%）

熔炼方法	炉渣化学成分							
	Cu	Fe	Fe_3O_4	SiO_2	S	Al_2O_3	CaO	MgO
密闭鼓风炉熔渣	0.42	29.0	—	38	—	7.5	—	0.74
奥托昆普闪速熔炼	0.78	44.06	—	29.7	1.4	7.8	0.6	—
Inco 闪速熔炼	0.9	44.0	10.8	33	1.1	4.72	1.73	1.61
诺兰达熔炼	2.6	40	15	25.1	1.7	5.0	1.5	1.5
瓦纽科夫熔炼	0.5	40	5	34		4.2	2.6	1.4
白银法熔炼	0.45	35	3.15	35	0.7	3.3	8	1.4
特尼恩特转炉熔炼	4.6	43	20	26.5	0.8			
奥斯麦特熔炼	0.65	34	7.5	31	2.8	7.5	5.0	
三菱法熔炼	0.6	38.2	—	32.2	0.6	2.9	5.9	

208. 炉渣性质对熔炼过程有什么影响？

答：（1）炉渣的性质决定熔炼过程的燃料消耗量。若炉渣的熔点较高，则加热炉渣到熔点所需要的热量增加，同时废气也会从炉中带走大量的热。

（2）炉渣的性质很大程度上决定炉温的高低。炉内温度由炉渣熔点决定，炉渣熔点决定于其成分。因此，要改变炉温，需改变炉渣成分。

（3）炉渣的性质决定炉子的生产率。熔炼酸性炉渣时，炉子的生产率比熔炼碱性炉渣时要小。

（4）炉渣的性质和熔炼时形成的渣量是决定铜回收率的一个基本因素。

209. 铜在炉渣中的损失有哪些，如何降低渣含铜？

答：渣含铜与冰铜品位有关，冰铜品位越高，其损失越大。根据铜在渣中的存在形态，其损失分为两种：（1）机械夹杂损失。因冰铜与渣分离不完全，冰铜夹杂在炉渣中引起损失。这是铜在渣中损失的主要途径。（2）电化学溶解损失。铜以氧化亚铜的形式溶解在渣中而引起的损失，一般情况下，铜以造渣形态损失很小。

为解决渣含铜量过高，可以选择成分适当的渣型，减少渣量，保持适当的炉温，增加澄清分离时间，严格控制冰铜品位等方法，以降低渣中含铜量。

210. Fe_3O_4对熔炼过程有何危害，如何减少Fe_3O_4的产生量？

答：熔炼过程中生成的Fe_3O_4存在于炉渣和冰铜中，会使得炉渣的熔点升高，密度加大，让炉渣与冰铜的分离变得困难。提高氧浓度或者降低温度情况下，固体Fe_3O_4会从炉渣中析出，生成难熔物，使熔炼炉上升烟道结疤，炉渣黏度加大，熔点上升，渣含铜量升高等。

减少Fe_3O_4的产生的主要措施有：（1）加入脉石进行造渣处理，一般二氧化硅含量控制在35%~40%范围内，可以保持Fe_3O_4活度有较低值；（2）提高FeS的含量，高温条件下让FeS与Fe_3O_4反应生成氧化亚铁与石英进行造渣，但这也会降低冰铜的品位；（3）升高熔炼温度，促进造渣反应的进行。

211. 炉渣渣型如何选择？

答：为尽可能减少渣中的含铜量，需要选择合理的炉渣渣型，渣型选择有如下要求：

（1）炉渣的熔点要合适，太低不能保证熔炼温度，太高增加燃料消耗；

（2）炉渣黏度要小，流动性好，易与冰铜分离；

（3）炉渣的表面张力要大，使冰铜颗粒容易长大，减少其悬浮；

（4）炉渣对冰铜的溶解尽可能小，便于二者的分离；

（5）尽量减少为造渣加入的熔剂量，熔剂量的增加会导致成本的升高和渣量的增加。

212. 如何降低炉渣黏度？

答：生产上要求炉渣黏度低，流动性好，利于冰铜与渣的分离。为降低炉渣的黏度，可以采取以下措施：（1）适当提高二氧化硅的含量，防止Fe_3O_4析出；（2）适当提高炉温可降低黏度；（3）少量的CaO和Al_2O_3可降低炉渣黏度。

213. 什么叫熔炼烟气？

答：熔炼烟气包括熔炼炉反应产生的SO_2，氧化精矿时空气带入的N_2以及少量CO_2、H_2O和其他易挥发的杂质化合物。烟气中SO_2的体积分数一般为10%~60%，取决于熔炉用的气体的氧含量，允许渗入到熔炉内的空气量以及生产冰铜的品位。近年来，烟气中的 SO_2 的体积分数在增大，这是由于熔炼过程用氧量增加，导致 N_2 和碳氢化合物燃烧产生的气体量降低。

烟气中也有相当多的烟尘（高达 $0.3kg/m^3$），烟尘主要来自三个方面：

（1）未反应的精矿或造渣剂细小颗粒；

（2）熔炼炉中未沉降到渣层中的冰铜/渣滴；

（3）精矿中的挥发性元素，如锑、铋和铅等。这些挥发性元素既可以以气体冷却凝固也可以反应产生非挥发性化合物。烟尘几乎全部返回到熔炼炉，但也可通过湿法冶金工艺回收铜并在熔炼过程中去除有害杂质。

214. 什么是烟尘发生率？

答： 烟尘发生率是指熔炼过程烟气经余热锅炉冷却后收集得到的烟尘质量占总投料量的比值。烟尘发生率是熔炼过程中的一个关键指标，是衡量整个熔炼过程好坏的一个依据。烟尘率上升，将使金属铜入烟尘量增加，造成铜直收率下降，从而增加返尘的处理量，占用产能，提高生产作业成本，降低经济效益。而且烟尘会使余热锅炉清灰更为复杂，从而影响闪速炉作业效率，增加收尘设备和洗涤系统的负荷。

215. 不同熔炼工艺的烟尘发生率是多少？

答： 由于闪速熔炼是利用精矿喷嘴将预热空气和干燥精矿以一定比例喷吹入反应塔内，在高速下落过程中快速完成各种物理化学反应，且闪速熔炼物料粒度小（小于 1mm），炉内呈负压状态，因此物料容易随烟气进入余热锅炉，从而导致烟尘率较高，通常为 3.5%~8%。

由于熔池熔炼是通过气体的搅拌作用，使得精矿、熔剂与烟灰或其他原料投入熔池后，即与被气流搅动卷起的熔体混合熔融，使熔池内熔体—炉料—气体之间进行强烈的搅拌与混合，从而完成造铜、造渣反应，且熔池熔炼的物料粒度较大（小于 100mm），使得其烟尘发生率较低，通常为 1.5%~3%。

216. 熔炼烟尘的处理现状是怎样的？

答： 熔炼烟尘通常含有铜、铅、锌、铁、铋、砷等元素，具有很高的经济价值。目前，大多数冶炼厂（如贵溪冶炼厂、金隆冶炼厂、金冠冶炼厂、珲春紫金冶炼厂等）将烟尘直接返熔炼系统进行处理。该方法简洁，且能有效回收烟尘中的有价金属，但存在着占用产能、砷的循环累计、阴极铜质量差等问题。

针对此，许多冶炼厂开展了烟尘开路处理的研究与运用。其中云南铜业采取酸浸—电积提铜工艺，祥光铜业采用烟尘水浸—常压酸浸—加压碱浸—中和沉砷—硫化沉砷的工艺，大冶有色采用酸浸脱锌—鼓风熔炼提铅、铋的工艺，都实现了烟尘中有价元素的回收。

217. 什么叫锅炉积灰？

答：积灰指的是反应后的炉料熔融或半熔融液滴未进入熔炼炉的沉淀池，而是随着高温烟气一起运动进入余热锅炉，遇冷后在锅炉受热面上所形成的沉积物，是熔炼锅炉运行中比较普遍的问题。在余热锅炉辐射段的积灰沿受热面垂直方向大致分三层。

（1）第一层，积灰较薄，约 5mm，为深褐色脆性积灰。产生这一层积灰的原理是熔融或半熔融的高温烟尘滴从熔炼炉上升烟道进入余热锅炉辐射段，一部分烟尘滴沉降到灰斗，一部分烟尘滴（温度约 1200℃）遇到余热锅炉受热面（余热锅炉受热面一般由水冷壁管组成，其管壁温度 30℃ 左右），立即机械性黏结在受热面上并迅速被冷却成为固体积灰，此时由于积灰温度相对较低，不会发生二次化学反应，而且因冷却速度较快，这层积灰较脆。第一层积灰主要成分为硫化亚铜、磁性氧化铁以及玻璃体。

（2）第二层，积灰较厚，一般为 5~10mm，有的达 20mm 以上。由于第一层积灰的热阻效应，使得二层烟尘滴在受热面上积灰表面温度逐渐升高，促使二次化学反应的发生，即烟尘中的氧化亚铁、磁性氧化铁，被氧化为三氧化二铁，硫化亚铜首先被氧化成氧化亚铜，氧化亚铜再与烟气中的氧气和二氧化硫反应生成碱性硫酸铜（$CuO \cdot CuSO_4$）。硫化亚铜也会直接与烟气中的二氧化硫和氧气反应生成硫酸铜。通常第二层积灰质地松散，容易清除，但若锅炉内氧势不足时，则容易生成黏性极强的氧化物。

（3）第三层，积灰是烟尘滴在第二层积灰上沉积生成的。当熔融或半熔融烟尘滴黏结在第二层积灰上时，由于热阻效应使得烟尘液滴冷却缓慢。在冷却过程中，铁橄榄石中的 Fe_3O_4 溶解度也随之降低，使得 Fe_3O_4 不断析出，形成多孔、致密且坚硬的颗粒。烟尘滴中的部分硫化亚铜，由熔融态逐渐冷却成固态的过程中与二氧化硅，以先析出的 Fe_3O_4 颗粒为核心，交接连在一起，并渗入到孔隙处形成大块状的积灰。由于冷却速度慢这层积灰产生烧结就显得异常坚硬难以清除。

218. 什么是锅炉盐化装置？

答：余热锅炉硫酸盐化装置是由鼓风机和一个特殊的喷嘴组成。鼓动风机将室外空气通过特殊的喷嘴鼓入余热锅炉辐射段炉膛，提高炉膛内烟气的氧气分压。特殊的喷嘴通常设置在余热锅炉辐射段顶部，不仅使鼓入的空气与进余热锅炉的烟气能够良好地混合，也有利于炉膛内的烟气动力场分布，促使第二层积灰中残存的硫化物尽可能完全地进行硫酸盐化反应，同时延迟第三层积灰的产生。

其主要发生的化学反应如下：

$$2Cu_2S + 3O_2 \Longrightarrow 2Cu_2O + 2SO_2 \qquad (3-1)$$
$$Cu_2O + SO_2 + O_2 \Longrightarrow CuO \cdot CuSO_4 \qquad (3-2)$$
$$Cu_2S + SO_2 + 3O_2 \Longrightarrow 2CuSO_4 \qquad (3-3)$$

219. 不同熔炼工艺的主要技术指标是什么？

答：各种熔炼工艺的主要技术指标见表 3-2~表 3-5。

表 3-2　闪速熔炼主要技术指标

公司	精矿含铜/%	投料量/t·h⁻¹	冰铜品位/%	渣含铜/%	烟尘率/%	作业率/%	氧浓度/%
贵冶	25~28	135~160	54~58	0.74~1.12	9.0~11.1	94.5~99.3	>70
祥光	26~32	270	68~71	1.8~2.3	8	80~91	70~80
紫金	21~23	140~155	58~62	0.9~1.3	6~8	96.64	70~80
金冠	25~27	255	67~70	1.8~2.2	7.5	90	72
金川合成炉	25~28	90~106	56~65	0.6~0.8	—	90	<65

表 3-3　顶吹熔炼炉主要技术指标

公司	精矿含铜/%	投料量/t·h⁻¹	冰铜品位/%	渣含铜/%	烟尘率/%	作业率/%	氧浓度/%
华铜	—		55~62	<0.7	—	83	40~45
金昌	17~19	75~90	60~65	<0.65	8~11	94	40~42
云锡	16~18	50~75	50~60	0.7~1.7	9.8~11.8	>90	—
大冶	22.52	100~180	55	0.85	12~20	91.6	55~60
云铜	24.05	85~95	53.8	0.74	14~25.3	>85	60

表 3-4　侧吹熔炼炉主要技术指标

公司	投料量/t·h⁻¹	冰铜品位/%	渣含铜/%	烟气SO₂/%	氧浓度/%	烟尘率/%
大冶	80	65	4	12~20	45	—
富邦	40	55~57	0.8	30~33	80~85	0.98
鹏晖	32	50~60	0.4~0.6	10~14	32.79	1~2
金峰	86~90	50~57	0.7~1	18~32	70~90	1~1.8
白银	80~88	48~55	0.5~1.2	16.58	46.5	3

表3-5 底吹熔炼炉主要技术指标

公司	精矿含铜 /%	投料量 /t·h⁻¹	冰铜品位 /%	渣含铜 /%	烟尘率 /%	氧浓度 /%
方圆	20~22	85~88	68~72	2.0~3.0	2.0~2.5	70~75
恒邦	<15	60	43	4.27	2.0~2.5	70~73
华鼎	19.5	49	62	2.8	2	71
豫光	—	18	73	10~12	—	50

220. 为什么要采用富氧熔炼?

答: 熔炼过程中利用工业氧气代替部分或全部空气,有利于:(1)减少炉内须加热的氮量,降低了能耗;(2)增加炉内氧分压,提高反应速度,强化熔炼过程;(3)提升熔炼烟气中二氧化硫浓度,减少烟尘量,利于烟气的综合利用,减少污染;(4)减少通过炉子的气体量以及鼓风、排烟的设备负荷。

221. 熔炼过程数学控制模型的作用是什么?

答: 铜熔炼是一个高温、多相反应过程,操作变量多、变量间交互耦合效应复杂。在常规手动操作下,要考虑若干因素之间的耦合性,并迅速地做出响应,力求生产控制参数稳定、准确是相当困难的。使用计算机构建的数学模型可实现熔炼生产过程的在线控制,能够迅速、准确和适时地检测生产过程的工艺参数,并利用所收集到的工艺参数作为输入条件,按照事先引入的模型自动地进行精确计算,迅速而准确地改变控制变量。这样就可减少人的影响,使被控变量波动减小,熔炼炉作业状况稳定,同时也为后续工序创造了良好的作业条件。

数学模型在线控制采用前馈-反馈的控制方式:以静态前馈控制为主,通过静态数学模型预估求出使控制变量稳定在目标值上的操作变量的基本值,进而再根据控制变量的实测值和目标值的偏差,通过反馈数学模型求出操作变量的修正值,将操作变量的基本值和修正值综合输出,以SCC(设定控制)方式作用于仪表控制系统,自动调节操作变量,达到稳定控制变量的目的,即通过前馈与反馈控制回路使操作变量产生变化,最终使控制变量稳定在目标值。

222. 冰铜吹炼的目的是什么,分为几个阶段?

答: 冰铜吹炼的目的是利用空气中的氧,将冰铜中的铁和硫几乎全部氧化除去,并除去部分其他的杂质,以得到粗铜。

吹炼是一个周期性作业,根据各阶段的主要反应不同,将整个作业周期分为两个阶段。第一阶段为造渣期,此阶段主要进行硫化亚铁的氧化和造渣反应;第二阶段为造铜期，主要进行的是硫化亚铜的氧化，及硫化亚铜与氧化亚铜的相互反应，最终获得粗铜。

223. 吹炼各阶段主要发生的反应有哪些？

答：冰铜吹炼的造渣期主要进行的是 FeS 的氧化造渣，主要反应为：

$$2FeS + 3O_2 \Longrightarrow 2FeO + 2SO_2 \tag{3-4}$$

$$2FeO + SiO_2 \Longrightarrow 2FeO \cdot SiO_2 \tag{3-5}$$

造铜期主要是部分 Cu_2S 氧化成 Cu_2O，再与 Cu_2S 发生交互反应，得到金属铜。主要反应为：

$$2Cu_2S + 3O_2 \Longrightarrow 2Cu_2O + 2SO_2 \tag{3-6}$$

$$2Cu_2O + Cu_2S \Longrightarrow 6Cu + SO_2 \tag{3-7}$$

224. PS 转炉的构造有哪些？

答：PS 转炉系统包括转炉本体及附属设备。转炉本体包括炉壳、炉衬、炉口、风口、大托轮、大齿圈等部分；附属设备包括送风系统、倾转系统、排烟系统、熔剂系统、环集系统、残极加入系统、铸渣机系统等。

225. 冰铜吹炼的常用作业制度有哪些？

答：转炉吹炼的常用作业制度有单炉连续吹炼、炉交互吹炼、不完全期交互吹炼、期交互吹炼、"三 S 三 B"吹炼。

（1）单炉连续吹炼。仅一台炉子处于热状态，单炉反复进行吹炼作业（见图 3-2）。

$$\underline{\quad S_1 \quad} \quad \underline{\quad S_2 \quad} \quad \underline{\quad B \quad} \quad \underline{\quad S_1 \quad} \quad \underline{\quad S_2 \quad} \quad \underline{\quad B \quad}$$

图 3-2　单炉连续吹炼作业示意图

（2）炉交互吹炼。两台炉子处于热状态，但只对一台炉进行吹炼，当一台炉完成了一整炉次作业后，交替使用另一台炉子（见图 3-3）。

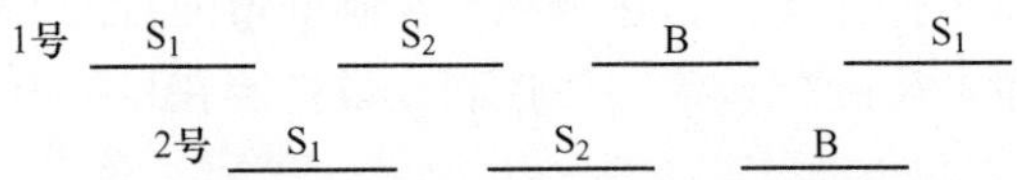

$$1号 \quad \underline{\quad S_1 \quad} \quad \underline{\quad S_2 \quad} \quad \underline{\quad B \quad} \quad \underline{\quad S_1 \quad}$$

$$2号 \quad \underline{\quad S_1 \quad} \quad \underline{\quad S_2 \quad} \quad \underline{\quad B \quad}$$

图 3-3　炉交互吹炼作业示意图

（3）不完全期交互吹炼。两台炉子处于热状态，但只对一台炉子进行送风吹炼，把造铜期分成两个期（B_1 和 B_2 期），在中间安排另一台炉子的 S_1 期（见图 3-4）。

（4）期交互吹炼。两台炉子处于热状态，但只对一台炉子进行送风吹炼，

1号	S_1	S_2	B_1	B_2	S_1
2号	B_2	S_1	S_2	B_1	

图 3-4 不完全期交互吹炼作业示意图

在一台炉子的某一吹炼期（如造渣期）中安插另一台炉子的不同吹炼期（如造铜期）。

期交互吹炼有两种情况，一种是造铜期连吹（见图 3-5），另一种是造铜期分成两个期吹（见图 3-6）。

1号	S_1	S_2	B	S_1
2号	B	S_1	S_2	

图 3-5 期交互吹炼（造铜期连吹）作业示意图

1号	S_1	S_2	B_1	B_2	S_1
2号	B_2	S_1	S_2	B_1	

图 3-6 期交互吹炼（造铜期分吹）作业示意图

（5）"三 S 三 B"吹炼。两台炉子处于热状态，但只对一台炉子进行送风吹炼。造渣期和造铜期各分成三个期，在一台炉子的造铜期之间安插另一台炉子的造渣期（见图 3-7）。

1号	S_1	S_2	S_3	B_1	B_2	S_1
2号	B_2	B_3	S_1	S_2		

图 3-7 "三 S 三 B"吹炼作业示意图

226. 冰铜吹炼制度的选定原则是什么？

答：转炉吹炼制度的选定一般要考虑以下两个原则：（1）由生产任务决定的处理冰铜量，计算出转炉的作业炉次，再根据作业炉次的多少选择吹炼形式；（2）根据转炉必须处理的冷料量的多少来选择。

当然，在实际生产中，吹炼形式的选择还应结合转炉的生产状况及上、下工序间的物料平衡来考虑，如贵冶转炉常采用不完全期交互吹炼制度，其依据主要有：（1）采用不完全期交互吹炼可以按计划完成厂部所定下的矿产粗铜任务；（2）不完全期交互吹炼的热利用率较高，可以加大含铜废料的处理量，提高了粗铜的年产量；（3）不完全期所需冰铜量有利于生产线的平衡。

227. 冰铜吹炼熔剂的作用及熔剂率的计算方法是什么?

答: 冰铜吹炼过程中需添加一定量的熔剂(二氧化硅),与冰铜中的铁反应,生成硅酸铁,利用密度差异与铜相分层,再通过排渣操作清除出炉,使铜得到进一步富集。

在生产过程中必须严格控制二氧化硅加入量,若加入量不足可能导致熔体黏性增强,渣含铜升高等情况,而加入量过多时会腐蚀炉衬,缩短炉寿,增加生产成本。基于此,现场人员根据生产经验,总结了石英熔剂需求量计算公式如下:

$$F_1 = (0.3853 - 0.00525MG_{S_1})W_{S_1}K_1 \tag{3-8}$$

$$F_2 = (0.3726 - 0.00508MG_{S_2})W_{S_2}K_2 \tag{3-9}$$

式中,F_1、F_2分别为S_1、S_2期熔剂需要量,t;W_{S_1}、W_{S_2}分别为S_1、S_2期冰铜装入量,t;MG_{S_1}、MG_{S_2}分别为S_1、S_2期冰铜品位,%;K_1、K_2均为回归系数。

228. 冰铜吹炼过程中各组分变化规律是什么?

答: (1) FeS 是冰铜的主要成分,在造渣期首先被氧化,生成的氧化物与SiO_2进一步反应,进入转炉渣中。

(2) Cu_2S在造渣期基本不氧化,即便氧化也立即被 FeS 再硫化,在造铜期(铁已除去),Cu_2S先被氧化成Cu_2O,产出的$Cu_2O(l)$与$Cu_2S(l)$不能共存,发生反应生成 Cu。

(3) Ni_3S_2在高温下较为稳定,在冰铜吹炼过程中很难将其大量除去。

(4) CoS 在造渣末期即 FeS 很少时才会被氧化造渣,因此,常把最后一批转炉渣作为提取钴的原料;在造铜期有部分钴可被Cu_2O氧化除去。

(5) 大部分 ZnS(约占冰铜总含锌量的 70%~80%)在造渣期氧化成 ZnO,然后以硅酸盐或者含锌铁橄榄石的形式进入到渣中;另一部分 ZnS(约占 15%~20%)以氧化锌或金属锌蒸气状态挥发进入炉气中。

(6) 通常在造渣期中,40%~50%的铅挥发,25%~30%的铅进入到炉渣中,25%~30%的铅进入到白冰铜中。

(7) Bi_2S_3在吹炼过程中生成金属铋,有 95%的铋进入烟尘,少量留在粗铜中。

(8) 在吹炼过程中砷和锑的硫化物大部分氧化成As_2O_3和Sb_2O_3挥发除去,其余以As_2O_5和Sb_2O_5形式进入炉渣,只有少量以铜的砷化物和锑化物留在粗铜中。

(9) 硒和碲一部分挥发,一部分进入粗铜中;金银以最大程度地富集在粗铜中。

229. 吹炼风量控制原则是什么？

答：送风量在理论概念上是从零到无限大，但在现实的设备中，是不可能实现的，在正常生产条件下，存在着最佳送风量的问题。而最佳送风量由许多因素决定，即使同一台设备，也要根据所处理的冰铜量不同而变更。决定最佳送风量的主要因素有机械因素、冶金反应学因素、生产计划因素。这三类影响转炉送风量的主要因素中，存在着既限制最大值又限制最小值的两个方面。

（1）限制最大送风量的因素：

1）熔体的喷出。若送风量过大，炉内的熔体被吹溅到炉外，导致转炉的直收率降低，增加生产成本。另外，喷出物在炉后烟罩表面附着堆积，逐渐变成质量达数吨的大块滑落，易砸坏炉后捅风眼机的轨道及引起炉体倾转系统的故障。

2）送风中装入物料被吹出炉外。在转炉作业过程中，须装入熔剂、冷料等，如送风量过大，就会妨碍装入物进入炉内，落到炉子下面或使进入废热锅炉中的烟尘增加。

3）反应速度。为使底渣和各期中装入的冷料完全熔化并进行反应，如果过分地提高送风量，尽管送风效率提高了，熔体和烟气温度也变得很高，但是底渣、大块冷料仍然可能没有充分熔化和反应。

4）内衬耐火砖的性能。送风量大时，耐火砖的损耗和送风量之间的关系，在定性上有如下所述：

① 单位间产生的热量增大，风口周围的温度上升，会使风口耐火砖损耗加快；

② 送风空气吹入速度大，反应的中心离风口前端远，对耐火砖有利；

③ 因吹入空气动压大，熔体和气泡群的机械运动激烈，冲刷耐火砖的力也强；

④ 因为在送风时的风口许可的动阻力增大，进行捅风眼的频率大，加剧耐火砖的损耗。

因而，从上综合来看，送风量大对耐火砖不利。

（2）限制最小送风量因素：

1）送风压力。转炉送风吹炼，是通过埋浸在熔体一定深度的风口送风来实现的。所以必须保持一定的送风量，使得送风压力大于熔体静压力，以引起炉内熔体的充分搅拌，才能进行正常的吹炼作业。

2）单位时间必要的反应热量。吹入转炉内反应用的空气，作为氧化剂引起炉内物料的反应，同时起着把反应热供给到熔体中的传递作用，另外，由于空气和熔体有温度差，也具有使熔体冷却的作用，且转炉在送风中和停风中，要散失热量，这些热量都必须通过反应热来弥补。因而，送风量低于一定量时，就不能弥补这些散失的热量，冶炼反应就不可能继续。

总之，转炉最佳送风量的选择，除要综合考虑上述因素外，还需考虑生产计划因素，如必要的冰铜处理量、每炉次的冰铜处理量、送风形式、必要的停风时间、单位冰铜的必要送风量以及单位时间的送风量等。

230. 什么叫炉次和炉寿？

答：炉次是指同一个转炉从开始进料、吹炼到出完粗铜为止的整个过程。

炉寿是指转炉炉子的寿命又称炉龄，炉龄是转炉工作好坏的一项重要技术经济指标。转炉炉龄以炉衬安全损坏情况下能吹炼的炉数来表示，即修砌一次炉衬的吹炼炉数。

231. 提高转炉寿命的措施有哪些？

答：炉龄的长短与温度控制、冰铜品位、送风量、富氧率、熔剂含量、耐火材料质量、砌筑质量、操作方式等有关。为提高转炉炉寿，在冰铜吹炼过程中，主要从以下几个方面进行管理：

（1）炉渣中 SiO_2 含量的控制。为了得到合理的渣型，国内转炉渣含 SiO_2 量，一般控制在 21%~24%。这种 SiO_2 含量较低的渣型可减少熔体对炉衬的侵蚀，另外生成较多的 Fe_3O_4，在操作中可出现"挂炉"现象，有利于延长炉衬寿命。

选择好渣型，确定渣中 SiO_2 含量是一个方面，而另一方面则要选择适宜的 SiO_2 的加入制度。

（2）熔体温度的控制。转炉炉衬损坏的三种主要原因都与温度有关。如温度越高，这三种作用力使耐火材料的性能降低就越显著；如果温度偏低，则这三种作用力都减弱，可延长炉子的寿命。

一般转炉规定：炉内温度 1200℃±50℃，放渣温度 1250℃±10℃，出铜温度 1180℃±50℃。控制炉温主要是控制冷料的加入量，冷料的需求量由回归经验式计算，并由莫里克秤和包子吊车的电子秤计量，严格控制冷料的装入量，确保炉温控制在 1200℃±50℃ 范围之内。

（3）建立完善的作业制度：

1）采用期交互吹炼法，取消筛炉作业，减少了炉温高（1300℃左右）和含 SiO_2 高（28%以上）的炉渣对炉衬的严重侵蚀，且保持了两台作业炉子的热状态的作业制度，使炉体热量收支尽量达到均衡。

2）确认液面角，大大地改善冷风对炉温的影响，提高了风口砖的使用寿命。

3）安装了风口消音器，这不仅减少了噪声和漏风，而且可减少捅风眼次数，使风口砖受冲击频率降低。

4）改善筑炉修炉质量。

232. 冰铜吹炼如何减少不必要的热消耗？

答：（1）转炉渣倒出后，最大限度地减少转炉的停风时间，作业开始时更是如此；

（2）吹炼开始时，加料速度要尽可能快，减少熔体温度波动范围；

（3）当转炉尺寸和炉料成分一致时，选择一个最低限度的鼓风量，避免由于风量不足使熔体温度剧烈降低。

233. 冰铜吹炼过程中产生的 Fe_3O_4 有什么利弊？

答：Fe_3O_4 的特点是熔点高、稳定性好。为了保护炉衬，在吹炼过程中不加入石英熔剂，特意造含 Fe_3O_4 高的炉渣，并且转动炉体，使其均匀地黏附在炉衬上，形成一层 Fe_3O_4 的保护膜，以此延长炉子寿命。

但是，Fe_3O_4 若进入到转炉渣中，使得渣黏度和密度增大，流动性变差，导致转炉渣含铜过高。

234. 吹炼过程如何防止炉子过冷和过热？

答：过冷即反应放热满足不了热损失，炉温逐渐下降，熔体凝结。表现为炉口火焰暗红，炉内熔体黏稠，炉渣不易分离，严重时石英熔剂被渣夹杂，局部有凝结现象。原因是造渣期加入冷料过多，或者停风时间过长，鼓风量不足。可以加入热冰铜，加强鼓风提温。

过热即反应放热大于热损失，炉温逐渐上升，熔体沸腾。表现为炉口火焰白亮，炉壁砌砖明显暴露，砖缝呈明显的沟状。原因是鼓风量过大，或者熔剂、冷料加入不及时和加料量不足。可以迅速向炉内加入冷料和适量的熔剂。

235. 转炉黏渣的原因及处理措施有哪些？

答：转炉黏渣的原因与现象：

（1）渣过吹。冰铜造渣吹炼到终点（白冰铜中残留的 FeS 含量约为 1.0% ~ 2.0%时），而未及时放渣，造成大量的磁性氧化铁生成，并且渣层温度降低，导致渣发黏，流动性变差。过吹渣冷却后呈灰白色，喷出时正常渣呈圆而空的颗粒。

（2）石英熔剂加入过多。增加 SiO_2 的量，会使渣黏度增大。钎棒黏结粗糙，且熔体表面有游离石英呈棉絮状，喷出时，渣成团状。

（3）冷料加入过多。冷料加入过多，会使炉体熔体温度偏低，渣黏性升高，炉前取样板黏结厚。特别是冷料块度大，会造成不能及时地熔化并参与反应，致使排渣困难。

（4）石英熔剂晚加或少加。石英熔剂晚加或少加会使一部分 FeS 氧化成 Fe_2O_3，进而形成大量 Fe_3O_4，渣黏度增大，易结壳，严重时有大量磁铁产生使钎样带刺，渣量少。

（5）冰铜带渣或底渣量大，而且冷料量未调整好。

转炉黏渣的处理措施：尽量放出渣来，并根据黏渣原因，追加适量的热冰铜，调整石英熔剂量和冷料量，适当地缩短吹炼时间。

236. 转炉吹炼喷炉的原因及处理措施有哪些？

答：（1）因磁铁渣引起的喷炉事故。原因：由于在造渣时投入的石英熔剂量不足，致使部分 FeO 无法与 SiO_2 造渣，而继续氧化成 Fe_3O_4 生成磁铁渣。这种磁铁渣密度大黏度高且流动性差，使鼓入炉内的气体不易穿透熔体表面渣层，鼓入的气体在熔体内越积越多，当气压大大超过上层熔体的静压时，就会引起喷炉事故。

处理措施：追加半包或一包热冰铜，并加入足够量的石英熔剂后继续进行吹炼作业，使磁铁还原造渣。反应为：

$$3Fe_3O_4 + FeS + 5SiO_2 \Longrightarrow 5(2FeO \cdot SiO_2) + SO_2 \tag{3-10}$$

（2）转炉渣过吹引起喷炉事故。原因：主要是由于放渣不及时而造成渣过氧化，渣温降低，黏度增大，熔体中的气体不能顺利地排出炉口，最后引起喷炉事故。

处理措施：追加适量的热冰铜后，稍吹炼一段时间，待转炉炉温上来后即停风放渣，把前面造好的渣放出炉体后，再加适量的石英，继续吹炼造渣。

（3）造渣期石英加入过量而引起的喷炉事故。原因：造渣过程中若石英加入过多，会使渣性恶化，渣黏度增大，且易在渣表层形成一层絮状物（游离态的石英），致使气体不易排出，造成喷炉事故。

处理措施：追加热冰铜继续吹炼，改变渣型，造出良性渣。

（4）造铜终点前的喷炉事故。原因：造渣期的渣型不好，未排尽渣就强行进入造铜期。当接近造铜终点时，熔体中的硫含量不断减少而使反应热越来越少，这时若熔体表面渣层厚，随着熔体厚度不断降低而渣的黏度加大，把大量气体阻挡在熔体里面，超过一定的限度时便会喷炉。

处理措施：发现有喷炉迹象时，立即将炉子倾转到 0° 后用残极加料机投入适量的残极以破坏渣层的凝结性，排放出积压的气体，或用残极投入油缸把一些木柴推入炉膛，使渣层与木柴搅拌在一起，木柴燃烧产生的 CO_2 和热量可破坏渣层的凝结性，此时送风量宜稍微降低，且调整炉子吹炼角度，另外也可停风，倒出底渣后，再继续吹炼。

（5）冷料直投过多而引起喷炉事故。原因：无论造渣期或造铜期，若冷料一次性投入太多，会引起熔体表面温度偏低，熔体黏度大，送风阻力大，往往夹带着熔体呈团块状喷出炉口。

处理措施：及时修正冷料加入量，适当地降低送风量，加大用氧量，调整炉子的送风角度，以尽快促使熔体温度回升，待正常后可恢复以前的作业状况。

237. 如何判断出铜时间？

答：（1）火焰颜色。造铜期末期，硫和其他金属杂质含量已经达到一个较低的水平，放出的热量也降低，炉温明显下降，火焰颜色由乳白色转为红褐色，表明出铜时间到了。

（2）火花。从炉口喷出物颗粒较大，在外面开花，通常称为火花。当炉口冒出的火花消失时，即可出铜。

（3）炉前取样。从炉口用小铁勺取样，倒在干净的铁板上，观察铜水凝结情况。当凝固的试样呈玫瑰红色，可以出铜。

（4）炉后判断。快到出铜时，将从炉后插入风口的铁钎取出，若铁钎上覆盖的铜光滑平整，没有隆起，冷却后呈玫瑰红色并有金属光泽，表明可以出铜。

238. 造铜期吹炼终点自动判断的机理是什么？

答：转炉吹炼终点判断主要通过实时采集并在线分析烟气中二氧化硫、氧以及其他元素含量（铜、铅、锌等金属元素），传送到吹炼终点判断软件系统中，并结合原有 DCS 系统中的锅炉负压、锅炉温度、转炉送风量等数据进行综合分析，从而实现转炉造铜期吹炼终点自动判断。

239. 粗铜过吹时的特征、原因及其处理措施有哪些？

答：粗铜过吹时的特征：烟气消失，火焰暗红色，摇摆不定，炉后取样的黏结物表面粗糙无光泽，呈灰褐色，组织松散，冷却后易敲打掉。

出现粗铜过吹原因有：（1）对造铜终点判断失误所致；（2）因炉体倾转系统故障造成造铜终点已到，但不能及时停风所致。

处理措施：（1）采用高品位固铍（最好采用固态白冰铜）进行还原反应，根据"过吹"的程度来确定固铍的直投量；（2）采用追加热冰铜的办法。视"过吹"的程度确定冰铜加入量，若加入的热冰铜过多还原过头时，可继续进行送风吹炼，直到造铜终点。

240. 转炉渣的成分及处理方式有哪些？

答：转炉渣含铜量较高，通常为 2%~4.5%，转炉渣中铜大都以硫化矿物形态存在，少量以氧化物和金属铜形态存在（见表 3-6）。转炉渣中的铜必须加以回收，目前主要有两种回收方式：一种是将转炉渣缓慢冷却、破碎、磨细、浮选，产出渣精矿，然后将其返回到熔炼的配料系统；另一种是根据熔炼方法的不同，将转炉渣以液体或固体状态直接加入熔炼炉内。

表 3-6　转炉渣成分　　　　　　　　　　（％）

序　号	Cu	Fe	SiO$_2$	S
1	2.7	55.06	36.21	0.62
2	1~2	40~45	25~28	0.5~1.0
3	3	52	22~26	2.5
4	1.5~2.0	45~50	22~25	—
5	1.5~2.0	45~50	25~26	2.5
6	2.5~3.0	40~56	28	—
7	4.5	51.6	21	1.2

241. 白烟尘特性及处理现状是怎样的？

答：白烟尘是铜冶炼生产过程中产生的固体副产物，收集于转炉工序的电除尘室，其中含有 Cu、Zn、Pb、Au、Ag、Bi 等有价元素，极具经济价值。同时白烟尘中还含有较高含量的砷，砷主要以 As$_2$O$_3$、As$_2$S$_3$ 的形式存在，属于可溶性砷，对周边环境存在潜在的威胁。

现阶段，综合利用白烟尘的工艺技术并不完备，部分国内铜冶炼企业多将烟灰直接返回熔炼系统处理降低白烟尘中有价元素含量。白烟尘返回铜熔炼系统后，不仅降低熔炼炉处理能力、恶化炉况，同时炉料中有害成分增多，有害杂质的累积会直接影响产品（电铜）的质量。此外，学术界开展了焙烧、水浸、酸浸、碱浸等方法脱砷除杂，萃取电积回收 Cu、Zn，还原精炼 Pb、Bi 合金的处理方式。

242. 如何提高转炉生产率？

答：转炉的生产率是指每炉每日产粗铜量。在转炉尺寸和冰铜品位一定的情况下，通过增大风压，加大鼓风量，减少管道漏风；缩短停炉作业时间；遵守均衡的温度制度，可以提高转炉生产率。

243. 粗铜的主要成分有哪些？

答：粗铜是冰铜吹炼的主要产物，含铜 98.5%~99.0%，另外还有少量的杂质元素如铁、硫、氧、镍、砷、锑、铋、硒、碲及贵金属元素。粗铜主要成分见表 3-7。

表 3-7　粗铜主要成分　　　　　　　　　（%）

成分	Cu	S	Fe	Pb	As	Sb	Bi
工厂 1	98.95	0.012	0.001	0.013	0.14	0.063	0.032
工厂 2	98.89	0.010	0.001	0.020	0.18	0.065	0.028
工厂 3	99.16	0.0103	0.001	0.026	0.14	0.063	0.031

244. 粗铜火法精炼的目的是什么?

答：粗铜火法精炼的目的是除去粗铜中的杂质，并为电解精炼提供优质的铜阳极。在精炼炉中将固体粗铜熔化或直接加入粗铜熔体，鼓入空气，使熔体中与氧亲和力较大的杂质发生氧化，以氧化物的形态形成炉渣或者挥发进入炉气而除去，残留在铜中的氧经还原除去后，浇铸成电解精炼用的阳极板。

245. 铜火法精炼由哪几个过程组成?

答：粗铜火法精炼是周期性作业，反应过程多在反射炉或者回转精炼炉内进行。按照该反应过程的物理化学变化特点和操作程序，每个作业周期基本包括熔化、氧化、还原和浇铸四个阶段。其中氧化和还原为主要阶段。当物料为液态粗铜时，熔化期可以省略。

246. 氧化精炼的原理是什么?

答：氧化精炼的基本原理在于铜中多数杂质对氧的亲和力都大于铜对氧的亲和力，且杂质的氧化物在铜水中溶解度很小。在空气鼓入铜熔体中，杂质便优先氧化除去。铜中有害杂质除去的程度主要取决于氧化过程进行的程度。

247. 氧化精炼中杂质如何分类?

答：按照氧化除去的难易程度，可将杂质分为 3 类：

（1）铁、钴、锌、锡、铅、硫是易被氧化除去的杂质。它们对氧的亲和力比较大，并且能形成稳定的氧化物进入渣或烟气中而除去。

（2）镍、砷、锑是难以除去的杂质。镍在氧化期缓慢氧化，易与存在的少量砷锑以及铜形成镍云母，导致镍、砷、锑难以除去。

（3）金、银、硒、碲、铋等是不能或很少被除去的杂质。金、银等贵金属氧化精炼时不会氧化；硒碲只有少量被氧化进入炉气中，大部分留在铜中；铋对氧的亲和力和铜相差不大，在精炼时较少除去。

248. 杂质被除去的程度与哪些因素有关?

答：杂质被除去的程度与杂质在铜中的浓度和对氧的亲和力、杂质氧化后所生成的氧化物在铜中的溶解度、杂质及其氧化物的挥发性和杂质氧化物的造渣性有关。杂质及其氧化物在铜中的溶解度越大，该杂质越难除去；杂质对氧亲和力越小，越难除去。

249. 回转式精炼炉有什么特点？

答： 回转式精炼炉的特点有：炉体结构简单，自动化、机械化程度较高；炉体容量大，处理量大；密闭性好，炉体热损失小；污染小，有利于环境保护；熔池较深，受热面积小，化料慢，不宜处理冷料。

250. 什么叫稀氧燃烧，有什么优势？

答： 稀氧燃烧技术是纯氧助燃燃烧的一种，其主要原理为：以纯氧为助燃介质进行助燃，燃料和氧气通过不同喷嘴高速射入炉膛，高速射流卷吸炉膛内的烟气，燃料和氧气被迅速稀释，在炉膛形成一种漫射的、火焰分布一致的燃烧加热体系。

稀氧燃烧技术的优势有：（1）采用纯氧助燃，热效率高，节约原料，减少排放。相对于传统的助燃风燃烧，纯氧燃烧鼓入风量大大降低，有效减少阳极炉烟气体积，降低了烟气带走的热损失，提高燃烧效率，降低燃耗，同时降低了阳极炉排风机的运行负荷。（2）卷吸炉膛高温烟气的稀释作用，燃烧火焰温度较常规助燃燃烧低，从而降低耐火炉衬的侵蚀，延长炉体寿命，节约生产成本。

251. 如何缩短氧化精炼过程的时间？

答： （1）提高熔剂的造渣率，用压缩风将熔剂直接喷入铜熔体中，增加熔剂与杂质氧化物的接触机会，并且经常变化氧化管插入的位置；

（2）控制铜熔体的温度，一旦出现稀渣，向熔体表面加入石英熔剂，并且及时进行扒渣处理。

252. 氧、氢含量对还原精炼各有什么影响？

答： 还原精炼中，氧含量过多会使得铜变脆，延展性和导电性能变差。但是在还原过程中熔体中需要保留一部分氧，用来防止 H_2 和 SO_2 溶于铜熔体中，使铜性能变差。

在还原过程中，氢是主要的还原剂之一，可以脱除熔体中溶解的氧，获得组织致密、延展性能良好的铜。若含氢过多，铸成的阳极有气孔，对电解不利。

253. 如何降低铜中的含氢量？

答： 为了降低铜中的含氢量，可以采取防止过还原和严格控制铸锭温度的方法。过还原时，由于铜水含氧量极少，氢含量剧增，所以要严格控制氧含量，宁可让熔体中残留微量的氧；由于氢在铜水中的溶解度随温度升高而加大，因此，铸锭温度应尽可能低，减少氢的溶解度。

254. 还原精炼终点如何判断？

答：还原的目的是把氧化后残留在铜水中的 Cu_2O 还原成金属铜。还原终点的标志是试样断面呈玫瑰红色，结晶致密并具有金属光泽，试样薄片柔软，弯曲不易折断。还原完毕后，扒去浮渣，用木炭或含硫低的石油焦炭覆盖，然后进行浇铸。

255. 什么叫带硫还原，其优势有哪些？

答：无氧化带硫还原就是指粗铜在不经过专门的氧化脱硫操作，直接采用边搅拌边还原的方式一步将粗铜精炼为阳极铜的过程，从而缩短反应时间，减少还原剂的使用。

带硫还原的优势：（1）缩短阳极炉作业时间，提高生产效率，扩大产能；（2）降低还原气体（LPG）的使用量，降低生产成本；（3）由于取消了氧化阶段，降低了重油的使用量。

256. 如何降低精炼渣的含铜量？

答：（1）减少精炼渣数量。处理高品位粗铜时，不必加入熔剂造渣，尽可能地减少渣量。

（2）将精炼渣扒干净。在炉渣处于黏稠状态时进行扒渣，最好采用铁柄木耙，在熔池表面扒，尽量避免金属铜被扒出。

（3）减少精炼渣中 Cu_2O 的含量。向渣层中加入少量还原剂，使渣中过多的 Cu_2O 还原，但渣中杂质仍保留在渣中。

（4）加入熔剂。向熔池中加入廉价的炼钢平炉炉渣，利用 FeO 置换 Cu_2O，达到贫化炉渣的目的。

257. 阳极板浇铸有哪两种方式，各有什么特点？

答：一般浇铸用圆盘型或者直线型浇铸机进行浇铸。圆盘浇铸机结构简单，制造方便，维修容易，机械损坏率小，应用广泛。直线浇铸机占地面积小，结构紧凑，但是维修麻烦，易出现运行不稳的现象，严重影响阳极质量。

258. 浇铸阳极板对熔体温度有什么要求？

答：浇铸温度是获得优质阳极板的重要因素。若铜熔体温度过高，容易增加气体在熔体中的溶解度，在冷凝时易产生气孔；阳极表面不致密，影响浇铸速度；也会使铸模涂料变质，产生粘板现象。若熔体温度较低，流动性不好，影响浇铸质量。熔体温度一般控制在1100℃左右。

259. 铸模的种类及其优缺点是什么？

答：目前，阳极板浇铸的模具主要有铜模和钢模两种，其优缺点比较见表3-8。

表 3-8　铜模与钢模优缺点对比

对比内容	铜　模	钢　模
每块使用寿命	400t 阳极铜	200t 阳极铜
阳极板质量	易变形，阳极板板面厚度分布不均匀，电解阳极机组拒收率高	不易变形，阳极板物理外观规整、悬垂度好；但易出现弯耳现象
模具情况	模面开裂现象少，可通过捶打修复	模面易出现开裂现象
脱模剂使用	使用脱模剂，附着在阳极板表面，易对电解造成不利影响；若脱模剂喷淋不均匀或配比不佳，易造成粘模，形成废板	使用少量脱模剂，阳极板表面附着脱模剂少，对电解影响小
浇模作业	铜模需额外定期浇铸，对圆盘作业时间可能有一定影响	无需浇铸，外委加工
操作人员	需要4名浇铸人员作业	不需要浇铸人员作业
场地需要	需要3~4套铜模浇铸场地；需要预留铜模库存场地	不需要浇铸场地；需要预留钢模库存场地
导热率	导热系数高，散热快	导热系数低，散热慢
喷淋水量/$m^3 \cdot h^{-1}$	平均2×225	平均2×245
原料	原料采用中间产品熔融态粗铜或阳极铜浇铸，产生的废模回炉处理，用于浇铸铜模的这部分金属铜始终在工序总循环	钢模由外部采购，形成的废模由供货方处理

260. 浇铸阳极板对铸模温度有什么要求？

答：铸模温度过高，容易导致涂料变质，引起粘板；铸模温度过低，涂料不易干燥，阳极板易产生气孔，所以铸模温度一般控制在120~140℃。

261. 什么是阳极板脱模剂？

答：阳极铜的浇铸过程是一个高温铜水冷却凝固成型的过程，用于浇铸过程中的脱模剂要求高温下具有很强的稳定性，与铜水不会发生化学反应，当铜水凝固成铜阳极板后能够顺利地实现铜模与铜板的分离。

目前,国内外使用的脱模剂主要有硫酸钡、骨粉、黏土粉等。其中硫酸钡是使用最为广泛、生产效果最良好的脱模剂。硫酸钡脱模剂又分为矿石硫酸钡脱模剂和沉淀硫酸钡脱模剂,矿石硫酸钡脱模剂是将分级挑选的天然硫酸钡矿石粉碎、湿磨,再经少量的盐酸或硫酸处理去除铁质漂白而得到的;沉淀硫酸钡脱模剂也叫合成硫酸钡脱模剂,其合成方法分为芒硝法和硫酸法,芒硝法是指将重晶石与煤高温煅烧形成硫化钡,再与硫酸钠反应生成硫酸钡,硫酸法是将碳酸钡与硫酸反应生成硫酸钡。

脱模剂的使用方法分为两种:一种是直接将脱模剂干粉均匀涂抹于铜模上;另一种是把含脱模剂的乳浊液喷洒到提前预热的铜模表面,待水分蒸发后又成粉状或片状敷在铜模面上形成隔离层,起到完成铜模与铜阳极板分离的作用。目前,我国这两种方法均有企业在运用,云铜赤峰使用的是干粉,云南铜业集团使用的是喷涂乳浊液的方法,都一定程度上完成了脱模的功效,但也都存在阳极板粘模和产生气孔的、鼓泡以及破坏铜模寿命的问题。

262. 阳极板出现气孔的原因是什么?

答:通常液态铜中会溶有部分气体,当铜液凝固时,其所溶解的气体将和其他溶质一样,逐渐富集于结晶前沿,最后在铜固相和液相界面上的有利位置形核长大而成气泡。所以,气泡的分布实际上说明了气体本身的偏析。冷凝条件不同,气泡或逐渐长大并上浮,直至到达液体表面逸出;或陷入已形成的固体中而形成气孔。

当气泡附着在逐步向液体推进的固体表面而长大时,如果长大的速度与界面向前推进的速度相等,将会形成长轴与界面相垂直的柱状气孔;当界面推进速度快于气泡的成长速度时,气泡将被固体封闭而形成球形气孔。根据气孔产生和形成特点,铜阳极板上的气孔可分为侵入性气孔、析出性气孔和反应性气孔。其中侵入性气孔是由脱模剂的水分挥发造成的,而析出性气孔是铜液吸附 O_2、SO_2 以及 H_2 等气体在低温析出引起的。

263. 铜电解精炼的目的和原理是什么?

答:铜电解精炼的目的是进一步除去火法精炼铜中的有害杂质,得到易于加工、性能优良的电解铜,同时回收金、银、硒、碲等有价金属。

电解精炼的原理是基于铜和杂质的电位序不同,在直流电的作用下,阳极上的铜既能电化学溶解,又能在阴极上电化析出,杂质有的进入溶液,有的进入阳极泥,使铜和杂质进一步分离。

264. 电解精炼如何进行?

答: 铜的电解精炼是以火法精炼产出的精炼铜为阳极, 以纯铜片或不锈钢为阴极, 以硫酸铜和硫酸的水溶液为电解液, 在直流电的作用下, 阳极上铜和比铜电位更负的金属电化学溶解, 以离子态进入溶液, 比铜电位正的金属和某些难溶化合物以阳极泥形态沉淀; 电解液中的铜离子在阴极析出, 得到阴极铜; 其他杂质离子富集在电解液中分离除去; 阳极泥进一步处理, 回收有价金属; 阳极残极作为冷料返回火法熔炼。

265. 铜电解精炼的主要设备有哪些?

答:(1)电解槽。电解槽是铜电解车间的主体设备, 是长方形槽子, 内装阳极板和阴极, 阴、阳极交替吊挂。槽内有排液出口和排泥出口等。

电解槽一般是由钢筋混凝土构筑, 内衬防腐树脂, 这样槽体既可起到支撑阴、阳极的作用, 又可起到防酸作用。电解槽依次排放在支撑横梁上, 梁上铺有绝缘材料预防槽体与地导电。

(2)阴极制作机组。该机组的功能是将从钛母板上剥离下来的铜皮经压纹、铆耳(穿棒)拍平加工后制作成阴极, 然后把阴极排距, 以备吊车吊走。

阴极制作机组由于其独特的功能, 需由专业厂家制作。该机组在设计、制作过程中要考虑需要铆耳的铜皮厚度及加工能力等。

(3)阳极加工机组。该机组的功能是对从火法精炼出来的阳极板进行加工, 达到电解工艺所要求的标准。该机组各工序为: 阳极板面压平、铣耳、压耳、阳极板排距等。

阳极加工机组在设计制作过程中要充分考虑各油压密封件质量及阳极板加工能力等。

(4)电铜洗涤机组。该机组的作用是把出槽后的电铜洗涤、烘干、抽出导电棒、电铜堆垛、打包、称重。

(5)残极机组。该机组的作用是把出槽后的残极洗涤、堆垛、打包、称重等, 然后把打包的残极送往火法精炼重熔。

266. 电解精炼中电极反应如何?

答: 铜电解精炼时, 在阳极上发生氧化反应:

$$Cu - 2e = Cu^{2+} \tag{3-11}$$

$$Me - 2e = Me^{2+} \tag{3-12}$$

由于阳极主要成分是铜, 因此阳极的主要反应是铜溶解生成铜离子的反应。

在阴极发生还原反应:

$$Cu^{2+} + 2e \Longrightarrow Cu \tag{3-13}$$

$$2H^+ + 2e \Longrightarrow H_2 \tag{3-14}$$

$$Me^{2+} + 2e \Longrightarrow Me \tag{3-15}$$

在正常电解精炼条件下，阴极不会析出氢，也不会析出标准电位比铜低的杂质金属，而只有铜的析出。

267. 阳极上杂质元素的行为是怎样的?

答：阳极上杂质按其在电解时的行为可分为四大类：

（1）正电性金属和以化合物形式存在的元素。正电性金属如金银及铂族元素和氧、硫、硒、碲等以稳定化合物形式存在的元素，均不发生电化学溶解，而是落入槽底组成阳极泥。

（2）在电解液中形成不溶化合物的铅和锡。铅在阳极溶解时形成不溶性的硫酸铅沉淀；锡进入电解液氧化成四价锡，水解沉淀进入阳极泥中。

（3）负电性的镍、铁、锌。经火法精炼后，铁和锌在电解时进入电解液中；金属镍可电化学溶解入电解液，一些不溶性的化合物如镍云母会在阳极表面形成不容薄膜，使槽电压升高，甚至引起阳极钝化。

（4）电位与铜相近的砷、锑、铋。由于它们电位与铜相近，故电解时可能在阴极放电析出，并且会形成极细的砷酸盐，机械的黏附在阴极上。

268. 电解液有什么要求，电解液的成分有哪些?

答：电解精炼中，电解液的作用是保证阳极表面形成的铜离子迁移到阴极并且放电析出。因此，铜电解液要导电性好，稳定、不易挥发，对设备腐蚀性小，对稀有元素和某些杂质溶解度小，并且无毒。

电解液的主要成分是 Cu^{2+} 和 H_2SO_4，还有随着电解进入溶液的杂质，如镍、砷、锑、铋等，以及为改善阴极铜质量而加入的添加剂。国内几个大型冶炼厂的电解液成分见表 3-9。

表 3-9　国内几个大型冶炼厂的电解液成分　　　　　　　　(g/L)

工厂	特点	H_2SO_4	Cu	Ni	Fe	As	Sb	Bi	Cl	悬浮物
1	高砷	216	46	—	4.65	48.75	1.5	—	0.07	—
2	铋略高	175	46	10.7	<4	2.9	0.49	0.71	0.057	<0.03
3	砷略高	170	45	<13	—	<8	<0.5	<0.3	0.04	0.03

269. 铜离子浓度和硫酸含量对电解过程有什么影响?

答：铜离子浓度太低，会导致杂质元素在阴极析出；浓度过高，会增加溶液的比电阻，也可能使硫酸铜结晶析出，妨碍电解的进行，甚至可能堵塞输液管道。

同一温度下，酸度越高，电阻越小，电解液导电效率越好。但是酸度过高会降低硫酸铜的溶解度，加速阴极铜的化学溶解，腐蚀电解设备，影响操作人员身体健康；酸度过低，会增大电解液的电阻，还会引起一些硫酸盐的水解。

270. 电解液中为什么要加入添加剂？

答： 添加剂的作用是控制阴极表面突出部分的晶粒不让其继续长大，从而促进电积物均匀致密。添加剂是导电性较差的表面活性物质，它容易吸附在突出的晶粒上面而形成分子薄膜，抑制阴极上活性区域的迅速发展，使电铜表面光滑，改善阴极质量。一般常用的添加剂有骨胶、硫脲、干酪素、氯离子以及絮凝剂，国内外采用的都是联合添加剂。

271. 电解液温度对电解过程有哪些影响？

答： 在电解过程中，往往会保持较高的电解液温度，这样能降低电解液的电阻，减少浓差极化，同时也能改善阴极析出的质量。提高电解液的温度，还能为提高电流密度创造条件，可以降低槽电压，提高硫酸铜的溶解度，减少阳极钝化，减少电能消耗。但是电解液温度过高，会加速一价铜离子的生成，加快阴极的化学溶解，增加铜离子在电解液中的浓度，会使得电解液挥发损失加大，恶化劳动条件。因此，电解液温度一般控制在 $50\sim60℃$。

272. 电解液循环的目的是什么？

答： 电解液循环是保持电解液在电解过程中处于循环流动状态，目的是为了使电解槽中各个部位电解温度相同，浓度均匀，减小浓度差。电解液若是处于静止状态，槽面温度会高于槽底温度，随着时间推移，若无热液补充，液温会慢慢下降；电解液中各组分的密度不同，容易导致分层；容易产生浓差极化现象。电解液的循环可以避免上述问题的产生。

273. 电解液循环的方式是什么？

答：（1）上进下出。上进下出指的是电解液从槽子一端直接进入电解槽上部，由上向下流动，在槽子的另一端设有出水隔板，将电解槽下部的电解液导出。这种循环方式中，电解液的流动方向和阳极泥沉积的方向相同，有利于阳极泥的沉降；但是，电解液上下温差、浓度差大，阳极泥易被出水隔板阻挡，难以排出槽外。

（2）下进上出。下进上出指的是电解液从进水隔板导入槽子下部，由下向上流动，从电解槽另一端上部的溢流出水口溢出。这种循环方式可以使电解液上下层温差、浓度差减小，使漂浮物更容易排出，不至于积累在槽中；但是电解液流动方向与阳极泥沉降方向相反，不利于阳极泥的沉降。

274. 什么是平行流电积技术？

答：平行流电积技术是基于各金属离子理论析出电位的差异，即被提取的金属只要与溶液体系中的其他金属离子有一定的电位差，则电位较正的金属易于在阴极优先析出，其关键是通过安装在电解槽侧壁上的辅助射流装置直接喷入每一组极板间，使电解液以适宜的速度平行地流过阴极表面，且在阴阳极板间产生有利于扩散的对流，快速补充阴极附近的金属离子，减少浓差极化现象，同时溶液在进入电解槽之前加装过滤装置，减少沉淀物和漂浮物，从而大幅度提高电解和电积工艺的电流密度，保证阴极质量。与传统电积技术相比，平行流电积技术可以在目标金属离子浓度降至较低的溶液中仍然进行电积作业，并且获得较高纯度的金属产品。

275. 什么是极距，极距对电解有什么影响？

答：电极之间的排列距离称为极间距离，通常以同名电极之间距离表示，简称为极距。

极距过大，电解槽内极片数量减少，设备的生产率降低；极距过小，阳极泥在沉降过程中容易在阴极表面，造成贵金属的损失，降低电铜的质量，同时，极间短路现象增加，电流效率下降，消耗大量的劳动力来排查短路。

276. 什么是铜阳极板钝化现象？

答：电解过程中的阳极钝化是指作为电极的金属在电流的作用下某种程度地失去转入溶液的能力。根据阳极钝化的成相膜理论，在铜电解精炼条件下形成的成相膜大致分为两类：（1）阳极铜在溶解过程中，阳极本身的成分所引起的不溶性盐类、较铜正电性的金属和不溶性氧化物在阳极板上形成薄膜，把阳极与电解液隔离开来，使阳极钝化；（2）电解过程中所产生的浓差极化引起的硫酸铜结晶析出，并覆盖在阳极表面上，致使阳极钝化。

277. 电解过程中发生短路、断路的原因是什么，如何处理？

答：短路是电解过程中阴极与阳极直接接触，使得阴极导电棒发热的现象。短路通常是由于两极不平整或阴极长粒子，使阴阳极相互接触。短路时，电流不经过电解液，不起电化学作用，使得电流效率降低。发现短路时，可通过提起短路的阴极，敲掉粒子或者矫正板面以消除短路现象。

断路，即电路不通，某些电极没有电流流过。断路可能是由电极和导电棒脱离或者接触点被夹杂物污染使电路不通。断路发生时，不仅没有铜析出，反而会有铜的电化学溶解，颜色变黑，也就是常说的烧板现象。检查出断路时，要及时恢复电路畅通，减少损失。

278. 提高电流密度有什么影响？

答：提高电流密度，使槽电压上升，导致电能消耗增加；电解液循环速度加快，增加电解液中阳极泥的悬浮量，造成阳极泥中贵金属及其他有价成分的损失；阴极附近电解液中铜离子浓度贫化程度加剧，若得不到补充，杂质元素会放电析出，造成电铜中杂质增加、纯度降低、性能变差；使阴极表面析出树枝晶、凸瘤等，导致短路现象的增加，造成电流效率下降。

279. 影响电流效率的因素有哪些？

答：（1）短路是电流效率降低的主要原因。短路会使电能不起电化学作用而以其他的形式损失，减少铜的析出量，降低电流效率；

（2）在阴极上已经析出的金属铜又被溶解进电解液中，使得电流效率降低；

（3）电解过程中，由于Fe^{2+}和Cu^+的存在，不仅消耗电能，还会使阴极铜溶解，降低电流效率。

280. 什么是槽电压，如何降低槽电压？

答：槽电压通常指使一个电解反应进行所必须外加的总电压。槽电压一般由阴阳极电位差、电解液电压降及触点、导电棒等引起的电压降组成。槽电压过高，漏电严重，电流效率降低，电能单耗高。因此，要降低槽电压。

降低槽电压的措施有：改善阳极质量，脱除更多的杂质，防止阳极泥壳产生；选择合理的残极率，过低的残极率会使槽电压急剧升高；尽可能地缩短极距；选择合适的电解液成分、温度等，减少其他杂质的含量及胶的加入量。

281. 什么是残极？

答：残极是指铜阳极板在电解槽中被消耗后取出的残余部分，残极质量一般为阳极块的14%~20%。残极主要成分为单质铜，但由于长期与电解质接触，还含有部分硫酸铜、砷、锑、铋等成分，具有很高的经济价值，通常当作冷料，返转炉吹炼。

282. 电解液的杂质有哪些，有什么危害？

答：在铜电解精炼过程中，阳极板中的As、Sb、Bi会发生电化学溶解进入电解液中，当电解液杂质As、Sb、Bi浓度超过极限值时，会共生成$SbAsO_4$和

BiAsO。由于其在电解液中溶解度很小而过饱和析出，生成非晶态的细小的絮状物，并夹带着其他沉淀物和添加剂成分漂浮在电解液中，形成漂浮阳极泥。随电解液的流动，漂浮阳极泥附着在阴极铜上，不但影响到阴极铜中化学成分，还会使阴极铜上形成突出的粒状结晶，影响阴极铜物理规格。

漂浮阳极泥还对阴极铜的生产操作及工艺参数的控制产生影响，这些不易沉降的漂浮物，造成电解液过滤困难，增大过滤成本，增加过滤时电解液中添加剂的损失，使有效添加剂浓度降低。同时还极易造成加热器及输液管道结垢堵塞，使个别系统，甚至整个系统的电解槽循环量减少，引起电解液分层、温度下降、Cu^{2+}贫化，从而造成电解液中铜离子扩散速度减慢、浓差极化加剧、槽电压上升，使杂质离子在阴极上放电析出。

283. 影响阴极铜质量的因素有哪些？

答：（1）电解液中杂质的影响。电解液中的杂质 As、Sb、Bi 共生成 $SbAsO_4$ 和 BiAsO 的非晶态的细小的絮状物，夹带着其他沉淀物和添加剂成分，漂浮在电解液中，形成漂浮阳极泥附着在阴极铜上，使阴极铜上形成突出的粒状结晶。

（2）电解液洁净度的影响。电解液洁净度差会增大电解液密度，从而使电阻增大，增加电耗，且导致产生的阳极泥难以沉降，被吸附在阳极板上产生阳极钝化。除此之外，还会导致阴极铜物理规格较差，主要表现为结晶粗糙，板面粗条纹明显，结晶粒子多，颜色发暗，敲击阴极铜声音发哑、不清脆，韧性较差、容易掰断等。

电解液的纯净度主要与电解液过滤量、电解液含气量、悬浮物含量（主要为漂浮阳极泥和硫酸钡）、有机溶剂添加量有关。所以需深入研究各因素的影响规律，控制各变量，以达到符合标准的电解液洁净度。

（3）添加剂的影响。铜电解精炼过程中会添加骨胶、硫脲等有机添加剂，以提高阴极极化电位，细化阴极结晶颗粒，同时抑制晶核长大以及促使新晶核生成等作用，从而获得表面光滑、结晶致密的阴极铜。但若添加剂的加入量控制不准，则容易导致电解铜结晶变粗、质地松软、表面发红。

（4）电解温度的影响。提高电解液的温度，有利于降低电能消耗及消除阴极附近离子的严重贫化现象。但过高的电解液温度也会给电解生产带来不利影响，使骨胶和硫脲的分解速度加快，造成添加剂消耗量增加，且加快阳极液反溶速度。而且在电流密度过大，溶液杂质过高而添加剂定量加入未及时改变时，极易形成反溶黑板，导致电铜板严重分层、结瘤，进而影响电铜质量。

284. 为什么要进行电解液的净化？

答：随着电解的进行，电解液中铜和负电性元素逐渐增加，硫酸含量减少，添加剂逐渐积累，使得电解液成分偏离选定的范围。为此，需要每天抽出一定数量的电解液进行净化处理，同时补充等量新液。净化的目的在于回收电解液中的铜、钴、镍，除去有害的砷、锑，以及使硫酸能重复使用，维持铜酸平衡。

　　净化的步骤主要是蒸发结晶产出硫酸铜，然后脱除铜及砷、锑，最后用脱铜后液生产硫酸镍，结晶后母液基本上是酸液，浓缩后回收，可重复使用。

285. 电解液的净化方法有哪些？

　　答：（1）按上升速度最快的杂质计算，抽出一定数量的电解液送往净液工序，然后向电解液循环系统中补充相应数量的新水和硫酸，以保持电解液的体积不变。抽出的电解液中所含的铜、镍等有价成分尽可能地回收，砷、锑、铋等杂质尽量除去。

　　（2）按上升速度最快的杂质抽液净化的方法仍不能保持电解液中铜浓度平衡时，多余部分的铜采用在生产电解槽系统和净化系统中抽出某些数量的电解槽作为脱铜槽，进行电积脱铜。根据铜离子的上升速度来决定脱铜槽的槽数，以保证电解液铜离子浓度的平衡。

286. 什么是诱导法脱砷？

　　答：诱导法脱砷也称连续脱铜脱砷电积法，1980 年由日本住友金属矿山株式会社发明，我国于 1985 年引进，已相继在贵溪、铜陵、金川、祥光等大型铜冶炼企业应用，取得了良好的效果。诱导法脱砷的核心在于根据不同金属离子的电性差异，分阶段电积析出，通常铜离子浓度高时，阴极上主要发生铜的放电析出，当铜离子浓度降低到一定程度，则杂质砷、锑、铋和铜共同放电析出。

　　生产过程的操作实例是电解废液在一列或几列成阶梯状布置的电解槽中在电流的作用下，严格控制各阶段电积液中的铜离子含量，使各项杂质如砷、锑、铋在电积过程中分段析出。诱导脱砷系统的前几槽可得板状阴极铜，中间几槽可得黑铜板，后几槽为黑铜粉，其产品可分类处理。只有最后一、二槽可能产出砷化氢气体，但产生量少，气体相对集中，便于处理。

287. 什么是黑铜泥？

　　答：在电积脱铜脱杂时，铜电解液中的 As、Sb、Bi 等杂质会与 Cu 一起在阴极析出，这些在阴极上产出的泥状物（含 Cu、As、Bi、Pb 等）称为黑铜泥。黑铜泥可以经过酸法、碱法或者电解方法处理，回收其中的有价金属，做到资源化、无害化。也可以将黑铜泥返回火法精炼处理，最大程度地利用其中的有价金属，但存在砷的循环累积和占用产能等问题。

288. 铜冶炼渣是如何产生的?

答：铜冶炼过程中在熔炼、吹炼以及精炼中都会产生炉渣，根据具体工艺特点，将炉渣划分为闪速炉渣、熔池熔炼渣、转炉渣、电炉渣、反射炉渣等。基于不同炉渣的特性，其处理方式也有所差异。目前，熔炼渣主要进行电炉贫化或磨浮选铜；而吹炼渣有些铜冶炼企业根据自己的生产需要，不一定将其返回熔炼中去，而是直接和熔炼渣一起进行后续的贫化处理；精炼渣则由于含铜高（通常达50%以上），直接返转炉处理。

289. 铜在冶炼渣中如何损失?

答：众多的研究和实践证明，铜冶炼渣中的铜是以溶解（或电化学溶解）和机械夹带两种形式损失于渣中。对于铜渣中铜损失的两种形式所占的比例，不少冶金学者和工作者进行了研究，结果表明：传统的较低氧势下造锍熔炼渣中的铜损失在化学溶解和机械夹带中大约各占50%；现代的强氧化熔炼法所产生的造锍熔渣中铜损失在机械夹带和化学溶解中的比例差异较大。

290. 铜渣中铜的回收方法主要有哪些?

答：从铜渣中回收铜方法的选择主要取决于铜渣中铜的品位和存在形态以及弃渣水平。根据回收过程的物化性质及工艺的不同，现有从渣中回收金属的方法大致分为火法贫化、湿法分离和铜渣选矿。

291. 熔炼渣电炉贫化的原理是什么?

答：电炉贫化有两种形式，一种是单独贫化电炉处理，另一种是将贫化电炉与沉淀池合并，即将电极插在沉淀池内。贫化的原理是往贫化炉的熔渣中添加硫黄或黄铁矿、熔剂等，使炉渣中的铜硫化成 Cu_2S，部分 Fe_3O_4 硫化成 FeS，两者形成冰铜，从炉渣中分离出来。

292. 炉渣的贫化包括哪两个阶段?

答：（1）将 Fe_3O_4 化学还原，使铜呈高品位冰铜回收。
（2）用硫化物洗涤已还原的炉渣，把铜回收到低品位冰铜中。

293. 贫化电炉的作业方式是什么?

答：贫化电炉的作业方式分为间断作业和连续作业。间断作业是在一个周期完成后放出弃渣，留下很薄的渣层，再进熔炼渣开始下一个周期，铜锍定时放出的方式多用于单独处理转炉渣，或渣量不大，或要求深度贫化，弃渣含金属很低的情况，如含 Ni 和 Co 的炉渣。连续作业是连续进熔炼渣，连续放出弃渣，有的贫化炉还与熔炼炉结合成一体。

294. 电炉贫化过程是什么？

答：由熔炼炉溜槽流出的液态炉渣不断地进入贫化炉内，在通过自焙电极产生的电能热作用下，保持熔体温度在 1200~1250℃，渣中的 Fe_3O_4 被加入的还原剂还原成 FeO，并与 SiO_2、CaO 等氧化物造渣，降低了炉渣的黏度、密度，改善了渣的分离性质。Cu_2O 硫化生成的锍粒、原先夹带的锍粒会在炉渣对流运动中相遇，互相碰撞，由于界面张力的作用而聚合成较大尺寸的锍粒沉降。

贫化电炉加入的还原剂，一般多使用焦屑，少数用煤和木炭。当需要调整渣型为硅酸盐渣时，多以加入石灰和石灰石，必要时，用黄铁矿或含硫物料作贫化剂。

295. 影响电炉贫化效果的因素有哪些？

答：贫化效果是以弃渣含铜来衡量的，影响弃渣含铜的因素有渣成分、还原剂种类、电气参数、温度、熔池与电极操作制度等。

296. 沉淀池内的电极贫化法有何优缺点？

答：沉淀池插电极直接贫化炉渣的优点为：（1）在沉淀池插入电极，可防止沉淀池底部和侧壁生成炉结，使沉淀池容积保持不变；（2）设备集中，两个炉合并为一个，占地面积少，投资费用低同时省去了闪速炉渣进入贫化电炉的放渣作业；（3）燃料及电耗均降低，由于合成一个炉子，散热量减少，燃料消耗量也降低；（4）反应塔内氧化率高，可使精矿中的杂质较好地除去，同时能得到品位较高的冰铜。

将电极插在沉淀池内的主要缺点是电极周围漏气、降低了炉气中 SO_2 的浓度、操作条件也较差。

297. 铜冶炼炉渣选矿工艺有哪些？

答：根据我国铜冶炼炉渣选矿工艺的发展情况，目前我国在炉渣方面选矿工艺技术分为炉渣的冷却工艺、碎磨工艺、选别工艺三个方面。

298. 何为炉渣的浮选？

答：浮选是从铜渣中回收铜最常用的方法，主要包括缓冷、破碎、浮选选铜、磁选选铁等步骤。铜渣在缓冷过程中，渣中的铜矿物晶粒会逐渐长大，然后经过破碎，利用渣中各组分性质差异浮选、富集铜矿物，尾渣磁选富集铁矿物。

299. 铜炉渣浮选有何优缺点？

答：铜渣浮选法具有富集效果好、成本低、回收率高以及浮选药剂种类较少等特点，同时浮选法相对工艺操作简单，对环境及能耗压力较小，尾矿含铜低，耗电量少。但是建设费用高于贫化电炉，且占地面积大。

300. 铜渣浮选后主要处置方式是什么？

答：铜渣浮选后主要用作水泥配料、尾渣制砖、尾渣制微晶玻璃、尾渣作采空区回填材料、造地复田植被绿化等。

301. 什么是铜阳极泥？

答：铜阳极泥是电解精炼时落于电解槽底的泥状细粒物质。主要由阳极粗金属中不溶于电解液的杂质和待精炼的金属组成，往往含有贵重和有价值的金属，可以回收作为提炼金、银等贵金属的原料。铜阳极泥是由铜阳极在电解精炼中不溶于电解液的各种成分组成，通常含有铜、银、金、硒、锑、铅、铋、镍、硫、二氧化硅和铂族金属等，含水量在35%~40%。国内某大型铜冶炼厂的阳极泥成分见表3-10。

表 3-10　国内某大型铜冶炼厂的阳极泥成分　　　　　　　　　　（%）

种类	Cu	Se	As	Bi	Pb	Te	Zn	Fe	S
1	17.12	4.85	4.48	2.30	8.33	1.32	0.026	0.082	9.06
2	16.64	5.58	4.23	2.31	10.86	1.58	0.018	0.026	7.42

302. 铜阳极泥的物理化学性质是什么？

答：铜阳极泥的颜色呈灰黑色，杂铜阳极泥呈浅灰色，粒度通常为74~150μm（200~100目），其形状大多是立体的、表面光滑，其中一些具有球形或晶体结构，有利于其快速沉积在电解槽底部。铜阳极泥是相当稳定的，在室温下氧化不明显。在没有空气的情况下，不与稀硫酸和盐酸反应，但能与硝酸发生强烈反应；当有氧化剂、空气存在时，能慢慢地溶解于稀硫酸和盐酸中。在空气中加热阳极泥时，其中一部分成分被氧化而形成氧化物。

303. 铜阳极泥的处理方法有哪些？

答：铜阳极泥的处理方法有火法和湿法两类。阳极泥的火法处理主要有四道工序：一是脱铜脱硒；二是还原熔炼生产贵铅，三是精炼生成金银合金，四是电解精炼生产金银。阳极泥的湿法处理流程有很多，但主要有四个主要工序：一是脱除贱金属以富集金银等贵金属；二是分银，并从银浸出液中还原得到银粉；三是分金，并从金浸出液中还原得到金粉；四是从提金后液中还原铂、钯等有价金属。

3.3 湿法炼铜

304. 湿法炼铜的工艺流程是什么？

答：湿法炼铜的工艺流程如图 3-8 所示。

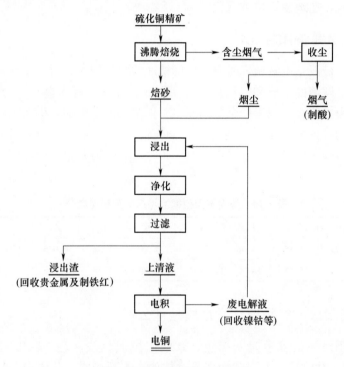

图 3-8 湿法炼铜的工艺流程

305. 为什么要焙烧硫化铜精矿？

答：硫化铜精矿焙烧的目的是使铜的硫化物转变为可溶于水的硫酸盐和可溶于稀硫酸的氧化物；铁的硫化物转变为不溶于稀酸的氧化物；产出的二氧化硫可以制硫酸。

306. 湿法炼铜矿石的浸出方法有哪几种？

答：矿石的浸出方式有原地浸出、堆浸、槽浸及搅拌浸出。搅拌浸出速度快、时间短，适合处理品位为 20%~30% 的焙砂；槽浸适合处理具有合适粒度的氧化矿，品位一般为 1%~2%；原地浸出和堆浸都是在矿山上浸出品位为 0.5%~1% 的废矿或者尾矿。

307. 为什么要净化浸出液?

答：焙砂中的铁主要以氧化铁的形式存在，在浸出过程中，会形成 $FeSO_4$ 进入溶液。电沉积时，这部分铁在阳极和阴极上反复氧化和还原，消耗电能，使电流效率下降，因此要净化浸出液除铁。除铁的方法是在浸出末期加入锰矿粉，将低价铁氧化成高价铁，高价铁在弱酸性溶液中水解而沉淀。

308. 影响铜矿石堆浸的主要因素有哪些?

答：影响铜矿石堆浸的主要因素有：

（1）矿石性质。一般来说，适宜硫酸浸出的矿石为氧化率不小于 70%、碳酸钙与碳酸镁之和不大于 5% 的氧化铜矿石、硫化铜矿与硫酸高铁反应速度慢、影响浸出速度及产量、氧化率低影响浸出速度。

（2）矿石粒度。当矿石的粒度不小于 50mm 时，浸出速度慢，浸出周期长，浸出率低；当矿石粒度小于 1.0mm 时，会堵塞堆孔隙和浸出液体流动通道，导致整个堆场的渗透性变差，出现明显的板结现象。因此在不影响堆场板结的前提下，尽量降低入堆场的矿石粒度，原则上适宜入堆场的矿石粒度范围为 1.0~30mm。

（3）筑堆方式。筑堆方式决定了渗透效果，当矿石含水高（含水不小于8%）、含泥高（含泥不小于 8%）时，原矿直接入堆会导致堆场压实、板结，浸出剂渗透性明显下降，浸出效果变差，甚至导致生产停滞。正确的入堆方式为皮带入堆，入堆前老堆场停止喷淋 1~2 周，进行晾晒；然后用挖掘机对堆顶部进行疏松，深度为 0.5~1.0m；再进行皮带入堆，根据矿石性质、渗透性、堆场面积、处理量、试验研究参数、经验参数等指标决定单层矿石的堆高。单层堆高一般为 2~5m，如果矿石含泥高、含水高、易板结，单层堆高要降低。

（4）浸出剂浓度。浸出剂浓度是指浸出过程酸或者碱的起始浓度，是影响浸出速度与单位产品酸耗或者碱耗的重要参数。试验研究与生产实践表明，在硫酸浸出过程中，起始硫酸浓度一般为 5~30g/L。如果硫酸浓度过高，会造成浸出液体含酸高，浸出料液 $pH \leqslant 1.0$，导致萃取工序不能正常萃取；如果硫酸浓度太低，浸出料液 $pH \geqslant 2.5$ 时，会明显降低浸出速度，溶液中的 Fe^{3+} 形成 $Fe(OH)_3$ 胶体沉淀，包裹矿石表面、堵塞矿块孔隙，阻碍铜金属的浸出。对于低耗酸矿石，浸出料液 pH 值在 1.6~1.7 比较适宜；对于高耗酸矿石，浸出料液 pH 值在 1.8~2.0 比较适宜。

（5）喷淋强度。喷淋强度影响浸出速率、浸出液杂质含量及能耗指标。堆浸工艺的喷淋强度一般选择 $8 \sim 10 L/(m^2 \cdot h)$。

（6）浸出液中的氧浓度。堆浸过程中伴生硫化铜的浸出需要 O_2 参与，有氧气参与浸出过程，浸矿细菌（氧化硫铁杆菌）才能繁殖。因此，筑堆时要保持良好的疏松、通气状态。

（7）浸出料液 pH 值。浸出料液 pH 值影响浸出率指标和萃取效果，是堆浸操作控制的重要条件。浸出料液 pH≤1.0 时，萃取生产作业不能正常进行；浸出料液 pH≥2.5 时，溶液中的 Fe^{3+} 形成 $Fe(OH)_3$ 胶体沉淀，包裹矿石表面，影响浸出效果。

（8）浸出时间。堆浸浸出时间与氧化率、矿石粒度、矿石裂隙、矿堆疏松性等有关。喷淋浸出时间、间隙时间的确定，主要通过试验研究与生产实践经验进行确定。一般情况下，某一新矿堆从喷淋开始到停止时间为 $40 \sim 150$ 天（包含休止期）。

（9）矿石中杂质元素的影响。Fe^{3+} 形成 $Fe(OH)_3$ 胶体沉淀，影响浸出率指标，而且会出现萃取夹带与共萃现象，另外铁离子进入电积工序也会增加铜电积电耗和影响电积铜质量。碳酸镁与硫酸反应后生成硫酸镁，硫酸镁过饱和后析出晶体，会堵塞堆孔隙和浸出液体流动通道，导致浸出率降低。浸出时，控制 pH 值在 $1.8 \sim 2.0$，可降低镁浸出率。

309. 如何选择堆场？

答：堆场的选择重点考虑以下因素：

（1）地质基础好，能够承受来自矿堆的压力，避免产生不均匀沉降，造成矿堆坍塌。

（2）靠近矿源，减少运输费用。

（3）场地有位差，浸出液能够自流，减少场地建设工程费用，降低生产成本。

（4）场地有足够的容量，平缓且呈凹型，可以增加矿堆的数量，避免堆场倒塌，提高堆场的稳定性。

（5）浸出工序与萃取—电积工序的合理配置，降低料液及萃余液的输送成本。

（6）掌握堆场底部岩石的渗透性，渗透性越小越好，避免堆场渗漏时溶液渗入地下污染地下水源。

（7）防洪排水，暴雨来临时，能够顺利排泄雨水，避免外来雨水流入堆场，造成浸出液膨胀，预防环境污染。

（8）对于地形陡峭，面积较小的堆场，要设计今后卸除堆浸渣的方案。

310. 堆场底垫的建设要求有哪些?

答:(1)堆场底垫铺设技术及质量影响堆浸能否正常生产。如果生产几年后发生渗漏现场,是很难找到渗漏位置的,正常生产后,一般不能修补堆场底垫。

(2)在 PVC 软板铺设以前,一般在平整好的地基上先铺一层 200mm 的黏土或者细尾矿,防止尖、硬物刺破 PVC 软板。

(3)PVC 软板焊接完毕后,经过认真检查没有质量问题后,在上面铺一层厚 200mm 的黏土或者细尾矿,对于难渗透矿石,需要铺一层厚 100~200mm 的 $\phi50\sim70mm$ 硅酸盐型鹅卵石,能够增强堆场渗透性。

(4)整个堆场不得积水,既平坦又要有一定的坡度,坡度为 2%~5%。堆场内部要设计排出浸出液通道,确保浸出液及时进入料液池,自流或泵入萃取工序。

(5)堆场要与矿石破碎—入堆相衔接,减少矿石运输距离,降低入堆成本,做到最低成本化原则。

311. 筑堆的方法有哪些?

答:筑堆的方法直接影响矿堆渗透性及浸出率指标,甚至影响堆浸工艺的成败。不同的湿法冶金工厂应具体问题研究不同筑堆的方法。

(1)多堆筑堆法。这种方法是用皮带运输机将矿石堆成许多具有一定高度的矿堆。矿石入堆后,粗粒矿石滚落到了堆边,细粒矿石居于堆中,两种矿石形成了各自粒度区。当推土机将堆顶推平后,堆顶矿石被压实,这样浸液不是从堆边流过,就先快速地流过粗粒区,致使浸液不能均匀地渗透过整个矿堆,浸出效果也相应较差。

(2)多层筑堆法。在多层筑堆法中,矿堆的每层矿石约厚 1.5~3m。在目前的生产中每层矿石厚 1~7m。当浸完第一层矿石后,既可以将其从浸垫上运走,也可以在上面继续铺筑第二层矿石,这样浸液能够渗滤浸出两层矿石。还可接着铺筑第三层和第四层矿石。如果处理的矿石粒度较细,通常只铺筑一层矿石,因为在浸出完成后,矿石基本不含有用组分了,可以将其从浸垫上运走弃掉。反之对于粒度大的矿石,需用较长的浸出时间,则采用多层筑堆法,以使较低矿层中的剩余有用组分都被浸出为止,而且不浪费浸垫的有用空间。

(3)前进式筑堆法。前进式筑堆法即入堆时车辆装满矿石用前进式方法进入堆场,车辆从新矿石上面通过。适合于矿石以砂岩铜矿为主,硬度较大,含泥不大于 3%,含水不大于 2%,不易板结的矿石。单层堆高不小于 3m,适宜采用该方法筑堆。由于新矿堆不易板结,采用该方法可以提高处理量,适宜大规模生产电积铜的工厂。

（4）后退式筑堆法。后退式筑堆法即入堆时车辆装满矿石用后退方法进入老堆场，到达指定位置后卸新矿石。对矿石含泥高（1.0mm 以下细粉矿大于3%）、含水高（水分大于 2%）、粒度细、易泥化的矿石，为了防止新入堆矿石被压实、板结，一般采用后退式筑堆法。后退式筑堆法优点是确保矿堆疏松，提高堆浸渗透性，提高金属总回收率。缺点是老堆场被压实，压实部位要在堆入新矿石之前及时疏松，堆高受限制，只能适宜小规模生产或者堆场面积较大的堆浸厂筑堆。

312. 堆浸的布液方式有哪些，铜矿石的布液如何操作？

答：堆浸的布液方式主要有以下两种：

（1）喷淋式。通过旋转式喷头的摇摆及旋转，把浸出剂均匀喷洒到矿石堆上部。旋转或者摇摆不需要供电，依靠溶液的冲力使喷头发生旋转或者摇摆，实现喷洒浸出剂的目的。堆浸工艺以喷淋方式为主。喷头的工作压力为 $0.14 \sim 0.28$MPa，在此压力下，喷头覆盖半径达到 $11 \sim 15$m。喷头之间的间距一般为 $2 \sim 6$m，压力大，间距可适当增大。喷淋的缺点是：喷淋时，容易把细小颗粒冲刷到矿堆之中，影响堆场的渗透性；喷淋过程中，液体呈雾状暴露于干燥空气之中，干燥、高温季节蒸发量大，耗水及耗酸增加，对于干旱、少雨地区不适宜。

（2）滴灌式。在堆场表面铺设主管道，与主管垂直方向安装支管，沿着支管一定距离安装毛管及滴头，将滴液滴入堆场。要求滴头不能堵塞，每个滴头流量基本相等。为了防冻，滴灌系统可以埋在矿堆表面 $0.3 \sim 1.0$m。滴灌的缺点是：由于滴淋孔很小，非常容易被溶液中的悬浮颗粒堵塞，造成滴淋不均匀现象，导致浸出效果差；滴头埋入矿层下面，堵塞后浸出不均匀也很难被发现；埋入矿堆的毛细管不能再次被利用；滴灌布液的滴头安装密度大，工作量大，成本较高。

铜矿石布液时，浸出剂的硫酸浓度为 $5 \sim 20$g/L，$Fe^{3+} \geqslant 0.3$g/L，浸出料液pH 值为 $1.6 \sim 2.0$。用泵将浸出剂送到堆场，送达喷头的压力为 $0.14 \sim 0.28$MPa，确保正常喷淋。喷淋强度为 $5 \sim 12$L/（$m^2 \cdot h$），依据矿堆厚度、矿石性质、喷淋时间进行适当调节。为了使空气进入矿堆促进硫化矿的浸出，浸出过程实行定期休闲制度（一般休息时间为 $30\% \sim 60\%$），即喷淋一段时间后再停止喷淋一段时间，如此反复循环。单层新矿喷淋 $3 \sim 5$ 个月后，浸出率一般为 $50\% \sim 80\%$。

313. 如何进行氧化铜矿的堆浸？

答：矿石堆浸前先经过破碎，控制粒度不大于 20mm，在底部不渗漏、有一定自然坡度的堆矿场上分区分层堆上矿石，每层堆到预定高度层约 $1 \sim 3$m，喷洒稀硫酸溶液进行浸出；浸出液自上而下在渗滤过程中将矿石中的铜浸出，得到的浸出液汇集于集液池，用泵送到萃取工序处理。

314. 不同类型铜矿石的搅拌浸出工艺如何选择？

答：搅拌浸出主要分为硫酸浸出法和氨浸法。一般情况下，碳酸盐含量不大于10%、结合氧化铜含量不小于8%时，适宜用硫酸浸出工艺；碳酸盐含量不小于10%、结合氧化铜含量不大于8%时，适宜用氨水-碳酸氢铵浸出工艺。评价适合哪种方法的依据主要是从技术及经济两大方面进行评价，即铜浸出率指标和浸出每吨铜浸出剂的消耗指标。同时要进行多方案小型试验研究，进行扩大试验或者半工业试验研究，多方案比较后才能得到最佳处理方案。

315. 影响搅拌浸出速率的主要因素有哪些？

答：影响搅拌浸出速率的主要因素有：浸出剂浓度及用量、浸出矿浆固液比、浸出温度、矿石粒度、搅拌强度、浸出时间、矿石性质、浸出剂浓度、终点pH 值。

316. 如何提高浸出速度？

答：（1）提高溶剂浓度有利于加速酸的扩散和固液间的化学反应，从而加速浸出过程；

（2）提高温度有利于加速扩散及化学反应，有利于降低溶液黏度，增大溶剂和产物的溶解度；

（3）减小焙砂粒度，可以增大与溶剂的接触面积，从而加速浸出过程；

（4）搅拌使固液间进行激烈的相对运动，减小扩散层厚度，更新固液接触表面，加速浸出过程。

317. 细菌浸出铜的主要菌种分类有哪些？

答：参与细菌浸出的主要菌种按照其耐热性可分为3类：

（1）中温菌。主要有硫杆菌类的氧化硫硫杆菌和氧化亚铁硫杆菌，钩端螺杆菌类的氧化亚铁钩端螺杆菌。这些菌种的最佳繁殖温度在25~35℃，它们都是靠无机物为营养的自养菌，而且十分好酸性，通常 pH 值在1.5~2.0 为最适宜的酸度。氧化亚铁硫杆菌以氧化亚铁离子或者其盐或低价硫为营养源，能够在纯培养基中很快分解硫化矿。氧化硫硫杆菌仅以低价硫为营养源，不能氧化亚铁离子或其盐。相反的，氧化亚铁钩端螺杆菌只能氧化亚铁离子或其盐，而不能氧化低价硫。因此，这两种细菌单独存在时不能有效地浸取硫化矿，但共存时可很快分解黄铁矿这样稳定的矿物。

（2）嗜热菌。这类细菌主要包括嗜酸硫杆菌属、硫化杆菌属和铁质菌属，在 50℃左右的温度下生长在黄铁矿、黄铜矿等矿物上,是叶硫球属菌。

(3)极端耐热菌。这类细菌属于硫球属菌,生长在温泉中,它们能够氧化亚铁离子或者亚铁盐或低价硫,可以在 60~70℃分解黄铁矿、黄铜矿,而且速度比氧化亚铁硫杆菌快。这类菌种有的可以自营养,有的需要有机营养物。但是,这类菌的特点细胞壁中缺乏肽聚糖,因而比较脆弱,经不起搅拌浸出的摩擦。因此,尽管它们具有良好的浸矿性能,但至今还未在工业上应用。

318. 如何进行细菌的采集和培养?

答:氧化亚铁硫杆菌广泛存在于硫化矿山的弱酸性矿水中,因此可在要进行微生物浸出的矿山或类似矿区采集菌种。采集的菌种要用 100~250mL 的细口瓶,瓶子要洗干净并消毒。装入 1/3 的 9K 培养基,以牛皮纸或棉花塞封口。9K 培养基的成分为:$(NH_4)_2SO_4$ 3.0g、K_2HPO_4 0.5g、$MgSO_4 \cdot 7H_2O$ 0.5g、$Ca(NO_3)_2$ 0.01g、10mol/L H_2SO_4 1mL、14.78% $FeSO_4$ 300mL、H_2O 700mL。

菌种的繁殖可在 100mL 的锥形瓶中进行,瓶中先加入 30mL 9K 培养基,接种 5~10mL 采集的菌种,置于生化培养箱中,在 30℃下恒温培养 2~3 天。随着细菌的繁殖,培养液的颜色变为棕色,同时 pH 值降低。最终细菌浓度可达 10^7~10^8个/L。通常用的计数方法是血球板计数器显微镜下直接计数。另外还有平菌落计数法、比色法、生物量测量法等计数方法。

319. 如何进行细菌的分离和纯化?

答:经过繁殖培养的培养液中还有大量的杂菌,需要经分离、纯化才能得到目的菌株的纯培养基。分离纯化常采用稀释涂布平板法和终点稀释法。前者是将高倍稀释的繁殖培养液涂布在 9K 琼脂固态培养基上培养。后者是将不同稀释倍数(一般每次差 10 倍)的繁殖液顺序接种到一组含有 9K 培养液的小试管中进行培养,如某一个试管经培养后不变色,则认为前一稀释液倍数的培养液中为纯菌种。将分离纯化过的培养基接种到适合杂菌生长的培养基中,如培养结果无细菌生长则所得的是纯目的菌株,否则表明还含有杂菌,还需要再分离纯化。

320. 生物浸出主要的化学反应有哪些?

答:细菌浸出过程包括以下 3 步:

(1)细菌活动使铁和铜的硫化物被 O_2 氧化,氧化生成的 Fe^{2+} 进入溶液:

$$CuFeS_2 + 4O_2 =\!=\!= CuSO_4 + FeSO_4 \tag{3-16}$$

$$2FeS_2 + 7O_2 + 2H_2O =\!=\!= 2H_2SO_4 + 2FeSO_4 \tag{3-17}$$

(2)细菌使 Fe^{2+} 氧化成 Fe^{3+}:

$$2H_2SO_4 + 4FeSO_4 + O_2 =\!=\!= 2Fe_2(SO_4)_3 + 2H_2O \tag{3-18}$$

（3）Fe^{3+}作为溶剂对硫化矿和氧化矿浸出：

$$Cu_2S + 2O_2 + Fe_2(SO_4)_3 === 2CuSO_4 + 2FeSO_4 \qquad (3-19)$$

$$CuFeS_2 + 2Fe_2(SO_4)_3 + 3O_2 + 2H_2O === 2H_2SO_4 + 5FeSO_4 + CuSO_4 \qquad (3-20)$$

$$2H_2SO_4 + 4FeSO_4 + O_2 === 2Fe_2(SO_4)_3 + 2H_2O \qquad (3-21)$$

321. 生物堆浸工艺流程是怎样的？

答：生物堆浸工艺流程如图 3-9 所示。

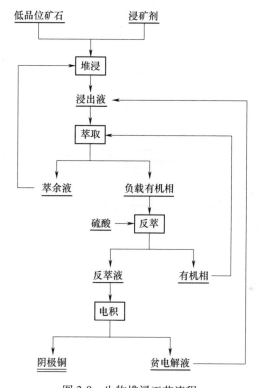

图 3-9　生物堆浸工艺流程

322. 铜的浸出—萃取—电积法有什么优点？

答：铜的浸出—萃取—电积法是利用酸性或者碱性溶剂从含铜物料中浸出铜，浸出液经过萃取后富集，然后电积产出铜。此法有如下优点：

（1）建厂投资和生产费用低，生产成本低于火法炼铜，具有较强的市场竞争力；

（2）以难选矿、难处理的低品位矿为原料，独具技术的优越性；

（3）没有废水、废气、废渣的排放，符合清洁生产的要求，有利于环境保护；

（4）拥有可靠的特效萃取剂供应市场。

323. 氧化铜矿氨浸—萃取—电积工艺流程是怎样的?

答：氧化铜矿氨浸—萃取—电积工艺流程如图 3-10 所示。

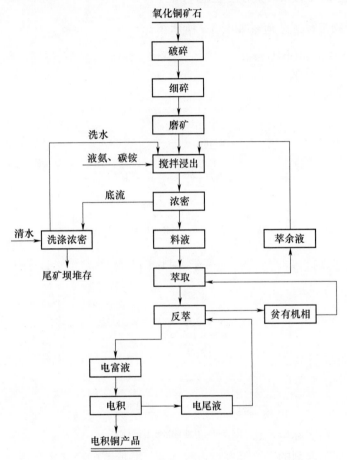

图 3-10　氧化铜矿氨浸—萃取—电积工艺流程

324. 铜矿石的氨浸机理是什么?

答：氧化铜矿石氨浸主要化学反应方程式为：

$$CuO + 2NH_4OH + (NH_4)_2CO_3 \Longrightarrow Cu(NH_3)_4CO_3 + 3H_2O$$

$$(3-22)$$

$$2CuCO_3 \cdot Cu(OH)_2 + 10NH_4OH + (NH_4)_2CO_3 \Longrightarrow 3Cu(NH_3)_4CO_3 + 12H_2O$$

$$(3-23)$$

$$Cu + Cu(NH_3)_4CO_3 \Longrightarrow Cu_2(NH_3)_4CO_3 \qquad (3\text{-}24)$$

$$CuSiO_3 \cdot H_2O + 2NH_4OH + (NH_4)_2CO_3 \Longrightarrow$$
$$Cu(NH_3)_4CO_3 + H_2SiO_3 + 3H_2O \qquad (3\text{-}25)$$

$$2Cu_2(NH_3)_4CO_3 + 4NH_4OH + 2(NH_4)_2CO_3 + O_2 \Longrightarrow 4Cu(NH_3)_4CO_3 + 6H_2O$$
$$(3\text{-}26)$$

硫化铜矿石氨浸主要化学反应方程式为：

$$Cu_2S + 5H_2O_2 + 8NH_3 + 2(NH_4)_2CO_3 \Longrightarrow$$
$$2Cu(NH_3)_4CO_3 + (NH_4)_2SO_4 + 4H_2O + 2NH_4OH \qquad (3\text{-}27)$$

$$2Cu_5FeS_4 + 37H_2O_2 + 40NH_3 + 10(NH_4)_2CO_3 \Longrightarrow$$
$$10Cu(NH_3)_4CO_3 + 8(NH_4)_2SO_4 + 35H_2O + 4NH_4OH + Fe_2O_3 \qquad (3\text{-}28)$$

325. 什么是萃取因素，影响萃取比的因素有哪些？

答：萃取因素是被萃取金属离子进入有机相的总量与该金属离子在萃余液中的总量比，也称为萃取比，通常用 E 表示。

$$萃取比（E）= \frac{有机相中总金属浓度}{萃余液中总金属浓度}$$

萃取因素与相比、萃取剂浓度、温度、pH 值、金属在水相及有机相中的络和作用、料液浓度等有关。一般铜湿法冶金工厂中，萃取相比为 1∶1；萃取剂浓度依据料液含铜浓度的高低进行调整，例如料液含铜 $1.0 \sim 2.0 g/L$ 时，萃取剂浓度一般选择 5%~10%，萃取率不小于 90%，料液 pH 值为 1.7~2.0，常温下进行萃取。

326. 如何计算萃取的饱和容量和净交换容量？

答：在一定萃取系统中，单位浓度的萃取剂对某种金属的最大萃取能力称为萃取剂的饱和容量（也称为极限浓度），单位为 g/L。萃取饱和容量越大，萃取剂性能越好。在实际生产过程中，很难达到饱和容量，实际操作容量在确定萃取剂浓度后根据萃取剂的净交换容量进行计算。萃取剂的净交换容量反映萃取—反萃过程中传递金属的能力，净交换容量越大，萃取性能越好。

$$净交换容量 = \frac{有机相操作容量 - 再生有机相残留金属量}{有机相饱和容量} \qquad (3\text{-}29)$$

327. 什么是萃取等温点、反萃等温点，如何绘制萃取等温线？

答：萃取等温点是萃取剂的最大理论负载能力，也就是负载有机的最大值。它与 pH 值有关，不同条件下的 pH 值，萃取等温点是不同的。pH 值越低，萃取等温点也越低。反萃等温点是再生有机的最低负载能力，也就是萃取剂负载的最低值。在一定温度下，被萃取物质在两相的分配达到平衡，以该物质在有机相的浓度和它在水相的浓度关系作图，得到的曲线为萃取等温线。当水相浓度达到一定程度后，则曲线趋于水平，说明有机相的金属离子浓度基本维持不变，这时有机相中的金属离子浓度就是萃取剂对该金属离子的饱和容量。

328. 铜萃取剂、稀释剂的选择原则是什么？

答： 铜萃取剂主要的质量评价标准为：萃取率高、萃取分相时间短；反萃液含铁低、铁离子共萃少；反萃率高、反萃分相时间短；料液中三价铁离子浓度要求较高时，浸出料液需要保持较高酸度（pH＝1.6~1.7），进行萃取—反萃试验，考察高酸料液萃取效果及铁离子共萃问题；絮凝物产生数量考察；萃取饱和容量大，萃取剂占稀释剂体积分数为 1% 时，其饱和容量不小于 0.5g/L；闪点高，使用安全；挥发速度慢，单耗低，生产成本低；参考借鉴类似工厂已经使用多年的成功经验。

稀释主要的质量评价标准为：分相时间短；挥发损失小；萃取—反萃过程产生的絮凝物少；综合使用成本低；确保电积产品质量，尤其萃取镍金属时，对稀释剂中的杂质要求十分严格；要清亮透明，无黄色、沉淀等异常现象；参考借鉴类似单位的成功经验。

329. 如何测定有机相中萃取剂的最大负载？

答： 分液漏斗中添加等体积的工厂反萃后的有机相和工厂料液（记录有机相体积 $V_{有机}$），相比为 1:1，振荡混合 3min 后，排出水相，然后按照如上步骤继续添加料液，如此反复 4 次，得到最大铜负载的有机相。向留有最大铜负载的有机相的分液漏斗中添加 200g/L 硫酸的反萃液，相比为 1:1，振荡混合 1min，然后排出水相并保存。如此反复 4 次。记录反萃后的水相总体积 $V_{反萃液}$。

$$c_{Cu_{最大负载有机相}} = \frac{V_{反萃液} \times c_{Cu_{反萃液}}}{V_{有机}} \tag{3-30}$$

330. 如何配制实际需要的铜萃取剂浓度和测定有机相中的萃取剂浓度？

答： 计算公式如下：

$$实际需要配制的铜萃取剂浓度 = \frac{料液含铜量}{萃取剂的饱和容量 \times 0.8} \times 萃取剂的体积分数 \tag{3-31}$$

$$有机相中萃取剂浓度 = （最大铜负载/5.7）\times 10\% \tag{3-32}$$

331. 如何测定最低萃取平衡 pH 值？

答： 取待处理的矿石样品，用稀硫酸浸出后制备含铜为 2.0g/L 的 20L 浸出料液；在 1.0L 烧杯中用硫酸分别调节 pH 值为 0.5、1.0、1.3、1.4、1.5、1.6、1.7、1.8、1.9、2.0。配制体积分数为 5% 的萃取剂有机相 2.0L，备用。每一个 pH 值的料液与等体积的有机相倒入 200mL 的分液漏斗中震荡 3min，分相达到平衡后放出水相，再分别倒入相同 pH 值的料液进行萃取，反复萃取 3 次以上，测定负载有机相中含铜浓度，绘制 pH-负载有机相铜离子浓度曲线。从曲线中可以看出不同料液 pH 值得到的不同萃取率指标。此方法能够筛选出所需要的萃取剂，如果要考察铁离子共萃情况，在料液、萃余液、反萃液中化验分析铁离子，得到综合效果最佳的萃取剂。

332. 如何测定萃取的平衡时间？

答： 取待处理的矿石样品，用稀硫酸浸出后制备含铜为 2.0g/L、pH 值为 1.7 的 20L 浸出料液；配制体积分数为 5% 的萃取剂有机相 2.0L，备用。萃取相比为 1:1，萃取时间分别为 5s、10s、15s、20s、25s、30s、35s、40s、45s、50s、55s、60s。分相后，放出萃余液，分别测定萃余液含铜，计算不同萃取时间点的萃取率。绘制萃取率与萃取平衡时间关系曲线图。该参数可以用于萃取剂选择的依据，用于萃取器混合室设计的技术参数。

333. 如何进行最佳洗涤条件测定？

答： 如果浸出料液中杂质离子浓度较高，对负载有机相洗涤要进行不同硫酸浓度的洗涤试验研究，即在 5g/L、10g/L、15g/L、20g/L、25g/L、30g/L 硫酸浓度下，分别与负载有机相按照 1:1 体积比进行震荡混合 3min。分相后，放出洗涤液，分别取样测定铁、铜等离子浓度。选择铜不被反萃、杂质洗涤脱出率最高的方案实施。依次进行洗涤相比、洗涤混合时间、洗涤循环杂质浓度控制方法的实验研究。

334. 影响铜萃取平衡的主要因素有哪些？

答： 影响铜萃取平衡的主要因素有：

（1）料液的 pH 值。对于铜湿法生产工艺，萃取的铜浓度越高，萃取交换后硫酸释放到萃余液中的数量越多，萃取体系的 pH 值越低。当体系中的硫酸浓度较高时，化学反应向生成硫酸铜的方向进行，即 pH≤1.0 时，萃取不能正常进行。当萃取剂浓度不变时，要提高萃取率就必须适当提高浸出料液的 pH 值。但是 pH 值过高，金属离子会发生水解沉淀反应，Fe^{3+} 生成 $Fe(OH)_3$ 胶体沉淀，容易堵塞堆场孔隙，造成浸出率下降，萃取絮凝物增加。

（2）萃取剂浓度的影响。当料液的 pH 值在最佳萃取率范围，料液含铜及其他离子浓度基本不变的条件下，萃取率随着萃取剂浓度增加而增加。在工业生产过程中，发现萃取率降低，其中一个主要的因素就是测定有机相中萃取剂的浓度，如果萃取剂浓度降低后，要及时在萃取流程中补加萃取剂，才能保证萃取效率，降低生产成本。在生产过程中萃取工序会产生絮凝物，有机物降解，如果萃取剂浓度过高，会增加吨铜萃取剂单耗，控制合适的萃取剂浓度才能取得最佳技术经济指标。

（3）反萃剂酸度的影响。在反萃工序中，反萃剂硫酸浓度一般为 150~180g/L，反萃时氢离子与铜离子进行交换，即反萃剂中的氢离子浓度降低，铜离子浓度升高，含铜负载有机相释放出铜离子，得到氢离子。在电积过程中虽然会产生硫酸，理论计算每电积 1t 铜可以产生 1.54t 硫酸，能够与反萃取交换硫酸持平。电积富液中如果不补加硫酸，会导致反萃效率降低，再生有机相中残留的铜离子浓度升高，萃取效率降低。因此，电尾液要及时补加硫酸至 150~180g/L，确保萃取—反萃工序的正常作业。

（4）温度对萃取的影响。萃取工序中，一般温度（1~30℃）常压下能够正常完成萃取—反萃工作，前提条件就是不能冰冻。对于 Lix84-I 萃取镍过程中，反萃条件较为苛刻，反萃剂中硫酸浓度 5~15g/L，反萃温度 1~30℃，温度对镍反萃过程较为敏感。

（5）料液中含铜浓度影响。萃取平衡时，游离萃取剂的浓度为：

$$c_{HR_F} = c_{HR_T} - c_{MR_n} \tag{3-33}$$

式中，c_{HR_F} 为游离萃取剂的浓度；c_{HR_T} 为萃取剂的总浓度；c_{MR_n} 为萃取剂与金属形成萃合物的浓度。

如果料液中铜浓度增加，在其他条件不变时，游离萃取剂的浓度减少，萃取分配比下降，直到萃取剂完全饱和后导致萃取率下降。因此，萃取过程中料液中铜浓度增加时，要及时补加萃取剂或增加有机相与浸出料液萃取混合比例，才能提高萃取率指标。

335. 什么是改性剂，工业上常用的改性剂可分为哪几类？

答：为了调节萃取剂的性质，在配制有机相时，往往需要在其中加入其他有机化合物，这种化合物称为改性剂。工业上采用的改性剂大致可以分为 4 类：

（1）壬基酚。Acorga P50 采用壬基酚作为改性剂，由于壬基酚可以与 2-羟基肟通过氢键形成缔合物，从而降低羟肟在有机相中的活度，调节它的萃取和反萃性质。

（2）醇类。多支链的十三醇用作 Lix 860 及 Acorga P50 的改性剂，同样浓度的负载有机相中反萃铜，反萃后十三醇为改性剂的有机相比加有同样浓度的壬基酚约低一半。

（3）酯类。Acorga 公司近些年生产的萃取剂以酯类作为改性剂，使萃取剂性质有较大的改进。Acorga M5640 据称不但有较好的反萃性能，而且铜铁选择性、萃取、反萃、分相速度及在工业中的使用寿命均优于过去的牌号，已经成为该公司当前最主要的产品。

（4）混合羟肟。为了避免加入其他化合物给萃取剂在使用过程中造成不期望的副作用，汉高公司将萃取能力较弱的 2-羟基苯酮肟加入到苯甲醛肟中，以达到所期望的萃取和反萃能力。研究表明，混合物的萃取和反萃能力并不仅是两种萃取剂的简单加和。虽然混合羟肟避免引入其他改性剂可能带来的问题，但是有些羟肟本身也逐渐水解，同样会带来使用过程中有机组成的逐渐变化，产生不良影响。

336. 什么是相间污物和乳化，相间污物的组成是什么？

答：任何溶剂萃取系统经过长时间的运转之后都会产生一些絮凝状的污物，依据其密度不同，可能漂浮在两相之间或者某一相之中，甚至沉于槽底，通常将这些絮凝物称为污物或者相间物。乳化则是指水相中带有大量有机相的微小液滴，使透光率因为散射而下降的现象。

相间污物由有机相、水相及固体组成，有时还有气体。固体成分不定，多包括所处理的矿以及硅酸盐。固体颗粒粒径一般小于 $1\mu m$，这些固体颗粒多由料液带入。许多固体颗粒的表面性质复杂，使它既能够与极性的水相结合，又能够与有机相中萃取剂或改性剂基团相互作用而结合，因而形成多种物质组成的絮凝物。

337. 如何减少相间污物的产生？

答：减少相间污物的关键因素是降低料液中的固体含量，因此，有时候料液澄清之后还需要经过过滤才能进萃取槽，工厂过滤通常采用沙滤。大多萃取厂的固体要求低于 $10^{-3}\%$。另外，露天的澄清槽应加防尘盖。

（1）减少腐殖酸、木质素进入萃取系统；尽量少用高分子絮凝剂、电解添加剂等。在必须使用时，需要非常谨慎地进行试验和筛选。

（2）正确设计和操作萃取设备是另一关键，液滴过细分散或者卷入空气都会加剧乳化及污物的形成。

338. 工业上羟肟类铜萃取剂主要有哪些？

答：工业上羟肟类铜萃取剂见表 3-11。

表 3-11　工业规模生产的羟肟类铜萃取剂

萃取剂	生产厂家	分子结构式
Lix 63	汉高 通用选矿	
Lix 64	汉高 通用选矿	
Lix 65N	汉高 通用选矿	
Lix 64N	汉高 通用选矿	
Lix 70	汉高 通用选矿	
Lix 71	汉高 通用选矿	
Lix 84-1	汉高	

续表 3-11

萃取剂	生产厂家	分子结构式
Lix 860N-1	汉高	水杨醛肟结构，取代基 C_9H_{19}
Lix 860-1	汉高	水杨醛肟结构，取代基 $C_{12}H_{25}$
Lix 622	汉高	水杨醛肟结构，取代基 $C_{12}H_{25}$ ＋十三醇
Lix 622N	汉高	水杨醛肟结构，取代基 C_9H_{19} ＋十三醇
Lix 864	汉高	水杨醛肟结构（$C_{12}H_{25}$）＋苯基酮肟（$C_{12}H_{25}$）
Lix 865	汉高	水杨醛肟结构（$C_{12}H_{25}$）＋苯基酮肟（C_9H_{19}）

萃取剂	生产厂家	分子结构式
Lix 984	汉高	（邻羟基苯乙酮肟，C₉H₁₉ 取代）:（邻羟基苯甲醛肟，C₁₂H₂₅ 取代）=1:1
Lix 984N	汉高	（邻羟基苯乙酮肟，C₉H₁₉ 取代）:（邻羟基苯甲醛肟，C₉H₁₉ 取代）=1:1
Lix 973	汉高	（邻羟基苯乙酮肟，C₉H₁₉ 取代）:（邻羟基苯甲醛肟，C₁₂H₂₅ 取代）=3:7
Lix 973N	汉高	（邻羟基苯乙酮肟，C₉H₁₉ 取代）:（邻羟基苯甲醛肟，C₉H₁₉ 取代）=3:7
SME 529	壳牌公司	邻羟基苯乙酮肟，C₉H₁₉ 取代
P50	捷利康	邻羟基苯甲醛肟，C₉H₁₉ 取代

续表 3-11

萃取剂	生产厂家	分子结构式
P17	捷利康	
P5100	捷利康	H：壬基酚=1:1
P5200	捷利康	H：壬基酚=1:2
P5300	捷利康	H：壬基酚=1:3
PT5050	捷利康	H：三十醇=2:1
M5640	捷利康	H+酯

339. 溶剂萃取工艺设计的基本原则有哪些？

答：溶剂萃取工艺设计是将料液中有价值的金属通过各个工序提取为高纯度产品的过程，要取得最佳工艺设计必须满足下列条件：

（1）流程结构紧凑，级数尽量减少；

（2）尽量避免溶剂预处理，萃取体系两相闭路循环，不污染环境；

（3）萃取平衡时间短，对料液组分和流量变化适应性好；

（4）萃取剂净交换容量大，化学稳定性好，易分相，分相时间短，乳化物、絮凝物产生少；

（5）选用的萃取器结构简单、效率高，萃取能力与浸出相协调，易于操作；

（6）一次溶剂投入量少，溶剂夹带损失少，回收方法简单；

（7）比其他方法投资省、经营费用低。

340. 影响萃取器放大的因素主要有哪些？

答：（1）萃取体系的性质，如黏度、表面张力、萃取剂的动力学速率和稳定性会影响设备选型；

（2）总流量（包括有机相及水相流量）、流比决定设备大小；

（3）相的分散影响传质方向或液泛；

（4）结构及材料影响传质效率及分散液滴的聚结速度；

（5）机械搅拌强度和形式影响两相混合及相分离；

（6）液滴大小及分布影响设备的效率及聚结，影响夹带损失程度；

（7）液滴聚结及再分散速度影响两相混合的均匀度，影响设备效率；

（8）壁垒效应及末端效应对萃取塔影响较大，有可能导致两相短路；

（9）在萃取塔出现的轴向混合或纵向混合，说明设备效率低。

341. 有机烧斑的形成原因是什么，如何控制？

答：经过与有机相接触的电解液难免会有微量的有机物，当其含量达到一定量时，会引起阴极沉积的铜变色，阴极板的上部尤其严重，这种黑巧克力色的沉积物称为有机烧斑。研究表明，有机烧斑是由于萃取机引起的，稀释剂对其影响不大。如果将电解液中萃取剂的浓度控制在 10mg/L 以下，一般也不会出现有机烧斑现象。

342. 影响电积层结构的因素有哪些？

答：（1）金属离子性质。金属电沉积颗粒的粗细，决定了阴极极化过电位的大小。铅、镉、锡金属的交换电流密度最大（$i \geqslant 10^{-3} \text{A/cm}^2$），沉积金属颗粒较粗（平均颗粒不小于 10^{-3}cm），铜、锌、铋金属的交换电流密度较小（$10^{-3}>i>10^{-6}$A/cm²），沉积金属颗粒较小（平均颗粒 $10^{-3}\sim10^{-4}$cm）。

（2）电流密度。铜电积过程，电流密度较低，得到细晶粒；电流密度较大，得到粗晶粒；电流密度过大，可能会引起杂质离子放电。电流密度较低，阴极上沉积金属速度慢，生产效率低。提高活化过电位，一般加入络合物或者加入有机表面活性物来提高电积效果。

（3）金属离子浓度。电解液中金属离子浓度升高，导电性提高，能够降低电积消耗，提高电流密度。电解液中金属离子浓度降低，阴极表面出现浓差极化，电积电耗上升。铜离子浓度小于 20g/L 时，会产生海绵铜，电积铜产品质量不合格。

（4）温度。升高温度可以使盐类溶解度增加，增强电解液的导电性，得到较好的产品质量，降低电积电耗。但温度过高，会降低阴极极化作用，使晶粒变粗，电积车间酸雾增加，能耗上升。铜电积温度一般选择在 50~60℃。

343. 电积铜时，添加剂的分类及作用有哪些？

答：电积铜时，添加剂是指少量的某种物质加入到电解液中，会显著提高阴极产品质量或降低阳极板消耗。添加剂可分为无机和有机两类。无机添加剂多采用硫酸钴，有机添加剂多采用动物胶、古尔胶等。

电解液中加入添加剂，结晶过电位增大，为形成数目多、尺寸小的晶核创造了条件，确保电积铜板表面的光滑平整。这是因为在凹凸不平的基底金属上电积时，凸出的部分电流密度较大，电积速度较快，凹进去的部分电流密度较小，电积速度较慢。但是，加入添加剂，过电位增大，凸出部分的金属沉积受到抑制，凹进去部分金属沉积速度增加，使金属表面更加光滑紧密。

344. 铜电积和电解有什么区别？

答：铜电积普遍采用 Pb-Ca-Sn 不溶阳极，在电积的过程中阳极发生的反应主要是氧的析出。

阳极反应为：

$$4OH^- - 4e \Longrightarrow 2H_2O + O_2 \tag{3-34}$$

阴极反应为：

$$Cu^{2+} + 2e \Longrightarrow Cu \tag{3-35}$$

火法炼铜后的电解精炼是以粗铜为可溶阳极，在电解过程中阳极铜不断溶解，铜离子扩散到阴极还原为金属铜。

阳极反应为：

$$Cu - 2e \Longrightarrow Cu^{2+} \tag{3-36}$$

阴极反应为：

$$Cu^{2+} + 2e \Longrightarrow Cu \qquad (3-37)$$

345. 如何处理电积废液？

答：处理电积废液的目的是综合利用其中的各种有价成分，避免废酸对环境造成污染。处理方法主要有中和法、电积脱铜法、氨水中和—脂肪酸萃取法等。中和法的原理是利用各种金属离子水解沉淀酸度的差异，进行金属的分离和提取。电积脱铜是把要处理的废液放入单独的电解槽中电积。氨水中和—脂肪酸萃取法是将废液加胶脱硅，用氨水中和得到萃前原液，接着用氨皂全萃，然后依次反萃，得到钴液可用来提取钴，铜液单独电积提铜。

3.4   制酸工艺

346. 常见的制酸工艺有哪些？

答：（1）硫化矿冶炼烟气制酸。以硫铁矿或者硫精矿为原料，经原料处理、沸腾炉焙烧制取二氧化硫、炉气净化、二氧化硫转化成三氧化硫、吸收制成硫酸。

（2）利用硫黄制硫酸。以硫黄为原料，经皮带运输到快速熔硫槽熔化，液硫通过机械喷嘴喷入焚硫炉燃烧，炉气干燥后经转化、吸收制硫酸。

347. 烟气制酸的主要工艺流程是什么？

答：焙烧产生的烟气制硫酸主要有 7 个工序：原料工序、焙烧工序、净化工序、转化工序、干吸工序、排渣工序和成品工序。

348. 烟气净化的目的及原则是什么？

答：焙烧工序产生的炉气中，含有氮气、二氧化硫、氧气、固态和气态的有害物质。炉气净化的目的是除去这些有害物质，减轻对后续工序的影响。

炉气净化的原则有以下 3 点：

（1）炉气中悬浮微粒的粒径分布范围广，在净化时应该分级逐段地进行，先大后小，先易后难；

（2）炉气中悬浮微粒是以固、液、气三种状态存在，质量相差比较大，在净化过程中按照微粒的轻重程度来进行，先固、液，后气体，先重后轻；

（3）对不同大小粒径的微粒，应选择相适应的有效的设备。

349. 动力波洗涤的原理及作用是什么？

答：动力波洗涤的原理是：气体自上而下高速进入洗涤管，洗涤液经过特殊装置的喷嘴自下而上逆向喷入气流，气液两相高速逆向碰撞，形成一个高速湍流的泡沫区。由于两相高速湍流接触，接触表面积大，可以达到很高的洗涤效果。

动力波洗涤的作用：（1）进一步使炉气降温，部分水蒸气在酸雾表面冷凝，使得酸雾易脱除，有利于成品酸浓度的维持和提高；（2）可以提高电除雾的效率；（3）脱除烟气中的有害杂质，有利于回收烟尘中的有价成分。

350. 动力波洗涤工艺的特点是什么？

答：（1）采用动力波设备可以获得比空塔设备更高的效率，而且投资也更少；

（2）对微粒的捕集率高，可以有效地进行分级洗涤，用较低的费用得到较高的效率；

（3）允许气量波动范围大，对总的除尘效率影响不大；

（4）采用开孔喷嘴，减少喷出液体的雾化程度，有利于脱除烟气中的固体杂质。

351. 什么是污酸，污酸的主要成分是什么？

答：在铜冶炼的制酸工艺流程中，经电收尘后的熔炼炉、转炉烟气，经过两段动力波洗涤器，产生的酸为污酸。污酸中主要成分有：硫酸、砷、铁、锌、铜、铅、钙、硒、铋、锑、镉、铼等元素。

352. 污酸的性质是什么？

答：（1）成分复杂。污酸中含有铜、铅、钙、硒、铋、锑、镉等金属、非金属杂质，含量高低依矿物成分而定；

（2）酸度高。酸中硫酸的质量分数大多超过5%，部分甚至达到30%；

（3）砷含量高，大多以亚砷酸形式存在，脱除较为麻烦，经济效益不高。

353. 目前污酸的处理方法有什么不足之处？

答：（1）污酸酸度高，中和剂消耗量大，同时产生大量的石膏渣，综合利用较困难；

（2）用石灰中和，污酸中的酸不能得到充分的利用，经济效益不高；

（3）有价金属难回收，污酸中有价金属品位不高，回收困难，白白浪费了资源；

（4）处理过程中产生砷酸钙和亚砷酸钙不稳定，易分解，容易对环境造成污染，不利于环境保护。

354. 污酸中铼的回收现状是什么？

答：铼是一种极其稀缺而且分散的金属元素，多伴生于钼、铜、锌、铅等矿物中。铼能与钨、钼、铂、镍、钍、铁、铜等多种金属形成一系列合金，其中铼钨、铼钼、铼镍系高温合金是铼的最重要的合金，被广泛应用到航空航天、电子等工业部门。

铜冶炼过程中铼随高温烟气，经动力波洗涤，以高铼酸的形式赋存于污酸中。目前，针对污酸中铼的回收方式可分为两种：第一种是利用特定的靶向沉铼剂定向沉淀铼，得到铼精矿，再利用氧化浸出的方式分离制备得到铼产品；第二种是利用树脂吸附污酸中的铼，经过洗脱得到富铼液，再经过一系列的分离提纯方法得到目标铼产品。

355. 什么是砷滤饼、铅滤饼，要如何处理？

答：铜冶炼烟气主要成分为 SO_2 气体，另外夹带氧化铅、氧化砷等低熔点金属氧化物。烟气传输过程中，少部分 SO_2 被氧化生成 SO_3，在动力波洗涤过程溶于水形成稀酸，烟气中的铅微粒转化为硫酸铅沉淀，经斜板沉降、压滤得到铅滤饼。斜板沉降上清液继续进入硫化沉淀槽，通过硫化沉淀，污酸中砷、铼及其他少量重金属离子以硫化物形态沉淀，经压滤生成砷滤饼。

铅滤饼经过球团之后，可以作为炼铅厂提铅原料，生产出铅铋合金，回收其中的有价成分。

砷滤饼处理比较麻烦。砷是剧毒物，不同厂家对砷滤饼处理方法不一样。如紫金铜业，处理方法是将生产的砷滤饼出售给有资质处理砷的厂家，进行处理，实现资源化；江西铜业，将砷滤饼作为原料生产白砷（砒霜）后出售。砷滤饼是制酸过程中较难处理的一个产品，更好的处理方法有待进一步研究。

356. 转化工序的原理及使用的催化剂是什么？

答：一般情况下，二氧化硫仅少量转化成三氧化硫，必须借助于催化剂起催化作用，被氧气氧化，生成三氧化硫，再用水吸收，即可得到硫酸。其反应式如下：

$$SO_2 + 1/2O_2 \!\!=\!\!=\!\! SO_3 \tag{3-38}$$

$$SO_3 + H_2O \!\!=\!\!=\!\! H_2SO_4 \tag{3-39}$$

一般用催化剂 V_2O_5 作为该反应的催化剂。

357. 干吸工序的原理和反应步骤是什么？

答：在化工生产中的吸收过程，一种是不明显的化学反应，为单纯的物理过程，称为物理吸收；另一种具有明显的化学反应的吸收过程，称为化学吸收。在生产硫酸的过程中，这两种吸收过程都存在，统称为三氧化硫的吸收。按式（3-40）反应进行：

$$nSO_3 + H_2O \Longrightarrow H_2SO_4 + (n-1)SO_3 \qquad (3-40)$$

此吸收过程按以下五个步骤进行：（1）气体中 SO_3 从气相主体向界面扩散；（2）穿过界面 SO_3 在液相中向反应区扩散；（3）与 SO_3 反应的水，在液相中向反应区扩散；（4）SO_3 与水发生反应；（5）生成的硫酸向液相主体扩散。

358. 干吸工艺的特点是什么？

答：（1）低位高效；

（2）串酸方式的设计，省去了成品酸脱吸系统，减少尾气中 SO_2 的浓度；

（3）泵槽加水型设计，使混酸更加均匀，减轻对设备的腐蚀；

（4）浓酸冷却器放在泵后，提高了传热效果，减小换热面积，缩短酸管道，降低工程造价。

359. 什么是"二转二吸"，它有什么优缺点？

答："二转二吸"是指在 SO_2 大部分氧化为 SO_3 以后，在一个中间吸收塔内先将 SO_3 吸收除去，然后使气体再一次通过催化剂床层，让尚未氧化的 SO_2，进一步氧化为 SO_3。最后，使气体通过最终吸收塔，将新生成的 SO_3 吸收除去。SO_2 转化为 SO_3 是可逆反应。由于在第一阶段转化以后即将生成的 SO_3 吸收除去，有利于残余 SO_2 的进一步转化，从而使最终转化率可提高到 99.7% 以上。

二转二吸法的优点是保证了转化率和吸收率，降低物料消耗、污染排放。其缺点是工艺流程较复杂，层间换热、两次吸收增加了众多设备，设备和触媒投入比一转一吸高，成本较大。

360. 影响吸收率的主要因素有哪些？

答：影响吸收率的因素主要有：用作吸收剂的硫酸浓度、吸收温度、循环酸量、设备结构和气流速度等。

（1）硫酸浓度。硫酸浓度过高，会使吸收塔内 SO_3 分压与进塔气体中 SO_3 分压相当，使吸收过程减缓甚至停止；浓度过低，SO_3 与水反应生成硫酸的同时放出大量的热，形成酸雾，影响吸收效率，易造成设备的损坏。

（2）吸收温度。影响吸收温度的主要因素是酸温和气温。要选择合适的酸温及气温，提高 SO_3 吸收率。

（3）循环酸量。若酸量不足，填料表面不能充分湿润，影响传质，导致吸收率下降；若酸量过多，使得流体阻力变大，增加动力消耗。因此，需要选择合适的循环酸度。

（4）气流速度。若气体流速过快，动力的消耗增加，严重时会产生液泛现象，使气体中夹杂大量液体；气速过小，会使得设备利用率下降。

（5）吸收设备。要有足够的传质面积和性能优越的填料，按照规定流程操作，提高设备利用率，借以提高吸收率。

361. 采用循环冷却水系统的弊端有哪些，如何解决？

答：采用循环冷却水后，会产生一系列的水质障碍，如水垢腐蚀、沉积物、菌藻类等，降低了换热效率，缩短了设备的使用寿命，增加维护工作量。

为解决这个问题，需要加入缓蚀剂、阻垢剂，加入后可以破坏垢体晶体的增长；吸附微小颗粒，避免析出；增大成垢化合物的溶解度；降低沉降速度；抑制阴、阳极过程，减少电腐蚀；在金属设备表面形成难溶性的膜，减少氧化腐蚀。利用此方法清洁水质，提高换热效率，延长设备使用寿命。

4 锌 冶 金

4.1 基本性质

362. 锌的物理和化学性质有哪些?

答: 物理性质: 锌是蓝白色的金属, 新鲜断面具有金属光泽; 锌比较软, 仅比铅、锡稍硬; 常温下性脆, 延展性很差, 在加热的情况下具有较好的延展性; 熔点为 419.5℃, 熔化后流动性较好; 在熔点附近蒸气压很小, 但是液态锌蒸气压随温度升高而剧增。

化学性质: 锌在常温下不会被干燥的氧气或空气氧化, 在潮湿空气中会形成一层灰白色的致密碱式碳酸锌, 防止锌继续被氧化腐蚀; 熔融的锌能与铁形成化合物从而保护钢铁, 因此锌可用来电镀; 常温下锌与水不发生作用, 在红热状态下, 锌易分解水蒸气, 形成氧化锌; 锌易溶于硫酸、盐酸中并放出氢气, 也可溶于碱中; 锌可与水银生成汞齐; 二氧化碳和水蒸气混合气体可使锌迅速地氧化成氧化锌。

363. 锌的主要化合物的性质有哪些?

答: (1) 硫化锌。炼锌的主要原料, 硫化锌为难溶化合物, 熔点为 1650℃, 1200℃时挥发显著, 密度为 $4.0g/cm^3$。硫化锌可以氧化、酸化、还原和碱浸的方法分解, 在酸中氧化分解是提取金属锌的主要方法之一。

(2) 氧化锌。无天然矿物, 熔点约为 2000℃, 密度 $5.68g/cm^3$。在 1200℃ 氧化锌开始微量升华, 1400℃挥发十分剧烈。氧化锌能被 C、CO、H_2 还原; 高温下氧化锌与 Fe_3O_4 形成不溶于酸的铁酸锌。

(3) 硫酸锌。易溶于水, 密度为 $3.474g/cm^3$, 一般由硫化锌焙烧、金属锌或氧化锌与硫酸反应得到。硫酸锌加热会分解, 800℃以上会被 C、CO 还原为硫化锌。

(4) 氯化锌。易溶于水, 熔点为 318℃, 沸点为 730℃, 在 500℃左右便显著地挥发。一般地, 氯气与金属锌、氧化锌或者硫化锌在低温下作用可得到氯化锌。

364. 锌及其化合物的主要用途有哪些？

答：（1）锌主要用于镀锌方面，作为覆盖层以保护钢材和钢铁制品。

（2）锌能与很多金属形成性质优良的合金，因而在机械工业、国防工业和交通运输业中得到广泛的应用。

（3）高纯锌制造的 Ag-Zn 电池，体积小而能量大，多用于飞机和航天仪表上。

（4）锌的熔点低，流动性好，适于压铸各种精密铸件；锌的防腐蚀性良好，可用于制造火药箱、家具、贮存器和无线电装置零件。

（5）在化学工业中，锌可以制造颜料；氧化锌可用于制造橡胶；氯化锌可用于纺织工业，用来生产胶、陶瓷、水泥、冶炼熔剂和木材防腐剂；硫氰酸锌在纺织工业中钡用作中间媒介进行助染；硫化锌的最大用处是作颜料和填料，应用于油漆、橡胶、陶瓷和造纸工业；硫化锌和硫酸钡的混合物，在商业上称为立德粉或锌钡白，是一种广泛应用的白色颜料。

365. 锌的主要矿物有哪些？

答：自然界中没发现有自然锌，较为常见的含锌矿物是闪锌矿（ZnS）、磁闪锌矿（$nZnS - mFeS$）、菱锌矿（$ZnCO_3$）、硅锌矿（Zn_2SiO_4）和异极矿（$Zn_2SiO_4 \cdot H_2O$）。通常可将锌矿石分为硫化矿和氧化矿两种。自然界中较多的是硫化矿，但是锌的单金属硫化矿很少，一般与铜、铅共生，还伴有金、银、镉、锑等有价金属。氧化锌矿主要是菱锌矿（$ZnCO_3$）。氧化锌矿含锌量高时可以直接处理，但是往往含 SiO_2 较多，处理时有一定困难。

366. 我国锌矿资源的特点是什么？

答：我国锌金属资源较为丰富，根据中国矿产资源报告（2018 年）数据显示，截至 2017 年底，全国共查明锌金属量 18493.85 万吨，较 2014 年增幅为 4.2%。我国锌矿产具有形成矿点多、资源分散的特点，随着国民经济的高速发展，对锌资源的需求量也不断增加。然而，随着矿山多年的开采，大部分矿山资源已日渐枯竭，产量也逐年下降。面对当前锌矿产供需矛盾的日益突出，如何尽快实现找矿突破，已成为新形势下地质工作的重大使命。

367. 锌的冶炼方法分为哪几类？

答：炼锌的方法较多，归结起来仍分为火法和湿法两大类。

火法炼锌包括平罐炼锌、竖罐炼锌、电热法炼锌和密闭鼓风炉炼锌；湿法炼锌即电解沉积炼锌。湿法炼锌相比于火法，具有金属回收高、产品质量好、综合利用效果好、能量消耗低、环境污染小、成本低等优点，因此，国内外炼锌工业主要以湿法炼锌为主。

368. 火法炼锌的基本原理是什么？

答：火法炼锌的各种方法，虽然采用的冶炼设备和加热方式不同，但其基本原理总是将氧化锌在高温下用碳质还原剂还原为金属锌，并利用锌沸点低（906℃）的特点，使锌以锌蒸气的形式挥发，然后冷凝得到锌。其主要的反应式为：

$$ZnO + CO \rule[0.5ex]{1.5em}{0.4pt} Zn + CO_2 \tag{4-1}$$

$$C + CO_2 \rule[0.5ex]{1.5em}{0.4pt} 2CO \tag{4-2}$$

硫化锌精矿通常经过焙烧和烧结氧化为氧化物，然后进行还原熔炼得到粗锌，粗锌经精馏得到精锌。

369. 湿法炼锌的基本原理是什么？

答：湿法炼锌的本质是用稀硫酸（即废电解液）浸出焙烧矿中的锌，从而与不同的脉石等成分分离，硫酸锌溶液经净化后再以电积的方式把锌提取出来。其主要反应为：

$$ZnO + H_2SO_4 \rule[0.5ex]{1.5em}{0.4pt} ZnSO_4 + H_2O \tag{4-3}$$

$$ZnS + H_2SO_4 + 1/2O_2 \rule[0.5ex]{1.5em}{0.4pt} ZnSO_4 + H_2O + S \tag{4-4}$$

$$nZn + 2Me^{n+} \rule[0.5ex]{1.5em}{0.4pt} nZn^{2+} + 2Me \tag{4-5}$$

$$ZnSO_4 + H_2O \rule[0.5ex]{1.5em}{0.4pt} Zn + H_2SO_4 + 1/2O_2 \uparrow \tag{4-6}$$

370. 现代锌冶金还有哪些新方法？

答：虽然锌的冶金工艺发展比较迅速，但每个工艺不论是火法冶金还是湿法冶金都有一定的缺陷，这也就促使人们不断进行新的锌冶金工艺的研究和开发。目前，现代锌冶金还有 Sherritt 法、细菌冶金、悬浮电解法、固硫还原法等。

4.2　焙烧作业

371. 锌精矿焙烧的目的是什么？

答：锌精矿焙烧的目的主要是使硫化锌及其他硫化物转化成氧化锌和其他氧化物，同时除去部分对冶炼有害的杂质元素。火法炼锌厂的焙烧纯粹是氧化焙烧，在焙烧时力求尽可能地除去全部硫，同时也尽可能完全地以挥发物状态除去砷和锑。

湿法炼锌厂内的焙烧也是氧化焙烧，是含有部分硫酸盐化焙烧。这样做是为了使焙烧矿中形成少量硫酸盐，以补偿电解与浸出循环系统中硫酸的损失。经验表明，焙烧矿中含 3%~4% 的 SO_4^{2-} 完全足以补偿体系的硫酸根损失。

372. 焙烧方式有哪几种？

答：焙烧有煅烧、还原焙烧、氧化焙烧、硫酸化焙烧、氯化焙烧、烧结焙烧等。

（1）煅烧是在高温的条件下使碳酸盐或者硫酸盐分解为氧化物并除去其中的水分，适于处理碳酸盐、硫酸盐等氧化矿。

（2）还原焙烧是在还原气氛中使矿石在自由状态或结合状态的氧化物还原成低价氧化物或者金属，适于处理氧化锌矿和含锌废料。

（3）氧化焙烧是在氧化气氛中使硫化矿中的硫化物全部或者大部分转化为氧化物，硫全部或大部分除去。氧化焙烧可分为"死烧"和部分氧化焙烧。死烧是除去硫化矿中所有的硫化物，焙烧矿全部为氧化物；部分氧化焙烧是除去硫化矿中的部分硫。

（4）硫酸化焙烧是在氧化气氛中把欲提取金属变成水溶性的硫酸盐。硫酸化焙烧可分为两种：一种是把矿石中的全部硫化物转变为水溶性硫酸盐；另一种只是部分地将矿石中的硫化物转变为水溶性硫酸盐。

（5）氯化焙烧是使不溶于水的金属化合物变为可溶于水的氯化物。若使某些金属化合物变为易挥发的氯化物而与其他成分分离，这种方式称为氯化挥发焙烧。氯化焙烧适用于处理硫化物与氧化物两种物料。

（6）烧结焙烧指粉状物料焙烧后结块的焙烧。其目的一是氧化脱硫，二是粉状物料的结块。此方法对于氧化物与硫化物均可处理。

373. 锌精矿焙烧工艺大致流程是什么？

答：锌精矿沸腾焙烧的生产工艺流程根据具体条件和要求而定，主要由备料和焙烧两部分组成。备料包括锌精矿贮存、筛分、破碎等作业，为沸腾炉提供合格精矿。在精矿加入到炉膛之前均属于备料。焙烧包括焙烧、烟气余热回收、焙砂冷却和焙砂细磨。

374. 锌精矿焙烧过程主要发生哪些物理化学反应？

答：硫化锌精矿的焙烧是在高温下（900~1000℃）氧与精矿发生化学反应，其最主要反应式为：

$$2ZnS + 3O_2 \Longrightarrow 2ZnO + 2SO_2 \tag{4-7}$$

在硫化锌精矿的焙烧过程中，焙烧产物的组成主要取决于温度和气氛，通过控制温度和气氛可以控制焙烧产物的组成。参与焙烧反应的主要元素是锌、硫和氧，当处理含铁较高的精矿时，铁也是参与反应的主要元素。其主要化学反应如下：

$$2ZnS + 2O_2 = 2ZnO + SO_2 \tag{4-8}$$

$$2ZnO + 2SO_2 + O_2 = 2ZnSO_4 \tag{4-9}$$

$$2SO_2 + O_2 = 2SO_3 \tag{4-10}$$

在焙烧过程中，ZnS 先生成 ZnO，ZnO 在有 SO_2 和 O_2 存在的条件下，在高氧位（强氧化气氛）生成 $ZnO_2 \cdot ZnSO_4$（碱式硫酸锌），再进一步生成 $ZnSO_4$。焙烧过程中，ZnO、$ZnO \cdot 2ZnSO_4$ 和 $ZnSO_4$ 的存在是由温度、SO_2 和 O_2 的浓度来决定的。

375. 焙烧前炉料准备主要分为哪几步？

答：焙烧前炉料准备主要分为：配料、干燥、破碎与筛分。我国锌冶炼所需要的锌精矿是由多个矿山供给的，其主要元素及杂质的含量波动范围较大。而在沸腾焙烧炉内则要求炉料的主要成分及杂质的含量均匀、稳定。如果混合锌精矿元素成分波动太大，则对沸腾焙烧以及下一步湿法处理带来操作困难，并影响中间产品的质量。

376. 硫化锌精矿焙烧为什么大多采用沸腾炉？

答：沸腾焙烧是强化焙烧过程的新方法，是使空气以一定速度自下而上地吹过固体炉料层，固体炉料粒子被风吹动互相分离，并做不停的复杂运动，运动的粒子处于悬浮状态，其状态如同水的沸腾，因此称为沸腾焙烧。

沸腾焙烧炉内沸腾层的高度在 $1 \sim 1.5 m$，料层温度高达 $1123 \sim 1423 K$（$850 \sim 1150 ℃$），炉内热容量大且均匀。由于固体粒子可以较长时间处于悬浮状态，于是就构成氧化各个矿粒最有利的条件，反应速度快，强度高，传热传质效率高，温差小，料粒和空气接触时间长，使焙烧过程大大强化。

377. 沸腾焙烧炉加料方式有哪些？

答：沸腾焙烧炉可采用湿法与干法两种加料方式。

（1）湿法加料。将锌精矿与电解废液混合，制成含固体物料质量分数为 $65\% \sim 75\%$ 的矿浆，再用气体隔膜泵用 $3 \sim 4 atm$（$1 atm = 101325 Pa$）经喷枪将矿浆喷入炉内。其最大的优点是精矿无需预先干燥，加料比较均匀，可以消耗部分电解废液，还可以利用矿浆的汽化热直接冷却沸腾层。它的缺点是由于水分大量蒸发，造成烟尘率高，炉气水分高，不宜制硫酸，这种烟气只能用于制亚硫酸。

（2）干法加料。将锌精矿预先干燥、破碎、筛分，然后用可调节速度的圆盘加料器或螺旋加料机将物料加入炉内。其优点为所使用的设备结构简单、焙烧条件易于控制、烟气水分低、利于制硫酸。缺点是锌精矿需要预先干燥，无法处理电解废液。

378. 精矿干燥的方法有哪些，其目的是什么？

答：精矿干燥的方法主要有：自然干燥法、铁板干燥法、气流干燥法、回转窑干燥法。这是由于浮选所得的锌精矿一般含水量为 3%～15%，这种精矿不能直接进入沸腾炉焙烧。水分过高使精矿成球而失去松散性，焙烧不完全。其次，锌精矿含水太高，会对皮带运输、破碎、筛分以及对沸腾炉均匀进料产生影响。最后，锌精矿含水太高，焙烧所产出的炉气含水蒸气高，当炉气温度降低时，易与 SO_2 及 SO_3 气体结合生产酸雾，腐蚀管道及收尘设备。

379. 火法炼锌和湿法炼锌在焙烧作业时有何不同？

答：火法炼锌时，在焙烧过程中力求尽可能地除去焙烧矿中的全部硫，同时也希望尽可能地挥发掉砷和锑，在某些工厂还会力求除去铅和镉。这样既可以得到铅、镉多的烟尘作为炼镉的原料，又可以使焙烧矿在还原蒸馏时得到较高质量的锌锭。在焙烧时要获得浓度足够大的 SO_2 烟气，以满足生产硫酸的需要。

湿法炼锌的焙烧实际上也是氧化焙烧，只是焙砂中除了得到氧化物，还要保留少量的硫酸盐，以补偿电解和浸出系统中硫酸的损失。另外，在焙烧时还要尽可能地减少铁酸锌的生成，因为铁酸锌不溶于稀硫酸溶液，会导致锌的损失。

380. 硫化矿物氧化过程的影响因素有哪些？

答：硫化矿物的氧化过程是极复杂的多相反应，决定于许多因素，主要有：温度、物料的粒度及孔隙度、气流运动特性、氧浓度、SO_2 及 SO_3 浓度。

381. 如何控制氧化锌和硫酸锌的生成？

答：ZnS 在焙烧过程中，生成 $ZnSO_4$ 还是 ZnO，第一取决于焙烧温度，即氧化焙烧温度高于硫酸化焙烧的温度；第二是炉气成分，炉内 p_{SO_2} 大，利于 $ZnSO_4$ 的形成；第三是炉料和炉气接触时间的长短，时间长有利于 $ZnSO_4$ 的形成。

382. 湿法炼锌对焙烧有什么要求？

答：（1）在湿法炼锌过程中，一般采用部分硫酸化焙烧。因为在锌电解生产过程中，存在滴、漏、跑、冒和各种渣中带走一部分的硫酸根，为保证电解生产中硫酸根的平衡，故要求焙烧矿中有一定的硫酸盐，若用新硫酸补充，将使主产成本升高。但焙烧矿中硫酸根含量也不能过多，如果过多，又将使电锌生产过程中的硫酸量增多，需要消耗过量的中和剂，使新液含锌升高，也不利于生产。

（2）使砷与锑氧化，并以挥发物状态从精矿中除去。

（3）在焙烧时尽可能少地得到铁酸锌，因为铁酸锌不溶于稀硫酸溶液。

（4）得到 SO_2 浓度大的焙烧炉以生产硫酸。

（5）得到细小粒状的焙烧矿以利于浸出。

383. 铁酸锌形成的危害是什么，如何控制？

答：火法还原蒸馏过程中，铁酸锌被还原，不会导致锌回收率的下降；湿法炼锌中，铁酸锌不溶于稀硫酸溶液，进入到浸出渣中，降低锌的回收率。

在焙烧过程中，低温（873~910℃）时，焙烧矿中的物相为 $ZnO_2 \cdot ZnSO_4$ 和 Fe_2O_3，当温度为 910℃ 以上时，焙烧矿中的物相则转变为 $ZnO \cdot Fe_2O_3$ 和 ZnO。在实际生产中，无法确保整个焙烧过程温度低于 910℃，故在焙烧矿中将不可避免地有 $ZnO \cdot Fe_2O_3$。

由于焙烧温度升高，焙烧作业时间过长，焙烧矿中的 ZnO 和 Fe_2O_3 接触良好，均会使生成的 $ZnO \cdot Fe_2O_3$ 量增加。铁酸锌其实是 ZnO 和 Fe_2O_3 的结合物，包括 $2ZnO \cdot 3Fe_2O_3$、$2ZnO \cdot Fe_2O_3$、$4ZnO \cdot Fe_2O_3$、$5ZnO \cdot Fe_2O_3$、$ZnO \cdot Fe_2O_3$，在低酸或中性浸出条件下，这些化合物只能溶解到 $ZnO \cdot Fe_2O_3$ 为止，故每 1 份铁酸锌形态的铁，将使 0.58 份的锌不能被浸出而进入到渣中，从而降低了锌的浸出率。

控制铁酸锌的生成主要是控制焙烧温度不超过 910℃，同时加强配料工作，使入炉锌精矿的铁不超过 10%，硫不超过 31%。

384. 硅酸锌生成的危害是什么？

答：火法炼锌时，硅酸锌被还原；湿法炼锌浸出时，硅酸锌被溶解，均不会导致锌的回收率降低，但硅酸锌溶解后产生硅酸，影响浸出矿浆的澄清与过滤，同时硅酸盐熔点低且易熔，影响沸腾焙烧的正常进行。

385. 处理高铅、高硅锌精矿时需要采取哪些措施？

答：在实际生产过程中，不可避免地面临处理高铅、高硅锌精矿的问题，操作控制措施主要有：

（1）高风料比焙烧生产。在实际生产过程中，鼓风量一般按 1600~2000m^3/t 料进行生产，在处理高铅、高硅锌精矿时，通常偏上限，可采用大风量进行生产。随着风量增加，炉内沸腾状况增加，使 PbO 与 SiO_2 的接触时间缩短，减少了低熔点 $PbO \cdot SiO_2$ 的生成率，从而减缓结炉。相关文献资料表明，结炉的主要

物质不是 $PbO \cdot SiO_2$，而是铅的硫酸盐及其他盐类，故提高温度可以分解硫酸盐，增加鼓风量可以降低气相中 SO_2 和 SO_3 浓度，减少了焙烧过程中硫酸盐的形成。同时由于风浪增加，从风帽中进入炉内气流速度增加，炉内物料沸腾状态增加，使沸腾层上移，炉底压力增加，减少了焙烧过程形成的大颗粒物料下层恶化炉况。处理高含铅锌精矿要求风帽气速达 60m/s 以上。

（2）严格制粒焙烧。控制锌精矿粒度，使炉料不易黏结。

（3）加强配套余热锅炉振打工艺。由于高铅锌精矿焙烧使进入烟尘中的 PbS 和 PbO 量增大，在余热锅炉中易产生黏结，必须强化余热锅炉清灰。

386. 影响沸腾层均匀稳定的因素是什么？

答：（1）物料的粒度组成和密度。物料的粒度组成不合理，易形成两个搅拌强度不同的区域，最终形成沟流，破坏沸腾层的正常操作；密度不同的混合物料在沸腾层中会出现分层的现象，破坏沸腾层化学反应的均匀性。

（2）空气直线速度。需根据炉床面积和焙烧温度确定鼓风量。

（3）沸腾层高度。合理的高度可以保证物料在沸腾层停留足够长的时间，以完成所规定的全部反应。

387. 沸腾焙烧的强化措施有哪些？

答：沸腾焙烧的强化措施主要有：高温沸腾焙烧和富氧鼓风沸腾焙烧，其他强化沸腾焙烧的措施还有制粒、利用二次空气或贫 SO_2 烧结烟气焙烧、多层沸腾焙烧等。

4.3　湿法炼锌

388. 什么是锌焙砂的浸出，目的是什么？

答：在锌浸出过程中，主要以硫酸溶液作为溶剂，将锌从锌焙砂中溶解出来的过程称做锌焙砂的浸出。浸出过程是一种固相与液相所形成的多相反应过程。锌焙砂浸出过程的基本反应为：

$$ZnO + H_2SO_4 \xrightarrow{\quad\quad} ZnSO_4 + H_2O \qquad (4\text{-}11)$$

浸出过程的目的是最大限度地浸出锌，以得到含锌最少、容易过滤的浸出渣和含铁、砷、锑等杂质少，固体悬浮物少的硫酸锌溶液。

389. 中性浸出净化除杂的原理是什么？

答：利用不同杂质元素在溶液中水解沉淀 pH 值的不同，在保证锌离子不发生水解的条件下，提高溶液 pH 值，使溶液中 Fe^{3+} 形成 $Fe(OH)_3$ 胶体沉淀。$Fe(OH)_3$ 胶体的絮凝过程具有很高的吸附能力，这时 As 和 Sb 的氢氧化物被吸附共沉脱除。单水溶液 pH = 5.2~5.4 时，锌不发生水解，铁、砷、锑发生水解沉淀反应，主要的反应化学方程式为：

$$Fe_2(SO_4)_3 + 3H_2O === Fe(OH)_3\downarrow + 3H_2SO_4 \tag{4-12}$$

$$2Fe(OH)_3 + H_3AsO_4 === Fe(OH)_3 \cdot FeAsO_4\downarrow + 3H_2O \tag{4-13}$$

$$2Fe(OH)_3 + H_5SbO_4 === Fe(OH)_3 \cdot FeSbO_4\downarrow + 3H_2O \tag{4-14}$$

390. 浸出过程为什么要加入氧化剂？

答： 溶液 pH = 5.2~5.4 时不能从中除去 Fe^{2+}，也不能除去 As、Sb 和 Ge。铁在电解过程中会发生以下反应造成电能消耗。

阴极：

$$Fe^{3+} + e === Fe^{2+} \tag{4-15}$$

阳极：

$$Fe^{2+} - e === Fe^{3+} \tag{4-16}$$

因此在浸出过程中，需尽量将溶液中的 Fe^{2+} 氧化成 Fe^{3+}，既利于铁的脱除，也利于溶液中 As、Sb 和 Ge 的脱除。

391. 浸出过程如何选择氧化剂，常用氧化剂有哪些？

答：（1）由于 $E_{Fe^{3+}}^{\ominus}/E_{Fe^{2+}}^{\ominus} = 0.77V$，因此所使用氧化剂为电位一般在 1V 以上的物质；

（2）使用的氧化剂被还原后的成分不会给电解生产过程带来有害的影响；

（3）氧化反应要有较大的化学反应速度；

（4）使用的氧化剂价格低廉，操作、添加简便，安全无害；

（5）常用的氧化剂主要有锰粉、高锰酸钾和空气。

392. 中性浸出过程焙砂加入量如何计算？

答： 在中性浸出过程中，几乎所有进入流程中的酸都必须被消耗，才能保证浸出终点 pH = 5.2~5.4。

在实际生产过程中，焙烧耗酸 0.72~0.82g/g，一般按 0.75g/g 进行，即进入中浸过程中 1g 焙砂可消耗 0.75g 的硫酸。

$$过程需要加入的焙烧量 = \frac{加入中浸的总酸量}{0.75} \tag{4-17}$$

总酸量由两部分组成：

（1）电解废液含酸。计算式如下：

中浸过程中电解废液含酸=进入中浸过程电解废液的体积×酸浓度 （4-18）

（2）进入中浸过程中的浓硫酸量。计算式如下：

中浸过程中的浓硫酸量=进入中浸过程中的浓硫酸体积×浓硫酸密度

（4-19）

393. 锌焙砂低酸浸出过程发生哪些反应？

答：（1）硫酸盐的溶解。它们直接溶解于水形成硫酸锌水溶液。部分硫酸盐很易溶于水，溶解时放出溶解热，溶解度随温度升高而增大。最常见的是硫酸锌的溶解。

（2）氧化锌及其他金属氧化物与硫酸的反应。锌焙砂矿的主要成分是自由状态的 ZnO，浸出时与硫酸作用进入溶液：

$$ZnO + H_2SO_4 \Longrightarrow ZnSO_4 + H_2O \qquad (4\text{-}20)$$

ZnO 及其他金属氧化物在稀硫酸的作用下，溶解反应的通式可用式（4-21）表示：

$$Me_nO_m + mH_2SO_4 \Longrightarrow Me_n(SO_4)_m + mH_2O \qquad (4\text{-}21)$$

394. 上清液浑浊的原因及应对措施是什么？

答：浸出矿浆固液分离不好，上清液浑浊是浸出常见的事故之一。当中性上清液浑浊时，溶液中含固体悬浮物大量增加，有时甚至高达 50g/L 以上，含铁也超过 20mg/L，致使净液工序压滤困难，新液供不应求，打乱了正常的生产秩序。在连续浸出过程中，中性上清液的浑浊往往起源于酸性浸出和酸性浓缩：当酸性澄清条件恶化时，酸性上清液浑浊，固含量达 200g/L 以上，这样酸性上清液送往中性浸出系统时，中性浸出液固含量增加，液固比减小，中性浓缩槽的沉积条件也随之恶化，同时，由于中性、酸性浓缩沉降不好，大量的渣悬浮在溶液中而无法排出，因而大大影响了上清液的质量。

上清液浑浊的因素较多，主要有原料的粒度和硅含量、铁含量、pH 值的控制、下料均匀程度、浸出渣排出湿法畅通等。在浸出的实践中，解决中性上清液浑浊的措施主要是：（1）加强配料管理，不宜集中使用粒度过细或者含硅高的焙烧矿粉；（2）严格控制浸出矿浆含铁量，一般含铁在 1.0~1.5g/L；（3）严格控制中性浸出的 pH 值，使 pH 值稳定在 5.2~5.4；（4）均匀加入凝聚剂。

解决酸性矿浆的上清液浑浊的措施主要是：（1）根据原料情况确定最合适的酸性浸出终点 pH 值，并保持 pH 值稳定；（2）加大中性浓缩底流流量，提高酸性浸出矿浆的液固比和温度，适当添加凝聚剂；（3）强化过滤，及时迅速地排出浸出渣。

395. 中性浸出过程 pH 值不受控制的原因及处理方法是什么？

答：在中性浸出过程中，浸出的"跑酸"和 pH 值"过老"是常遇到的问题。当 pH 值过低，会把酸带到浓缩槽，致使浓缩槽内矿浆的 pH 值下降，影响浸出液质量；而 pH 值过高，会将"生矿"带入浓缩槽，使浓缩槽底部黏结，甚至堵住浓缩槽，也会使渣含锌偏高。浸出"跑酸"和"过老"往往是由于操作不当造成的。当中性浸出"跑酸"时，操作人员应迅速通知浓缩槽岗位，累计停止放出和停止将中性上清液送往净化系统，同时适当提高浸出矿浆的 pH 值，直至中性浓缩槽内矿浆的 pH 值回到 5.2 以下，经检查上清液质量合格方可恢复正常作业，当中性浸出 pH 值"过老"时，应及时调节 pH 值，并将浸出槽出口 pH 值稍稍降低，直到浓缩槽内矿浆的 pH 值恢复正常为止。

396. 锌浸出过程如何提高铁酸锌的浸出率？

答：锌焙砂中铁酸锌主要呈球状，其表面积在热酸浸出过程中是变化的，过程会呈现"缩核模型"动力学特征，即 $ZnO \cdot Fe_2O_3$ 的酸溶速率与表面积成正比。从以上对 $ZnO \cdot Fe_2O_3$ 酸溶的理论分析可以得出结论：对于难溶球状 $ZnO \cdot Fe_2O_3$ 的溶出，要求有近沸腾温度（95~100℃）和高酸（40~50g/L）的浸出条件以及较长时间（3~4h），锌浸出率才能达到 99%。

397. 高硅焙烧矿浸出作业如何控制？

答：处理高硅焙烧矿，通常是采取高温浸出（过程温度大于 82℃）和快速浸出（连续浸出减少浸出槽，间断浸出快速加入矿）。

398. 锌浸出渣如何处理？

答：采用酸性浸出时，浸出渣含锌达 18%~22%，通常采用回转窑或者烟化炉等进行火法处理。在高温下铁酸锌被碳质还原剂还原，以锌蒸气的形态挥发出来，随烟气带至收尘设备中并被氧化，最后得到含锌 60% 左右的氧化锌粉。氧化锌粉返回湿法车间处理，烟化渣含锌降至 1%~2.5%。

采用热酸浸出时，浸出渣含锌大大降低，通常含锌量为 4%~6%，可作为铅银渣送至铅车间处理。产生的铁渣仍含有一定的锌，赤铁矿渣含铁较高，经焙烧脱硫可作为炼铁的原料；铁矾渣和针铁矿渣仍还有较高的锌含量，目前主要以堆存为主。

399. 黄钾铁矾法沉淀工艺的原理是什么？

答：经中性浸出和酸性浸出后的浸出渣含锌仍为 17%~20%，经分析表明，渣中锌的主要形态为 $ZnFe_2O_4$ 和 ZnS。铁酸锌在 85~95℃的高温下，硫酸浓度为 200g/L 时能有效地溶出，浸出率达到 95%以上。热酸浸出时有 95%~96%的锌被溶解下来，但同时也有 90%的铁被溶解出来。如果用通常的水解法沉铁，由于有大量的胶状铁质生成，难以进行沉淀过滤。而当溶液中有碱金属硫酸盐存在时，在 pH=1.5、温度为 90℃以上时，会生成一种过滤性十分良好的结晶碱式复式盐沉淀，即为黄钾铁矾。

400. 黄钾铁矾法除铁有什么优缺点？

答：优点：生成的黄钾铁矾为晶体，易于过滤洗涤；黄钾铁矾中只含有少量的钠、钾、铵等离子，试剂消耗量少；沉铁过程中产生的硫酸比生成的氢氧化铁或氧化铁时的少，因而中和药剂用量少，对有硫酸积累的工厂有利。

缺点：渣大，渣含锌量较高、含铁量仅为 30%左右，不便利用；渣的堆存性能不好，对环境保护不利。硫酸消耗量较大，以年产 10 万吨电锌计算，年消耗硫酸大概 2 万吨左右。

401. 针铁矿除铁的工艺原理及特点是什么？

答：针铁矿法沉铁的总反应式为：

$$Fe_2(SO_4)_3 + ZnS + 1/2O_2 + 3H_2O \Longrightarrow ZnSO_4 + Fe_2O_3 \cdot H_2O + 2H_2SO_4 + S \qquad (4\text{-}22)$$

针铁矿法流程中硫酸盐平衡问题未得到很好解决，目前主要靠控制焙烧条件、加入含有生成不溶硫酸盐的原料（如铅），抽出部分硫酸锌溶液生成化工产品以及用石灰中和电解液等办法维持硫酸平衡。针铁矿法渣量较黄钾铁矾法少，锌回收率与黄钾铁矾法相近，但铜的回收率不如黄钾铁矾法高。

黄钾铁矾法虽然含铁低，但含锌量较高，要作为弃渣或者炼铁原料还存在许多问题，目前主要以堆存处置。为了减少对环境的污染，可将含水分 40%的黄钾铁矾与生石灰混合，以便生成一种水溶金属含量非常低的物料，以便于堆存。

402. 赤铁矿法除铁的工艺原理及特点是什么？

答：赤铁矿法沉铁于 1972 年在日本的饭岛炼锌厂投产。主要分为四个步骤：

（1）中性浸出渣两段热酸浸出。热酸浸出过程中，浸出渣中铁、锌基本溶解，残留的低铁富铅渣经浓密和过滤，滤液返回热酸浸出，滤渣送火法回收铅、银。

（2）高铁还原。为了在沉淀赤铁矿前净化溶液，并能在尽可能低的温度下沉淀铁，需要将离解的高铁先还原成亚铁。硫化锌精矿可用作还原剂，它的成本低，但需求量很大，反应温度在 90℃左右。未反应的含元素硫的渣过滤后返回焙烧。

（3）溶液净化与中和。还原后液用焙砂在中和槽和浓密机中两段中和，使所有影响赤铁矿质量的元素大部分沉淀析出，特别是砷和锑。铜则部分共沉淀。中和渣在终浸作业中完全溶解。终浸用废酸进行，终酸浓度为 20g/L。在浓密机中固液分离后，底流送去热酸浸出作业，溢流送去用海绵铁置换沉铜，将铜的浓度降至 500mg/L 以下，再返至前面的中和作业，置换的铜渣用废酸洗涤后出售。

（4）赤铁矿沉淀。中和净化的浸液（含 Fe^{2+} 25~30g/L，Zn 120~130g/L）用蒸汽加热到 180℃ 以上，其中的亚铁在氧压 1.8MPa 下氧化并水解成含铁 60% 左右的细粒赤铁矿，铁沉淀率达 90%~95%。

403. 净化过程中"铁翻高"的原因是什么？

答：（1）净化前液浑浊，出现桶内"铁翻高"。在净化桶内可能发生的反应为：

$$Fe(OH)_3 + 3H^+ \Longrightarrow Fe^{3+} + 3H_2O \tag{4-23}$$

$$Zn + Fe_2(SO_4)_3 \Longrightarrow ZnSO_4 + 2FeSO_4 \tag{4-24}$$

最终导致净化桶内铁越来越高的情况发生。

（2）净化前液铁高，加入高锰酸钾高温净化将铁处理合格后，由于过滤设备被污染。发生这种情况的原因是：残留在过滤设备内的渣子在管式过滤过程中，很可能发生上述反应。

因此，净化前液应确保前液质量，杜绝在净化过程中加入高锰酸钾，以免管式过滤机被污染或出现此类情况。

404. 硫酸锌浸出液净化的目的是什么？

答：经浸出得到的中性硫酸锌溶液中，仍含有大量的杂质元素，其含量大都在危害程度以上，所以在进行电积工艺之前，必须经过净化处理。净化的目的是将溶液中对电解有害的杂质除至允许值以下，还要将这些杂质元素变为原料进行综合回收。

405. 锌粉净化除铜、镉的原理是什么？

答：利用锌的标准电极电位比铜和镉的电极电位更负的特点，从浸出液中把铜和镉置换出来。所以当含铜、镉液中加入锌粉时会发生如下反应：

$$Zn + Cd^{2+} \Longrightarrow Zn^{2+} + Cd \tag{4-25}$$

$$Zn + Cu^{2+} \Longrightarrow Zn^{2+} + Cu \tag{4-26}$$

加入的锌粉可置换出氢气。所以要控制在较高的 pH 值条件下进行（通常为 3~5）。净液过程中的搅拌均采用机械搅拌，而不用空气搅拌，这是为了防止加入的锌粉被氧化。

406. 影响净化除铜、镉的因素有哪些？

答：（1）锌粉的质量。锌粉置换铜、镉是多相反应，锌粉粒度尽量小些，但过小易漂浮在溶液表面，不利于置换反应的进行。锌粉的用量可按置换反应先进行理论计算，实际用量为理论量的1.5~2倍。

（2）搅拌强度。提高搅拌强度有利于铜、镉离子向锌粉表面扩散，加速置换反应的进行，还能将沉积在锌表面的金属铜、镉除去，使锌粉露出新鲜表面，继续与溶液中的铜、镉离子发生置换反应。

（3）过程温度。温度升高，溶液中的杂质离子扩散速度加快，可加快置换反应的进行，但温度过高会导致镉复溶。

（4）添加剂。在分段除铜、镉流程中，以锌粉置换除镉时，通常需要加入少量的硫酸铜和胶作为活化剂，以降低镉的复溶；

（5）中性浸出液质量。中浸液中锌的含量、酸度、固体悬浮物和添加剂等都会影响置换反应的进行。

（6）压滤速度。为防止镉复溶，净化后液应及时压滤，压滤时间也应该尽量缩短。

407. 锌粉置换除钴的方法有哪些，各有什么特点？

答：（1）砷盐净化法。砷盐净化法的原理是：硫酸铜液与锌粉反应，在锌粉表面沉积铜，形成Cu-Zn微电池，由于该微电池的电位差比Co-Zn微电池的电位差大，因而使钴易于在Cu-Zn微电池阴极上放电还原，形成Zn-Cu-Co合金。而这时的钴仍不稳定，易复溶。而加入砷盐后，As^{3+}也在Cu-Zn-Co微电池上还原，形成稳定的As-Cu-Co（-Zn）合金，从而使Co^{2+}降到电解合格的程度。

此方法能使Co^{2+}有效除去，也能使Ni^{2+}彻底被置换。但是易放出有毒的AsH_3气体，必须在密闭容器内进行，且需要较高的温度。

（2）锑盐净化法。第一步在50~60℃较低温度下，加锌除铜、镉，使铜和镉的含量小于0.1mg/L和0.25mg/L；第二步在90℃的高温下，以3g/L的锌量和0.3~0.5mg/L的锑量计算，加入锌粉和Sb_2O_3除钴，使钴含量小于0.3mg/L；第三步净化除残余杂质，得到含锌量很高的渣返回第一段。

此方法与砷盐净化法相比，不需要添加铜离子；先除去铜、镉，再除钴效果更好；净化过程中Sb_2O_3易分解，不产生有毒气体；锑盐的活性比较大，用量比较少。

408. 黄药除钴原理是什么？

答：黄药是一种有机试剂，包括C_2H_5OCSSK、$C_2H_5OCSSNa$、C_4H_9OCSSK、

$C_4H_9OCSSNa$ 等黄酸盐。黄药除钴是在除铜、镉后进行，除钴过程需要加入硫酸铜参与反应，形成黄酸钴沉淀，反应为：

$$CoSO_4 + CuSO_4 + 4C_2H_5OCSSK =\!=\!=$$
$$Cu(C_2H_5OCSS)\downarrow + CO(C_2H_5OCSS)_3\downarrow + 3K_2SO_4 \qquad (4-27)$$

黄药除钴时，先用少量的高锰酸钾氧化由锌粉带入的少量铁使其沉淀，然后在空气搅拌槽内分批加入黄药水溶液和硫酸铁溶液，直至溶液含钴合格为止。

409. β-萘酚除钴的原理是什么？

答：此方法是以 α-亚硝基-β-萘酚沉淀溶液中的钴。因药剂易与铜、镉、铁形成不溶物，故沉钴应该在除铜、镉之后，以减少药剂用量。净化时，先向槽内加入碱性 β-萘酚，然后加入氢氧化钠和亚硝酸，或者加入预先制备的钠盐溶液，搅拌后用废电解液酸化，再继续搅拌，净化过程结束，过量的试剂用活性炭吸附除去。除钴反应为：

$$13C_{10}H_6ONO^- + 4Co^{2+} + 5H^+ =\!=\!= C_{10}H_6NH_2OH + 4Co(C_{10}H_6ONO)_3\downarrow + H_2O$$
$$(4-28)$$

反应结束，产物为 α-亚硝基-β-萘酚钴沉淀。

410. 如何净化除氟、氯？

答：除氯最有效的方法是硫酸银法，其反应为：

$$Ag_2SO_4 + 2Cl^- =\!=\!= SO_4^{2-} + 2AgCl\downarrow \qquad (4-29)$$

该法在除铜、镉之后进行。此方法效果好，并且易于掌握，但是银盐太贵，再生效率又太低。

除氯的另一种方法是利用二段净液除铜、镉时得到的铜渣或处理铜镉渣提取镉后的铜渣发生下列反应除氯：

$$Cu + 2Cl^- + Cu^{2+} =\!=\!= Cu_2Cl_2 \qquad (4-30)$$

除氟可采用加石灰乳，使其形成难溶化合物氟化钙除去。然而，到目前为止并没有更好的除氟方法。

411. 湿法炼锌过程中钙、镁对生产有什么影响？

答：钙镁盐类进入湿法炼锌溶液系统，不能用净化除铜、镉、钴等一般净化方法除杂。钙镁盐类会在整个湿法系统的溶液中不断循环累积，直至达到饱和状态。

钙镁盐类在溶液中大量存在，会给湿法炼锌带来一些不良影响。如：增大了溶液的体积密度，使溶液的黏度增大，使浸出矿浆的液固分离和过滤困难；过饱和的 $CaSO_4$ 和 $MgSO_4$ 在滤布上结晶析出时，会堵塞滤布毛细孔，使过滤无法进行；钙、镁离子分别以 $CaSO_4$ 和 $MgSO_4$ 结晶析出，在容易散热的设备外壳和输送溶液的金属管道中沉积，并且这种结晶会不断成长为坚硬的整体，造成设备损坏和管路堵塞，严重时会引起停产，给湿法炼锌过程带来很大的危害。锌电积液中，钙镁盐类高时，会增加电积液的电阻，降低锌电积的电流效率。

412. 湿法炼锌过程中除钙、镁的方法有哪些?

答： 目前还没有一种简单有效的脱除钙、镁的方法。生产中常用以下 2 种：

（1）焙烧前出镁。国内外有些湿法炼锌厂，当硫化锌精矿含镁高于 0.6% 时，采用稀硫酸洗涤法除镁，其化学反应式为：

$$MgO + H_2SO_4 \Longrightarrow MgSO_4 + H_2O \tag{4-31}$$

$$MgCO_3 + H_2SO_4 \Longrightarrow MgSO_4 + H_2O + CO_2 \uparrow \tag{4-32}$$

使 Mg 以 $MgSO_4$ 的形式进入洗涤液中排出。

这种方法能有效除去硫化锌精矿中的镁。但由于增加一个工艺过程，必然会带来有价金属的损耗。如果硫化锌精矿中含有 ZnO、$ZnSO_4$ 时，这一部分锌在酸洗时也会进入酸洗液中，造成回收困难。

（2）溶液集中冷却除钙、镁。用冷却溶液方法除钙、镁的原料是基于 Ca^{2+}、Mg^{2+} 不同温度下的溶解度差别，当钙、镁含量接近饱和时，从正常作业温度下采用强制降温，Ca^{2+}、Mg^{2+} 就会以 $CaSO_4$ 和 $MgSO_4$ 结晶的形式析出，从而降低了溶液中钙、镁含量。

工业生产中多采用鼓风式空气冷却塔，冷却经净化除 Cu、Cd、Co 等后的新液，新液在冷却塔内从 50℃ 以上降至 40~45℃ 时，放入大型的新液贮槽内，自然缓慢冷却，这时钙镁盐生成结晶，在贮槽内壁和槽底沉积，随着时间的增加，贮槽内壁四周和贮槽底形成整体块状结晶物。定期清除结晶物，以达到除去钙镁的目的。

（3）氨法除镁。用 25% 的氢氧化铵中和中性电解液，控制温度 50℃，pH = 7.0~7.2，经 1h，锌以碱式硫酸锌 [$ZnSO_4 \cdot 3Zn(OH)_2 \cdot H_2O$] 的形式析出，沉淀率为 95%~98%。杂质元素 98%~99% 的 Mg^{2+}、85%~95% 的 Mn^{2+} 和几乎全部的 K^+、Na^+、Cl^- 离子都留在溶液中。

（4）石灰乳中和除镁。印度 Debari 锌厂每小时抽出 4.3m^3 废电解液用石灰乳在常温下处理，沉淀出氢氧化锌，将含大部分镁的滤液丢弃，可阻止镁在系统中的积累。或在温度 70~80℃ 及 pH = 6.3~6.7 条件下加石灰乳于废电解液或中性硫酸锌溶液中，可沉淀出碱式硫酸锌，其结果是 70% 的镁和 60% 的氟化物可除去。

（5）电解脱镁。日本彦岛炼锌厂，当电解液中含镁达 20g/L 时，采用隔膜电解脱镁工艺，包括：1）隔膜电解，从电解车间抽出部分尾液送入隔膜电解槽，进一步电解至含锌 20g/L；2）石膏回收，隔膜电解尾液含 H_2SO_4 200g/L 以上，用碳酸钙中和游离酸以回收石膏；3）中和工序，石膏工序排出的废液用消石灰中和以回收氢氧化锌，最终滤液送入废水处理系统。

另外，也有的湿法炼锌厂使用一部分新液生产硫酸锌副产品，硫酸锌产品可将系统中的部分钙、镁分流出去。

413. 什么是锌的电解沉积？

答：电解沉积的目的主要是从硫酸锌溶液中提取纯度高的金属锌。以净化的硫酸锌溶液为电解液，以铅银合金为阳极，压制铝板为阴极，在直流电的作用下，阴极上不断析出金属锌，阳极上放出氧气。随电积过程的进行，电解液中锌含量降低，硫酸含量升高。废电解液与新液混合供电解液循环或者浸出用。每隔一定时间将阴极沉积锌剥下熔铸，成为成品锌。阴极铝板经处理后可重复使用。

414. 锌电积液化学成分有什么要求？

答：锌电解新液（硫酸锌水溶液）的化学成分见表 4-1。

表 4-1　锌电解液新液（硫酸锌水溶液）化学成分　　　　（g/L）

元素	Zn	Cu	Cd	Co	Ni	As	Sb	Ge	Fe	F	Cl	Mn
含量	130~180	≤0.0002	≤0.001	≤0.001	≤0.001	≤0.00024	≤0.0003	≤0.00004	≤0.03	≤0.05	≤0.3	2~5

415. 锌电积的阳极过程是什么？

答：正常电解时，阳极反应为：

$$2H_2O \!=\!=\! O_2 \uparrow + 4H^+ + 4e \tag{4-33}$$

$$Pb \!=\!=\! Pb^{2+} + 2e \tag{4-34}$$

而铅电位更负，更容易溶解，形成的不溶性硫酸铅在阳极上形成一层保护膜，阻止铅继续溶解，使阳极电位升高。电位继续升高会有更加致密的 PbO 形成，导致阳极钝化。所以电解过程中阳极反应主要是分解水放出氧气。

416. 锌电积的阴极过程是什么？

答：（1）锌和氢在阴极上的析出。电解液中杂质元素的含量很低时，阴极放电的离子只能是 Zn^{2+} 和 H^+。从理论上看，氢离子优先于锌离子放电。但实际上由于氢离子在金属电极上有很高的超电位，而锌离子的超电位很小，所以锌电解的阴极过程主要是 Zn^{2+} 的放电。

（2）杂质在阴极上的放电析出。杂质的析出不仅影响阴极锌的结晶质量，还影响阴极锌的化学成分。当溶液中杂质浓度低到一定程度时，决定析出速度的因素不是析出电位，而是杂质扩散到阴极表面的速度，只要有杂质离子扩散到阴极表面，就会被还原析出。这时析出速度等于扩散速度。

417. 影响氢超电位的因素有哪些？

答：（1）阴极材料。不同金属的阴极，氢析出超电位不同。

（2）电流密度。氢的超电位随电流密度的提高而增大。

（3）温度。温度升高，氢的超电位降低，易在阴极上放电析出。

（4）阴极表面状态。阴极表面状态对氢的超电位产生间接影响。阴极表面粗糙，即真实表面积大，电流密度小，氢的超电位小。

（5）添加剂。添加剂可以改变阴极表面状态，因而也可以改变氢的超电位。如电解液中加入胶，可以改善阴极的表面结晶，提高电流密度，从而增加氢的超电位。

（6）电解液的组成。不同杂质和相同杂质不同浓度对氢的超电位影响不同。因为溶液中杂质在阴极析出后局部改变了阴极材料的性质，而使局部阴极上氢的超电位发生改变。

418. 杂质对锌电积过程影响是怎样的？

答：在生产实际中，常常由于电解液含有某些杂质而严重影响析出锌的结晶状态、电积过程的电流效率和电锌的质量，杂质金属离子在阴极放电析出是影响锌电积过程的主要因素。

杂质金属离子能否在阴极析出，取决于平衡电位、锌离子浓度和杂质离子浓度，分别介绍如下：

（1）比锌更正电性杂质的影响。电解液中常见的电位比锌更正的杂质有镍、钴、铜、铅、镉、砷、锑等。这些杂质会在阴极析出，从而影响析出锌的质量和电效。

（2）比锌负电性的杂质的影响。这些杂质有钾、钠、钙、镁、铝、锰等。由于这些杂质电位比锌更负，在电积时不在阴极析出。因此，对析出锌化学成分影响不大。但这类杂质富集后会逐渐增大电解液的黏度，使电解液的电阻增大。

（3）阴离子的影响。锌电解液中常遇到的阴离子杂质有氟离子（F^-）和氯离子（Cl^-）。主要影响锌片质量。

（4）有机物的影响。有机物种类繁多，生产实践中以 COD 值（mg/L）表征。主要影响电效。

419. 锌电积电流效率的影响因素是什么?

答: (1) 电解液的成分。

电解液的主要成分是 Zn^{2+} 和 H_2SO_4。维持电解液中适当的 Zn^{2+} 和 H_2SO_4 浓度,对提高电流效率是有益的。实验结果表明,随着电解液中锌浓度的增加和酸浓度的下降,锌电积过程的电流效率也随之升高。

实践证明,一定的锌离子浓度是正常进行锌电积生产和获得较高的电流效率的基本条件。在一定的面积电流下,必须保持与其相适应的并且相对稳定的锌、酸含量。如果新液中锌离子浓度相对稳定,则需严格控制生产中的废电解液的酸锌比,以维持相对稳定的电解液锌浓度。一般酸锌比控制在 (2.5~4):1,如新液含锌 140~180g/L,电解液中锌浓度为 45~75g/L,硫酸浓度为 160~210g/L。目前,电锌厂的电解液主要成分锌的浓度差别不大,为 50~60g/L。H_2SO_4 的浓度趋向提高到 180~200g/L。

凡是电解液中存在的能降低氢超电压和能以锌为阳极形成微电池反应的较正典型的金属杂质,都会使锌电积的电流效率降低。如铁、镍、钴、铜、砷、锑及锗的存在,大都会引起烧板、析出锌返溶,使阴极沉淀锌的表面状态变化,使电流效率大大降低。但由于各个工厂的生产条件或各研究者的实验条件的差别,各种杂质对电流效率影响程度也就不尽相同,所以各厂规定的净化后液那个杂质含量也有差异。根据加拿大 Trail 厂总结的各种少量元素对锌电积电流效率的影响概括如下:

1) V、Nb、Ta:这 3 种元素的实验室数据高于 1mg/L 时,会严重影响电流效率,但一般在电解液中不存在这些元素;

2) Mn:锰离子浓度太高对电流效率有一些影响,因为高价锰离子会在阴极还原。锌的电解液中要求 Mn^{2+} 含量在 1.5~3g/L 范围内,有利于浸出和电积;

3) Fe、Ni、Co:这些元素能降低电流效率,尤其是钴,因此电解液中 Fe、Ni、Co 的浓度应分别小于 5mg/L、0.3mg/L 和 0.3mg/L;

4) Cu、Ag、Au:从电流效率考虑,希望电解液中它们的浓度均小于 0.1mg/L;

5) Cd、Hg:在某些杂质存在时,镉可阻止它们对电流效率的影响,汞沉在铝阴极上还增加电流效率,希望电解液中 Cd<0.5mg/L;

6) Ge、Sn:一般应分别小于 0.05mg/L 和 0.1mg/L,希望 Ge<0.02mg/L,因为锗对电流效率影响最大;

7) As、Sb:电解液中 As<1mg/L、Sb<0.01mg/L 时,才不会影响电流效率。

(2) 电解液中锌、酸含量。电流效率随电解液含锌量的增加而升高。当锌含量增加时,锌的析出电位变正;当锌含量减少时,锌的析出电位变负,需要加更大的电压才能使锌在阴极析出。

酸度过低，硫酸锌会发生水解生成氢氧化锌，致使阴极呈现海绵状，且电解液的导电性也会降低；但酸度过高，会使电流效率显著下降，因为酸度增加，析出锌返溶加剧，氢在阴极上析出的可能性增大。

（3）电解液的温度。温度升高，电流效率降低。这是由于温度升高，氢的超电位偏低，导致氢放电析出，加剧阴极锌的返溶。由于电解液的电阻及电化学反应等原因使电解液的温度不可避免地升高，因此，锌电积的电解液要进行冷却降温，以保证高的电流效率。

（4）电流密度。随着电流密度的增加，氢的超电位增大，对提高电流效率有利。但在生产实践中，往往提高电流密度时，电流效率却在下降。这是因为提高电流密度时，一方面要求向电解槽中补充硫酸锌的速度加快，另一方面要求保证电解液的温度。如果提高电流密度的同时，不能满足上述要求，电流效率就会下降。

（5）添加剂。阴极锌如果沉积成粗糙表面或者树枝状，大大增大了锌的表面积，降低了真正的电流密度，使氢的超电位下降，降低电流效率。加入添加剂一方面可以得到致密光滑的阴极锌，另一方面还能降低阴极锌的返溶。添加剂可以提高锌与其他金属杂质组成微电池的阳极电位，使微电池的电位差减小，阴极锌的返溶量减少。但是添加剂加入过量，会使得阴极锌片发脆，电解液电阻增加，不利于生产。

420. 锌电积技术条件如何控制？

答：（1）电解液锌、酸含量。电解液含锌高，含酸低时，减小电解液的流量；相反地，电解液含酸高、含锌低时，加大电解液的流量。

（2）添加剂。添加剂的加入量根据析出锌的表面状态而确定。

（3）电解液温度。温度普遍升高时，及时调整冷却设备，提高冷却效果。个别电解槽温度升高，适当地增加流量并及时检查电解槽中是否出现短路现象。

421. 锌电积过程出现烧板故障如何处理？

答：个别电解槽发生烧板时，槽温升高，电解液含锌量过低，含酸量过高，使阴极锌返溶。严重时，由于阴极锌激烈返溶，析出大量的氢气，使电解液在槽内翻腾。此时，应该加大电解液的循环量，更换电解槽中部分电解液。情况严重时，立即取出槽内阴极，重新装入新阴极。

普遍烧板产生的原因是由于电解液含杂质偏高，或者电解液含锌量偏低，含酸量偏高；电解液温度过高，也会引起普遍烧板。此时，应取样分析电解液成分，根据分析结果采取措施。如加大循环量，提高电解液含锌量，保证电解液降温冷却。

422. 锌电积过程中为什么会产生酸雾，如何防止？

答：电解沉积时，电极上放出的氧气或者氢气带出部分的细小电解液进入空间，形成酸雾。为防止酸雾，国内普遍在电解槽中加入皂角粉，使其在电解液表面形成一层泡沫，起过滤作用，将带出的电解液捕集在泡沫中，减少酸雾；国外常将丝石竹的根块粉碎后加入电解槽中，会在电解液表面形成稳定的泡沫层，有效地防止酸雾的产生。

423. 如何进行阳极镀膜？

答：新开的电解车间，一般要对阳极进行镀膜。

（1）开槽通电后，按照电流密度 $27 \sim 31 A/m^2$ 要求的电流强度送电，并要求整改镀膜期间电流稳定。槽间控制温度在 25℃ 左右，要求电解液含锌 40g/L，酸 $70 \sim 80g/L$，一直维持 24h，观察阳极表明，看到一层棕褐色的氧化膜即可。

（2）利用低温、低电流密度，使阳极上析出的氧气与铅反应，生成一层二氧化铅薄膜，从而保护阳极不被硫酸溶液腐蚀。

424. 阴极锌结构与哪些因素有关？

答：影响阴极沉积物结构的主要因素有以下几个方面：

（1）电流密度。低电流密度时，一般为电化学步骤控制，晶体生长速度远大于晶核形成速度，故产物为粗粒沉积物。若在确保离子浓度的条件下，增大电流密度以提高电流效率，能得到致密的电积层。然而过高的电流密度会造成电积富集放电离子的贫化，使产品成为粉末状，或者造成杂质与氢的析出。由于氢的析出，电极附近溶液酸度降低，导致形成金属氢氧化物或碱式盐沉淀。

（2）温度。升高温度能使扩散速度增大，同时又降低超电位，促进晶体生长，因此升高温度导致粗粒沉积物形成。对某些金属电解过程，如锌、镍等电解过程，升温会使氢的超电位降低，从而导致氢的析出。

（3）搅拌速度。搅拌溶液能使阴极附近的离子浓度均衡，使极化降低，极化曲线有更陡峭的趋势，导致形成晶粒较粗的沉淀物。另外，搅拌电解液可以消除浓度的局部不均衡与局部过热现象，提高电流密度而不会发生沉积物成块和不整齐现象。即提高电流密度，可以消除由于加快搅拌速度引起的粗晶粒。

以上分析说明，当采用高的电流密度时，必须提高电解液的搅拌速度，即加强电解液的循环，才能得到致密的阴极沉积物。

（4）氢离子浓度。氢离子浓度是影响结晶晶体结构的重要因素。在一定范围内提高溶液的酸度，可以改善电解液的电导率，使电能消耗降低。若氢离子浓度过高，则有利于氢的放电析出，在阴极沉积中氢含量会增大。生产实际表明，在氢气大量析出的情况下，将不可能获得致密的沉积物。只有采取了有利于提高氢的超电位，防止氢析出的措施时，才能适当提高电解液的酸度。但是氢离子浓度也不能过低，过低是会形成海绵状沉积物，不能很好地黏附到阴极上，有时甚至从阴极上掉下来。

（5）添加剂。为了获得致密而平整的阴极沉积物，常在电解液中加入少量胶体物质，如树胶、动物胶或硅酸胶等。各种添加剂对阴极沉积物质量的有利影响在于胶质主要是被吸附在阴极表面的凸出部分，形成导电不良的保护膜，使这些凸出部分与阳极之间的电阻增大，使阴极表面上各点的电流分布均匀，产出的阴极沉积物也就较为平整致密。

425. 锌片主要杂质元素的来源是什么，控制措施是什么？

答：析出锌中镉、铜主要来自电解液，为了提高电锌质量，必须严格控制溶液中的杂质含量和生产条件。实践证明，溶液中杂质含量可以通过深度净化降低至要求限度以下。铜还可能来源于含铜物料进入电解槽中，冲洗铜导电头的水也含铜等，因此应保持槽面清洁并尽可能避免冲洗水进入电解液。

析出锌中铅的来源主要是电积过程中铅银阳极的铅。溶解于电解液中的 Pb^{2+} 在阴极上析出及从阳极表面脱离的 PbO_2 粒子在阴极锌中夹杂从而极大地影响了电锌品级。悬浮于电解液中的 PbO_2 粒子易吸附 H^+ 带正电荷，随电解液的定向流动而黏附于阴极，一部分被析出锌包裹，一部分先被还原成 Pb^{2+}，而后再在阴极上放电析出。另外，铅在析出锌中的含量随溶液中铅离子、氯离子、硫酸浓度及温度的增加而增加，随面积电流的增加及含有一定的锰离子而降低。

降低阴极锌含铅量，提高电锌质量，可以采取如下措施：

（1）控制适当的电解条件。实践证明，提高电解液含锌量及面积电流，降低电解液酸度及温度，有利于降低析出锌含铅量，但这些条件受到电流效率及电能消耗的限制。当溶液中有一定的锰离子时，可以阻止阳极腐蚀，抑制氯的有害作用，减少 PbO_2 移向阴极的数量，从而减少进入溶液及包裹在析出锌中的铅含量。在不降低电流效率的条件下，电解液中含适量钴，可降低阳极电势，阻止阳极铅的腐蚀。

（2）阳极镀膜。通过阳极镀膜，保护阳极不易被腐蚀。

（3）使用特殊添加剂。加入适量的碳酸锶，一般为每吨锌 $0.5 \sim 2kg$。在电解液中，碳酸锶或转变为溶解度更小的硫酸锶，由于硫酸锶与硫酸铅晶格大小相近，从而形成共晶沉淀。也可以用硫酸钡代替碳酸锶，其用量为碳酸锶的 $1 \sim 1.5$ 倍。

（4）定期洗刷阳极。随着电积时间的延长，阳极板上黏附的阳极泥厚度增加，为了避免其脱落造成电解液中阳极泥悬浮量增加，一般需定期洗刷阳极板。

（5）定期清槽。为了避免电解槽内阳极泥过多而漂浮于电解槽中，一般30~40天清洗电解槽一次。

（6）保证供电温度，加强铸型管理。由于阳极面积电流的波动易引起阳极膜疏松而脱硫，因此应保证供电稳定；熔铸时，将含铅较高的碎片、飞边及树枝状结晶与整片清洁锌片分开熔铸。

4.4 火法炼锌

426. 竖罐炼锌主要分为哪几个过程？

答： 竖罐炼锌主要分为氧化焙烧、制酸、制团、焦结、蒸馏、精馏等过程。

427. 竖罐各部位在炼锌过程中各有什么作用？

答： 竖罐按其各部位作用可分为上延部、罐本体、下延部三个部分。

（1）上延部的作用是通过炉料与高温气体实现热交换，使炉料预热至1000℃左右，为炉料中氧化锌的还原创造必要的条件；同时使炉气温度下降至850℃左右，使之便于冷凝。同时还能过滤大部分影响锌质量和妨碍锌蒸气冷凝的铅蒸气和微小尘粒。

（2）罐本体位于竖罐中部，作用是进行团矿的蒸馏还原。

（3）下延部位于罐体的下方，作用是冷却反应结束的残渣。一般采用水冷，将残渣排至水中冷却，再将渣卸出。排渣设备需要进行水封处理，以防空气进入罐内影响还原蒸馏过程。

428. 竖罐炼锌对炉料有什么要求？

答： 竖罐蒸馏过程是将炉料从罐顶加入炉中，在向下运动中完成还原反应，蒸馏残渣由底部排出，还原产生的锌蒸气与炉料逆向运动，从罐子上部进入冷凝器。因此要求炉料具有高的抗压强度，良好的透气性，同时还具有较大的反应表面积和较好的还原性能。为此，竖罐炼锌的炉料需要进行制团和焦结。

制团是为了得到机械强度大、具有适宜的形状、孔隙度较大、导热性良好、还原剂用量低的团矿。

焦结的目的在于提高团矿的强度，以及除去水分和挥发物，一般用蒸馏炉燃烧废气加热，以免温度过高使碳燃烧，同时避免大量的 ZnO 还原挥发损失。

429. 竖罐炼锌的产物有哪些？

答：（1）蒸馏锌。蒸馏锌一般分为商品锌和粗锌，粗锌是不符合国家商品锌标准的蒸馏锌，作为粗锌可以送蒸馏车间精制。

（2）锌粉与蓝粉。锌粉是被氧化锌薄膜包围的锌颗粒。锌粉主要由化学原因形成，当锌蒸气在炉气中夹带的尘粒上凝结为锌珠后，如果不被气流带走，就不再进行冷凝聚集成液体锌；蓝粉是非常细微的液滴，随同炉气进入二次冷凝装置中形成蓝粉。蓝粉是影响冷凝效率的主要因素。

（3）冷凝废气。是经二次冷凝和洗涤后的炉气，含 CO 较高，可以供竖罐燃烧室使用。

（4）蒸馏残渣。含锌量一般为 2%～4%，同时也含有大量剩余碳和有价金属，蒸馏残渣是进行综合利用的主要原料。

（5）燃烧废气。其成分随使用的燃料不同而变化，可供焦结团矿用。

430. 鼓风炉炼锌的主要工艺是什么？

答：ISP 鼓风炉工艺是用热焦作还原剂，还原烧结块中的 ZnO、PbO，使 ZnO 形成锌蒸气，在铅雨冷凝器内富集，在分离器内铅锌分离。Pb 随炉气进入前床，利用密度不同实现渣铅分离。炉气经过洗涤收尘后，形成低热值煤气。煤气送各用户利用。

431. 鼓风炉炼锌从上到下分为哪几个带，各有什么作用？

答：（1）炉料加热带。在此带，炉料加热所需的大部分热量来自于炉顶鼓入空气燃烧放出的热量，少量来自锌蒸气的再氧化。

（2）再氧化带。在此带，炉气与炉料的温度处于相等的状态，温度维持在 1000℃左右，PbO 被还原，$PbSO_4$ 变成 PbO、PbS，进而被锌蒸气还原为金属铅。

（3）还原带。在此带，大量的 ZnO 被 CO 还原，是 ZnO 与炉气的平衡区，炉气中锌蒸气浓度达到最高值。此带发生的两个主要还原反应均是吸热反应，主要靠炉气的显热来供给；大量铅在此溶解其他金属，还捕集金银等贵金属，最终由炉底放出。

（4）炉渣熔化带。在此带，温度在 1200℃以上，溶于渣中的 ZnO 被还原，炉渣被熔化。此过程消耗的热主要靠焦炭燃烧放出的热来供给。

432. 鼓风炉炼锌过程为什么用铅雨冷凝锌蒸气？

答：（1）铅锌矿共生较多，锌鼓风炉可处理含铅较高的锌矿，铅是锌鼓风炉熔炼的必然产物，不必另外引入杂质。

（2）铅熔点低，沸点高，在锌冷凝温度时，铅的蒸气压并不大。

（3）铅的单位体积热容量大，能迅速排出冷凝器中的热，强化冷凝过程。

（4）熔体中铅、锌的溶解度很小，在冷凝器温度下，锌在铅中的溶解度仅有 7% 左右。

（5）铅、锌在液态下溶解度很小，密度差较大，利于分离。

（6）铅量大，锌在其中难以饱和，铅液中锌的活度小于 1，因此锌不易被炉气氧化。

433. 铅雨冷凝锌蒸气的原理是什么，有何特点？

答：铅雨冷凝的原理是利用铅在较高的温度时具有高热容量和对锌的高溶解度，在炉气冷却的同时将锌溶解。而后含锌液经水冷后进入铅锌分离槽，析出锌后，铅液再返回去冷却锌蒸气。

铅雨冷凝法的特点是：铅的蒸气压低、熔点低；铅对锌的溶解度随温度变化大；铅的热容量大。鼓风炉炼锌对物料适应性大，可处理成分复杂的铅锌矿以及各种铅锌氧化物残渣和中间物料，而且热效率高，生产成本低。但存在 SO_2、铅蒸气和粉尘对环境污染问题。

434. 平罐炼锌的操作及特点是什么？

答：平罐炼锌是简单而古老的炼锌方法，其冶炼过程为锌焙烧矿配入过量还原煤充分混合后，装入蒸馏炉的平罐中加热至 1000℃ 左右，使炉料中氧化锌还原为锌蒸气，挥发至冷凝器内，冷凝为液体锌。残余的锌蒸气与 CO 一起形成蓝粉回收。

平罐炼锌的生产过程简单，基建投资少，但由于罐体容积少，生产能力低，难以实现连续化和机械化生产。而且燃料及耐火材料的消耗大，锌的回收率还很低，所以目前已基本淘汰。

435. 电炉炼锌的特点是什么？

答：电炉炼锌的特点是利用电能直接加热炉料连续蒸馏出锌。使用的炉料与蒸馏法相似，也由焙烧矿和还原剂混合组成。由于电炉炉内温度较高，因此除了使锌还原蒸馏外，还可以得到熔体产物，如冰铜、熔铅和熔渣等。此方法可处理多金属锌精矿。

436. 铅锌熔体如何分离？

答：冷凝器中铅锌分离有水冷槽法和真空提取法。水冷槽法是把铅锌液抽到水冷溜槽中降温，铅、锌液态分层而分别放出。真空提取法是在真空下利用铅锌蒸气压的差值，将锌蒸馏出来而达到分离的目的。真空蒸馏提锌法的优点是蒸发速度快，可在较低的温度下蒸发，避免金属的氧化，劳动条件好，冷凝效率高，锌质量好，提锌后铅中含锌少，因而运用较广。

437. 锌的化合物在蒸馏过程中的行为如何？

答：锌的化合物在蒸馏过程中的行为如下：

（1）氧化锌用固体炭还原时，发生的主要反应为：

$$CO + ZnO == Zn + CO_2 \tag{4-35}$$

$$C + CO_2 == 2CO \tag{4-36}$$

$$ZnO + Fe == FeO + Zn \tag{4-37}$$

（2）铁酸锌按式（4-38）和式（4-39）被还原：

$$ZnO \cdot Fe_2O_3 + CO == ZnO + 2FeO + CO_2 \tag{4-38}$$

$$ZnO \cdot Fe_2O_3 + 3CO == ZnO + 2Fe + 3CO_2 \tag{4-39}$$

（3）硅酸锌尽管比氧化锌与铁酸锌更难还原，但是在蒸馏过程中，能完全地将其中的锌还原出来：

$$Fe + ZnO \cdot SiO_2 == FeO \cdot SiO_2 + Zn \tag{4-40}$$

（4）硫化锌在蒸馏过程中不被还原，进入到蒸馏残渣中，因而在焙烧矿中以硫化锌形式存在的锌，在蒸馏过程中全部损失掉。

（5）硫酸锌在蒸馏过程中会分解，产生氧化锌、二氧化硫和氧气。若是转变为硫化锌，会使锌损失到残渣中。

438. 杂质在蒸馏过程中的行为如何？

答：（1）铁的化合物。铁主要以 Fe_2O_3 和 Fe_3O_4 形式存在。在锌焙烧矿蒸馏还原条件下，Fe_2O_3 和 Fe_3O_4 会被还原成 FeO 与金属铁，当有 SiO_2 存在时，会形成 $FeO \cdot SiO_2$，使炉料熔解，导致残渣中锌含量增多，同时侵蚀罐壁。

（2）铅的化合物。精矿大多数含铅，铅的化合物很容易还原为金属铅，金属铅及化合物部分挥发，与锌蒸气一起进入冷凝器冷凝，降低锌的质量；大部分铅及其化合物透过炉料层，侵蚀罐壁。

（3）铜的化合物。在锌蒸馏的条件下，铜的氧化物被还原成金属铜，铜的硫化物形成冰铜留在残渣中。

（4）镉的化合物。镉在锌焙烧矿中一般以氧化镉形式存在，但含量很少，蒸馏炉气中镉的蒸气分压也很低，因此，大部分镉蒸气不是在冷凝器中冷凝，而是进入蓝粉中，蓝粉可用来作为炼镉的原料。

（5）贵金属。在锌蒸馏过程中，贵金属少部分随铅锌挥发，大部分进入蒸馏残渣中。

（6）脉石。炉料中脉石形成易熔炉渣，是炉渣黏结，妨碍还原过程的进行，同时还侵蚀罐壁。

439. 精馏法精炼有何特点？

答：精馏法精炼锌是一个物理冶金过程，它主要是利用金属的沸点不同而进行的。精馏法的特点是可制得含锌量 99.99% ~ 99.995% 的纯锌；富集原料中的铅、锡等金属，利于综合利用。此方法适用于各种规模的工厂，对原料适应性强；精馏塔塔体结构复杂，筑炉和生产操作要求较为严格，一般需要高级耐火材料碳化硅制品。

4.5 其他方法

440. 什么是氨浸法？

答：氨浸法是用碳酸氢铵和氨水浸出粗氧化锌、锌烟尘或菱锌矿等物料，使锌溶解生成锌氨配合物进入溶液，再经净化，蒸氨，锌氨配合物分解得碱式碳酸锌，热解碱式碳酸锌得活性氧化锌。

氨浸法能有效浸出物料中的锌，而杂质钙、镁、硅、铁等几乎不溶解，浸出液中钙、镁、硅等分离一直是难题，因此可以用氨浸法制备高纯锌产品，比如高纯活性氧化锌、氯化锌、硫酸锌等。

441. 硫化锌精矿的直接浸出原理是什么？

答：在常压下，硫化锌精矿在高温和浓硫酸中会按照式（4-41）和式（4-42）分解：

$$ZnS + H_2SO_4 === ZnSO_4 + H_2S \tag{4-41}$$

$$H_2S + H_2SO_4 === H_2SO_3 + H_2O + S^0 \tag{4-42}$$

这种方法锌的回收率可达到 95% 左右，可以避免有害气体 H_2S 的产生。然而由于设备腐蚀严重，操作和控制比较困难，使得常压下高温高酸浸出工艺难以在工业上得到应用。但是，加压酸浸工艺可以在很大程度上克服上述的缺点，在工业上得到了运用。

442. 什么是硫化锌精矿的直接电解？

答：硫化锌与冰铜、冰镍一样，可以直接用电解法处理锌。由于硫化锌的导电性比较差，有人提出用石墨粉和精矿混合作阳极，在阳离子交换树脂隔膜电解槽中进行电解实验。以铝板作阴极，阳极液含锌 55g/L，pH = 4 ~ 5；阴极液含锌

55g/L，含硫酸130g/L。阴极电流密度为540A/m²，电解液温度为45℃，阴阳极反应为：

阳极：$\qquad Zn^{2+} + 2e === Zn \qquad$ (4-43)

阴极：$\qquad ZnS === Zn^{2+} + S + 2e \qquad$ (4-44)

阴极得到的锌产品纯度可达99.99%以上。

443. 等离子炼锌技术的原理是什么？

答：等离子冶炼技术是瑞典一家公司开发的一种新的冶炼方法，最先应用于冶炼生铁，进而用于炼锌生产。其基本原理是：在高炉中装满焦炭，由等离子发生器将热量从风口输到炉子的反应带，在炉中焦炭柱内部形成一个高温空间，粉状氧化锌矿与粉煤以及造渣成分一起被等离子喷枪喷到高温带，发生氧化锌的还原反应。由于焦炭导热性能低，又有承受高温的能力，因而金属的氧化物能瞬间被还原，生铁及炉渣在炉子底部收集起来并放出，锌蒸气随炉气进入冷凝器被冷凝成液体锌。由于炉气中不含有二氧化碳和水蒸气，因此锌不会二次氧化。此方法可处理锌的焙烧矿，也可以处理氧化锌灰。

444. 什么是喷吹炼锌法？

答：喷吹炼锌法的实质是在熔炼炉内装入底渣，用石墨电极加热，升温使底渣熔化，用氮气将焦粉送入喷枪，并与氧气混合喷入熔渣中。锌焙砂由螺旋给料机送入炉内，进行高温还原反应，产出金属锌蒸气进行铅雨冷凝，得到金属锌。

喷射炼锌法过程简单，锌的直收率达50%，但是焦粉的燃烧率不高，部分焦粉未燃烧就被吹走，在冷凝器中形成浮渣。这是造成锌回收率不高的主要原因。

445. 什么是氧压浸出？

答：氧压直接浸出法的特点是取消了硫化锌精矿焙烧、制酸和常压浸出，让浸出在高温、高压和富氧的环境中进行。它产出单质S而不是SO_2，因此改善了环境条件。浸出得到的富锌溶液可用传统的净化流程来处理。

除我国外，世界上有4座锌精矿氧压浸出厂在生产，其中3座是在原有焙烧—浸出厂的基础上增加一套氧压浸出的联合生产厂，其目的是为了扩大生产，而不额外增加焙烧和酸厂的建设。

446. 常压富氧浸出和氧压浸出有什么区别？

答：从物理化学的角度看，常压富氧浸出和氧压浸出没有本质区别，只是氧压浸出能够实现反应温度较高、气体分压较大的条件。常压富氧浸出是在溶液沸点以下进行，相对于氧压浸出反应时间较长。氧压浸出是在密闭反应容器内进行，可使反应温度提高到溶液沸点以上，使氧气在浸出过程中具有较高的分压，让反应在短时间内有效进行。

常压和氧压，核心技术在设备装置上；氧压浸出主要设备装置为高压釜，分为立式釜和卧式釜；常压浸出主要设备装置为常压立式罐。

447. 常压富氧浸出有什么优点？

答：与加压浸出相比，常压富氧浸出有以下优点：（1）结构简单，投资省；（2）工艺控制简单，金属回收率高；（3）原料适应性强；（4）运行成本低；（5）安全性能好。

5 铅 冶 金

5.1 铅基础知识

448. 铅的物理性质有哪些？

答：金属铅结晶属于等轴晶系，其物理性质方面的特点为硬度小、密度大、熔点低、沸点高、延展性好、对电与热的传导性差、高温下容易挥发、在液态下流动性大。具体物理参数见表 5-1 和表 5-2。

表 5-1　铅的主要物理性质

项目	相对原子质量	密度（20℃）/g·cm⁻³	熔点/℃	硬度（莫氏）	沸点/℃	黏度（340℃）/Pa·s
数值	207.21	11.3437	327.43	1.5	1749	0.189

项目	比电阻（20~40℃）/μΩ·cm⁻²	导热系数（100℃）/J·(cm·s·℃)⁻¹	比热容（25℃）/J·(g·℃)⁻¹	表面张力（327.5℃）/Pa·cm⁻¹	汽化潜热/J·g⁻¹	熔化潜热/J·g⁻¹
数值	20.648	0.339	0.13	44.4	840	26.17

表 5-2　铅的蒸气压与温度

温度/℃	620	710	820	960	1130	1290	1360	1415	1525
蒸气压/kPa	1.33×10^{-4}	1.33×10^{-3}	1.33×10^{-2}	0.133	1.33	6.7	13.3	38.5	101.3

449. 铅的化学性质有哪些？

答：（1）铅在完全干燥的常温空气中或在不含空气的水中，不发生任何化学变化；但在潮湿和含有 CO_2 的空气中，则失去光泽而变成暗灰色，其表面被 PbO_2 薄膜所覆盖，此膜慢慢地转变成碱性碳酸铅。

（2）铅在空气中加热熔化时，最初氧化成 Pb_2O，温度升高时则氧化为 PbO，继续加热到 330~450℃ PbO 氧化为 Pb_2O_3，在 450~470℃ 的温度范围内，则形成 Pb_3O_4。无论是 Pb_2O_3 或 Pb_3O_4 在高温下都会离解生成 PbO，因此 PbO 是高温下唯一稳定的氧化物。

（3）CO_2 对铅的作用不大；浸没在水中（无空气）的铅很少腐蚀。

（4）铅易溶于硝酸（HNO_3）、硼氟酸（HBF_4）、硅氟酸（H_2SiF_6）、醋酸（CH_3COOH）及 $AgNO_3$ 等；盐酸与硫酸仅在常温下与铅的表面起作用而形成不溶的 $PbCl_2$ 和 $PbSO_4$ 的表面膜。

（5）铅是放射性元素铀、锕和钍分裂的最后产物，可吸收放射性线，且具有抵抗放射性物质透过的性能。

450. 铅有哪些主要化合物？

答：（1）硫化铅。硫化铅（PbS）在自然界呈方铅矿存在，色黑（结晶状态呈灰色），具有金属光泽。PbS 含 Pb 86.6%，密度为 $7.4 \sim 7.6 \mathrm{g/cm^3}$，熔点为 1135℃。

PbS 可与 FeS、Cu_2S 等金属硫化物形成锍，CaO、BaO 对 PbS 可起分解作用（$4PbS+4CaO \Longrightarrow 4Pb+3CaS+CaSO_4$）；当炉料中存在大量 CaS 时，会降低铅的回收率，因为 CaS 将与 PbS 形成稳定的 $CaS \cdot PbS$。

在铅的熔点附近，PbS 不溶于铅中，随着温度的升高，PbS 在铅中的溶解度增加。到 1040℃ 时，PbS 与 Pb 的熔体分为两层，上层含 PbS 89.5%，Pb 10.5%；下层含 PbS 19.4%，Pb 80.6%。当冷却时 PbS 以纯净的结晶体从 Pb-PbS 熔体中析出，这是鼓风炉熔炼中炉结形成的原因之一。

PbS 溶解于 HNO_3 及 $FeCl_3$ 的水溶液中，所以 HNO_3 和 $FeCl_3$ 均可用来作为方铅矿的浸出剂。

PbS 几乎不与 C 和 CO 发生作用。PbS 在空气中加热时生成 PbO 和 $PbSO_4$，其开始氧化温度为 360~380℃。

（2）氧化铅。氧化铅（PbO）熔点为 886℃，沸点为 1472℃。PbO 是强氧化剂，能氧化 Te、S、As、Sb、Bi 和 Zn 等。

PbO 是两性氧化物，既可与 SiO_2、Fe_2O_3 结合成硅酸盐或铁酸盐；也可与 CaO、MgO 等形成铅酸盐（如 $PbO_2+CaO \Longrightarrow CaPbO_3$）；还可与 Al_2O_3 结合成铝酸盐。所有的铅酸盐都不稳定，在高温下离解并放出氧气。

PbO 是良好的助熔剂，它可与许多金属氧化物形成易熔的共晶体或化合物。在 PbO 过剩的情况下，难熔的金属氧化物即使不形成化合物也会变成易熔物。此种作用在炼铅过程中具有重要意义。

PbO 属于难离解的稳定化合物，但容易被 C 和 CO 所还原。

（3）硫酸铅。硫酸铅（$PbSO_4$）的密度为 $6.34 \mathrm{g/cm^3}$，熔点为 1170℃。$PbSO_4$ 是比较稳定的化合物，开始分解的温度为 850℃，而激烈分解的温度为 905℃。PbS、ZnS 和 Cu_2S 等的存在可促进 $PbSO_4$ 的分解，促使其开始分解温度降低。$PbSO_4$ 和 PbO 均能与 PbS 发生相互反应生成金属铅，是硫化铅精矿直接熔炼的反应之一。

（4）氯化铅。氯化铅（$PbCl_2$）为白色，其熔点为 498℃，沸点为 954℃，密度为 5.91g/cm³。$PbCl_2$ 在水溶液中的溶解度很小，25℃时为 1.07%，100℃时才为 3.2%。但 $PbCl_2$ 溶解于碱金属和碱土金属的氯化物（如 NaCl 等）水溶液中。$PbCl_2$ 在 NaCl 水溶液中的溶解度随温度和 NaCl 浓度的提高而增大，当有 $CaCl_2$ 存在时，其溶解度更大。例如，在 50℃ 下 NaCl 饱和溶液中铅的最大溶解度为 42g/L；当有 $CaCl_2$ 存在下的 NaCl 饱和溶液加热至 100℃ 时，则铅的溶解度可达 100~110g/L。

451. 铅的用途有哪些？

答：铅主要用于制造合金，按照性能和用途铅合金可分为：
（1）耐蚀合金，用于蓄电池栅板、电缆护套、化工设备及管道等；
（2）焊料合金，用于电子工业、高温焊料、电解槽耐蚀件等；
（3）电池合金，用于生产干电池，轴承合金用于各种轴承生产；
（4）模具合金，用于塑料及机械工业用模型；
（5）用作颜料的铅化合物有铅白、铅丹、铅黄，磷酸铅和硬脂酸铅用作聚氯乙烯的稳定剂；
（6）铅对 X 射线及 γ 射线具有良好的吸收能力，广泛用作 X 射线机和原子能装置的防护材料；
（7）铅还被应用于电动汽车和电动自行车（动力电池）、重力水准测量装置、核废料包装物、氡气防护屏、微电子和超导材料。

5.2　铅冶金概述

452. 我国铅资源的分布情况是怎样的？

答：我国铅锌矿储量在东部、中部、西部三大经济地带分布比例为：东部沿海地区，铅占 26.2%、锌占 25.2%；中部地区，铅占 30.8%、锌占 30.7%；西部地区，铅占 43%、锌占 44.1%。

我国的铅锌矿储量较为丰富，品种齐全，大矿床多。现已查明，有储量的矿产地 700 余处，几乎遍布全国，其中以云南、内蒙古、湖南、广东、四川、甘肃、陕西、江西等省最为丰富。云南铅锌储量居全国首位，主要集中在滇西、会泽等地。湖南的水口山、桃林等也很著名。甘肃的西成地区是近年来发现的一个大型铅锌矿。青海的锡铁山和广东的凡口是重点铅锌矿山。

453. 炼铅原料有哪些？

答：铅矿石分为硫化矿和氧化矿两大类。

（1）硫化矿（方铅矿 PbS）属原生矿，也是炼铅的主要矿石，多与辉银矿（Ag_2S）、闪锌矿（ZnS）共生。含银高者称银铅矿，含锌高者称铅锌矿。此外，共生矿物还有黄铁矿 FeS_2、黄铜矿 $CuFeS_2$、辉铋矿 Bi_2S_3 和其他硫化矿物。脉石成分有石灰石、石英石、重晶石等。矿石中还含有 Sb、Cd、Au 及少量 In、Tl、Te 等元素。

（2）氧化铅矿主要由白铅矿（$PbCO_3$）和铅矾（$PbSO_4$）组成，属次生矿，它是原生矿受风化作用或含有碳酸盐的地下水的作用而逐渐产生的，常出现在铅矿床的上层，或与硫化矿共存而形成复合矿。铅在氧化矿床中的储量比在硫化矿床中少得多，因此对炼铅工业来说，氧化矿意义较小，铅冶金的主要原料来源于硫化矿。

454. 炼铅方法有哪几种？

答：铅的生产方法可分为火法和湿法两种。火法炼铅是主要采用的方法，分为反应熔炼、沉淀熔炼和焙烧还原熔炼三种：

（1）反应熔炼是使硫化铅精矿中的一部分 PbS 氧化成 PbO 和 $PbSO_4$，然后与未氧化的 PbS 相互反应生成金属铅，反应熔炼只能处理富铅矿（含 Pb 65%～70%以上）。

（2）沉淀熔炼是用铁作沉淀剂（还原剂）置换出铅，即将铁屑与硫化铅精矿混合加热至适当的温度，铅的硫化物大部分被铁置换而产生金属铅。也可用氧化铁及碳质还原剂来代替铁。沉淀熔炼在工业上很少单独应用。

（3）焙烧还原熔炼又称常规炼铅法或标准炼铅法，适宜处理任何成分的铅精矿，被广泛采用。世界上约有90%的粗铅用该法生产。其主要工序包括铅精矿烧结焙烧、烧结块鼓风炉还原熔炼和粗铅精炼。

湿法炼铅是用溶剂将铅溶出，然后从溶液中提取铅的方法。

455. 什么是硫化铅精矿烧结焙烧？

答：烧结焙烧的目的是将精矿中的硫化物氧化成氧化物，并将较多的砷锑挥发除去。此外粉状的氧化物料在高温下熔结成块，因此烧结焙烧还有将粉状物料熔结成块的目的。硫化铅精矿烧结焙烧的原理为：高温时氧化时，硫化铅可以按式（5-1）～式（5-3）进行反应：

$$PbS + 3O_2 = 2PbO + 2SO_2 \tag{5-1}$$

$$PbS + 2O_2 = PbSO_4 \tag{5-2}$$

$$PbS + O_2 == Pb + SO_2 \tag{5-3}$$

此外，还有硫化铅与硫酸铅的交互反应：

$$3PbSO_4 + PbS == 4PbO + 4SO_2 \tag{5-4}$$

$$PbSO_4 + PbS == 2Pb + 2SO_2 \tag{5-5}$$

同时，气相中还维持式 (5-6) 的平衡：

$$SO_2 + 1/2O_2 == SO_3 \tag{5-6}$$

456. 如何判断金属硫化物的着火温度？

答：（1）金属硫化物的热容量和致密度越小，其着火温度越低，反之则高；

（2）金属硫化物粒度越细，着火温度越低，因硫化物与氧的反应是在固相与气相界面上进行，颗粒小，表面积大，有利于反应的进行。

ZnS 及 PbS 的着火温度较高，其晶格具有较大的稳定性。FeS_2 及 $CuFeS_2$ 着火温度低，表示其晶格的结合较弱。硫化物着火温度越高，越难焙烧。

457. 硫化铅氧化反应速度的影响因素有哪些？

答：（1）温度升高，反应速度增大；

（2）硫化物颗粒（或液滴）表面上的氧分压增加，反应速度增大；

（3）反应的最初速度与硫化物颗粒（或液滴）的表面积成正比；

（4）反应速度常因有其他硫化物或氧化物的存在而加大。

458. 硫化铅精矿烧结焙烧须控制哪些条件？

答：为使焙烧过程顺利进行，获得质量良好的烧结块和合乎制酸要求的烟气，须掌握适当的操作条件，如炉料的点火温度、小车内料层厚度、小车的运动速度、风箱压力和通过料层的风量等。

（1）点火温度取决于炉料的化学成分、物理性质和小车运动速度。含硫及铅较高的炉料或酸性炉料易熔结，点火温度宜低一些；难熔及粒度较大的炉料，点火温度应高一些。

（2）小车内厚料层、慢车速操作法使点火时间延长，但料层较厚，热利用率较好，可提高焙烧反应带温度，使焙烧和烧结过程良好；薄料层、快车速操作法可减少料层的阻力，防止炉料过早烧结，提高脱硫率以改善烧结块质量。

（3）焙烧过程中如鼓入的空气过少，过程进行迟缓，料层温度低于烧结温度；送风量应考虑漏风损失、炉料成分、烟气特性及焙烧程度等因素。送风量与风压有关，而风压又决定于料层的阻力。料层阻力随过程进行而逐渐降低，鼓风压力也应逐渐减小。

459. 影响烧结矿质量的因素有哪些？

答：（1）烧结块残硫高，是因为炉料过早烧结，点火炉温度过高，风量过大，返回烟气的温度过高，料层太厚、料层散热不好等，都会引起炉料的过早烧结而使脱硫不良。

（2）烧结块机械强度不好，是焙烧温度低，易熔物料太少所致。

（3）烧结块生产率低，其原因可能是：1）风压太低，风量不足，影响到过程进行的速度；2）密封不好，漏风严重，使通过料层的空气减少，料层太薄或车速太慢，与焙烧速度不相适应。

460. 鼓风烧结包括哪些工序？

答：鼓风烧结主要包括铺底料层、点火、铺烧结炉料、鼓风量和风压的控制、烧结块的破碎与冷却等。

（1）铺底料即先铺一层点火炉料，要求底料粒度均匀，铺好的底料层透气性均匀，以保证均匀而迅速着火。

（2）点火的底料层厚度须适当，通常底料层厚度约占整个料层厚度的1/10；当底料着火后，由给料机在其上再铺一层规定厚度的炉料，借底料层火焰，自下而上使炉料着火燃烧，直到料面为止。

（3）从烧结机上倾倒下来的烧结块块度大，温度高，使运输和储存困难，不能加到鼓风炉内去，热烧结块需进行适当的破碎和冷却。

461. 铅烧结块还原熔炼的目的是什么？

答：铅烧结块由铅及其他金属氧化物、硅酸盐、亚铁酸盐、硫酸盐及硫化物组成，此外，还含有大量造渣成分及贵金属。还原熔炼的目的是使铅的化合物还原成粗铅，将贵金属等富集其中，使炉料中各种造渣成分生成炉渣，使炉料中的铜大部分形成铅冰铜，以便下一步的处理。

462. 铅烧结块还原熔炼的产物是什么？

答：当在鼓风炉中还原熔炼铅炉料时，可获得下列各种熔炼产物：粗铅、铅冰铜、砷冰铜、烟尘、烟气和炉渣。

（1）粗铅。一般含铅96%~99%，并含有铜、铋、锡等金属杂质和金、银、碲等稀贵金属。因此，粗铅必须进一步精炼，以提高铅的纯度和回收有价金属。其处理方法有由火法初步精炼与电解精炼组成的联合法和火法精炼两种。

（2）铅、砷冰铜。铅冰铜是由硫化铅、硫化亚铁及硫化亚铜所组成的合金，此外，还有少量的硫化银、硫化锌及其他金属硫化物或砷、锑的化合物。只有当炉料中存在大量砷与锑时才会生成砷冰铜（又称黄渣），它主要由砷、锑与镍、钴的金属化合物组成。由于各厂在铅生产过程中使用的原料不同，因此产出的铅、砷冰铜成分波动较大，其处理方法也不一致，如某厂将粉状冰铜先在小鼓风炉内进行熔炼，然后铸成块，块状冰铜则直接装入转炉，采用固体冰铜吹炼法进行处理。

（3）烟尘。烟尘中含有许多有价金属，如铅、镉、铊等。烟尘成分在很大程度上取决于熔炼条件和原料成分。

（4）烟气。铅鼓风炉料面气体取决于操作制度、入炉物料成分及供风条件。

（5）炉渣。炉渣主要是由各种金属氧化物组成，这些氧化物相互之间又形成某种化合物、固溶体和液体熔液与低熔点混合物。此外，还含有金属硫化物、金属和气体。因此，炉渣是一种混杂的多种组成物系统。

463. 铅烧结块鼓风炉还原熔炼有什么特点？

答：（1）鼓风炉易造成还原气氛，熔炼作业空间大，热效率高，处理量大。

（2）可实现逆流原理，即加入炉内的物料逐渐向下移动，气流向上运动；鼓风炉下部燃料层燃烧产生的 CO 气体向上运动通过料层将热传给炉料，并发生相互化学反应，使还原、造渣、硫化三个主要过程进行完全。

（3）反应后的粗铅、炉渣、铅冰铜等熔体流经底焦层后，被充分过热而进入炉缸按密度分层，分别流出；炉气和烟尘从炉顶排出，进入收尘系统。

464. 鼓风炉熔炼过程中影响碳质燃料燃烧的因素有哪些？

答：（1）燃料的质量。焦炭是铅鼓风炉熔炼的燃料。碳质燃料在熔炼过程中，一是作发热剂，利用其燃烧热保持过程进行的温度；二是作还原剂，使炉内铅的化合物还原成金属铅，并使铁的高价氧化物还原成 FeO 而造渣。焦炭应固定炭比例高、灰分少，具有适当孔隙度、保证料层透气性，具有足够的机械强度，以保证在熔炼过程中不易碎。

（2）鼓风量和鼓风压力。鼓入炉内空气量增加，焦炭燃烧加速，风口区温度提高。风量一定，焦炭过多，燃烧不完全，产生大量 CO，引起炉子上部燃烧，造成"热顶"且使炉子生产能力降低。焦炭一定，风量过剩时，会造成焦炭在上部燃烧，炉子的生产能力虽大但熔炼产物变冷，使高温带拉长。

465. 铅鼓风炉还原能力与哪些因素有关？

答：还原能力与燃料消耗、炉内料柱高度、炉内温度、还原时间、风量及风压有关。

（1）燃料消耗越大，焦炭层厚度增加，CO_2 被还原成 CO 的成分增多，还原能力加强，金属回收率增高。焦率过高，还原能力过强，大量 FeO 和少量 ZnO 被还原，可能使炉缸积铁，虹吸道堵塞。焦率太低，还原能力弱，反应进行不完全，渣含铅高。

（2）鼓风炉还原能力随料柱高度增加而加强，同一熔炼强度下，还原时间视料柱高度而定。料柱越高，还原时间越长，还原作用越完全。

（3）炉内温度越高，还原速度越大，还原程度也越完全。风压、风量的控制与料柱和焦率结合可达到维持适当还原能力的目的。

466. 金属氧化物还原反应由哪几个阶段组成？

答：（1）CO 气体穿过"阻滞膜"到 PbO 团块表面；
（2）CO 气体通过团块孔隙向内扩散；
（3）在孔隙通路的表面上发生化学反应；

$$PbO+CO（吸附）\longrightarrow Pb+CO_2（吸附）$$

（4）CO_2 通过孔隙向外扩散；
（5）CO_2 穿过"阻滞膜"扩散进入气流中心。

467. 还原熔炼时烧结块中铅化合物的行为如何？

答：铅烧结块中，铅化合物大部分呈 PbO 及 $PbO·SiO_2$ 形态，小部分呈 PbS、而 $PbSO_4$ 和金属铅形态而存在。还原熔炼时 PbO 主要被 CO 还原为金属铅；硅酸铅在鼓风炉中部开始熔化，并溶解其他金属氧化物；$PbSO_4$ 在熔炼过程中绝大部分被还原为 PbS，而 PbS 几乎全部进入铅冰铜，极少部分与 PbO 及 $PbSO_4$ 相互反应而形成金属铅。

468. 还原熔炼时烧结块中杂质金属的行为如何？

答：（1）铁。铁在烧结矿中大部分呈 Fe_2O_3、Fe_3O_4 及 $FeO·SiO_2$ 形态存在，小部分为 $FeO·SiO_2$ 及 FeS。熔炼过程中，铁的高价氧化物被还原成低价氧化物，并与 SiO_2 结合造渣。一部分 FeS 被炉气及 Cu_2O 氧化，其余进入铅冰铜。烧结矿中所含的 $FeO·SiO_2$ 不被还原进入炉渣。

（2）铜。烧结块中铜主要以 Cu_2O、$Cu_2O·SiO_2$ 及 Cu_2S 形态存在。Cu_2S 在还原熔炼时不发生化学变化而进入铅冰铜；Cu_2O 和 $Cu_2O·SiO_2$ 或被硫化（使用的硫化剂为 FeS）成 Cu_2S 进入冰铜，或被还原成为金属铜，或以氧化物形式进入渣中。

（3）锌。烧结块中锌主要以 ZnO 及 $ZnO·Fe_2O_3$ 存在，少部分锌呈 ZnS 和 $ZnSO_4$。ZnS 是炉料中最有害的杂质，在熔炼过程中不起化学变化而进入炉渣及冰铜，进入炉渣时会使渣的密度及熔点增高，进入铅冰铜时，使熔点增高而密度降低，一部分 ZnS 可能被铁还原成锌蒸气。$ZnSO_4$ 一部分与 CO 反应生成 ZnO，一部分生成 ZnS。ZnO 难被 CO 还原，熔炼过程中大部分进入炉渣，一小部分在炉子下部还原产生锌蒸气，上升时被炉气中的 CO_2、CO 及 H_2O 氧化产生 ZnO 粉末随气流上升，沉积在炉料的表面及孔隙中，随炉料下降又被还原；另一部分沉积在炉壁上促进炉结的形成。

（4）金、银。金和银在烧结块中以 Au、Ag、Ag_2S 及 Ag_2SO_4 形态存在。铅是金和银的良好收集剂，在熔炼时大部分的金和银进入粗铅，少部分进入铅冰铜。在实际生产中，会有少量 Au、Ag 等贵金属流失到炉渣当中。采取有效措施最大限度降低贵金属在炉渣中的含量，已经成为一个重要的研究课题。

469. 鼓风炉还原炼铅包括哪些工序？

答：（1）装料操作。炉料分批加入，加料时要大块炉料聚于炉内中央，小块分布在两侧，使鼓入风的分布和炉气上升较为均匀。

（2）风口管理。风口是鼓风炉下部唯一直接观察炉内状况的地方。风口管理的好坏直接影响燃料燃烧的好坏和整个炉况的正常与否。每一个风口应保持畅通、明亮不发黑、通风正常。

（3）水套控制。主要是控制水套的进出口水温。进水温度为 20℃ 左右，排出水的温度规定在 70~80℃。水套内水温过高，会产生蒸汽而使冷却水受高压蒸汽阻力不能进入水套内。水套内水温过低，使附着在水套内壁上的渣壳增厚，将促使炉结的生长。

（4）铅及排渣。大型鼓风炉一般从虹吸道连续放铅，中小型鼓风炉多数由放铅口定期放铅。炉缸内的炉渣、铅冰铜按照炉渣量的多少，间断或连续地从炉子前端的渣口放出。

470. 鼓风炉开炉需做哪些工作？

答：（1）开炉前先检查炉子易损部分及附属设备，全部正常后可开炉。

（2）首先烘炉。先用低温烘烤炉膛，使水分逐渐蒸发，然后用焦炭加热到炉缸发红为止。烘烤炉缸时为防止砖砌缝开裂漏入铅水而使炉缸损坏，需缓慢升温。

（3）炉缸烘好后除灰，铺上干木柴烧油点火，当木柴盛燃时，加入木炭、底焦、底铅、渣料，然后进料烧结块。

（4）待液体铅充满炉缸后，再装入一层焦炭，鼓入空气使焦炭很好地燃烧。刚开始几批开炉料是渣料，以后渣料逐渐为烧结块所代替，最后装入正常炉料。加入几批渣料后，当炉渣在风口下方出现时，即打开放渣口出渣。

471. 鼓风炉炼铅的炉渣成分是什么?

答:炼铅炉渣主要由 FeO、SiO_2、ZnO 和 CaO 组成。FeO、CaO 和 SiO_2 的比例决定于烧块中 ZnO 的含量及其他条件。铅烧结块中含有较多 ZnO,熔炼过程中被还原进入炉气或硫化进入铅冰铜;ZnO 在炉渣中的溶解度随渣含铁的增高而增大,即 FeO 越多,则炉渣中 ZnO 的溶解度越大;随着炉渣中 ZnO 量的增高,SiO_2、CaO 及 Al_2O_3 含量都应相应降低。

472. 铅在炉渣中的损失有哪些?

答:铅在炉渣中的损失,有化学损失、物理损失和机械损失。

(1) 化学损失。由于炉料熔化速度大于还原速度,使 PbO、PbO·SiO_2 等来不及还原而进入炉渣。

(2) 物理损失。物理损失是铅冰铜溶解到炉渣中。铅冰铜中含有大量 PbS,而 PbS 易溶解于高铁炉渣中,其溶解度随着炉渣温度的提高和含铁量的增加而增大。

(3) 机械损失。机械损失是由于铅水、铅冰铜与炉渣分离不好而引起的。降低炉黏度和密度,改善炉渣与粗铅、炉渣与铅冰铜的分离条件等可减少损失。机械损失是渣含铅高的主要原因。

473. 降低炉渣含铅的措施有哪些?

答:(1) 采用高锌高钙渣型。高锌高钙渣型可以提高原料的综合利用程度。CaO(Ca 的离子半径大)降低了金属与炉渣之间的界面活力,有利于金属铅和渣的分离。适当地提高渣中 CaO 的量,可获得较高的炉温,降低炉渣的密度,可置换硅酸铅中的 PbO,增大 α-PbO,有利于熔渣中 PbO 还原。

(2) 炉渣不正常的处理。炉渣黏度过大时,可采用加入 CaF_2。CaF_2 能大幅度地降低炉渣的黏度,并能洗去炉瘤,其原因为 CaF_2 能与 CaO 造成低熔点共晶,促使 CaO 熔于渣。同时 CaF_2 作用下可促使硅氧络合阴离子解体,分裂成较小的络合阴离子,使炉渣黏度降低,从而降低渣含铅。

(3) 前床加入适当的焦炭。通常冶金级焦炭要求固定碳大于 75%,灰分小于 15%。前床添加焦粉,可对炉渣中 Fe^{3+} 含量造成影响,使 Fe^{3+} 的含量显著降低,这表明焦粉对炉渣中 Fe_3O_4 起到良好的还原作用,使炉渣的性质得到改善,FeO 能够形成性质良好的硅酸盐炉渣,这是降低渣含铅的主要原因。

(4) 加入适量的铁屑。往铅鼓风炉渣添加适量的铁屑,一方面减少炉结,另一方面生成 FeO,能形成很好的硅酸盐炉渣,促进渣中 PbO 的还原,降低渣含铅,同时可以降低渣的熔点,增加流动性。

（5）控制好炉内的还原气氛。根据入炉烧结块的实际情况，适当地调整风量、焦率、料柱，可更好地掌握炉内的动态情况。还可以利用电子仪表，如增加风口区的测温点、料面上空 CO_2/CO 的测量点、可移动的料柱探测仪等加强对炉内生产情况的检测。

474. 炼铅炉渣的性质对熔炼过程有何影响？

答：（1）熔点。炉渣的熔点即熔化性温度。炉渣的熔点不应低于铅冰铜，一般控制在 1000~1100℃，可满足熔炼过程对炉温的要求。

（2）黏度。在冶炼过程中要求炉渣具有小而适当的黏度。在组成炉渣的各种氧化物中，SiO_2 对炉渣的影响最大。SiO_2 含量越高，硅氧络合阴离子的结构越复杂，黏度越大。而碱性氧化物（CaO）的含量增加时，硅氧络合阴离子的离子半径变小，黏度将有所降低。炉渣的黏度，随着温度的升高而降低。通常通过将炉渣过热以降低其黏度。

（3）密度。随着温度的升高，其密度会降低。密度为 4.7~5.3g/cm³，FeO、MnO 等能增大其密度，而 SiO_2、CaO 则可使密度降低。为了降低渣含铅，提高金属回收率，要求金属与熔渣充分分离。降低熔渣的表面张力和密度，将使 Pb 的临界半径变小，有利于沉降分离。

475. 炼铅炉渣如何处理？

答：处理方法有电炉熔炼法、氯化挥发法、烟化炉吹炼及回转窑挥发法等。回转窑处理铅渣是一种较成熟的方法，从铅鼓风炉排出的炉渣，配入 30%~35% 的还原剂（焦粉或煤），在回转窑中加热至 1000~1200℃，渣中铅等的氧化物被还原而挥发，在炉内或管道中再被氧化，在收尘系统中加以回收。

476. 什么是硫化铅精矿直接熔炼法？

答：硫化铅精矿不经烧结焙烧直接生产出金属的冶炼方法称为直接熔炼法。直接熔炼采用工业氧气或富氧空气，通过闪速熔炼或熔池熔炼的强化冶金过程，利用氧化反应放热，或者燃烧少量燃料，完成氧化熔炼，产出粗铅和富铅渣。由于产生的烟气体积小，烟气 SO_2 浓度高，适宜于生产硫酸；由于精矿和氧化气体在整个反应炉内充分混合，强烈反应，冶金炉的单位容积处理精矿能力大。

与传统炼铅法相比，直接炼铅法的优点在于生产环节少、能耗低、环保效果好。缺点是投资庞大、资金回收慢。

477. 什么是基夫赛特炼铅法？

答：基夫赛特法是较为成功的一种直接炼铅工艺。这种方法的核心设备是基夫赛特炉，由带火焰喷嘴的反应塔、填有焦炭过滤层的熔池、立式余热锅炉、铅锌氧化物的还原挥发电热区组成。干燥后的炉料通过喷嘴与工业纯氧同时喷入反应塔内，炉料在塔内完成硫化物的氧化反应，并使炉内的颗粒熔化，生成金属氧化物。金属铅滴在下落过程中形成熔体。此熔体通过浮在熔池表面的焦炭过滤层时，其中大部分的氧化铅被还原成金属铅而沉降到熔池底部。

基夫赛特法有如下好处：

（1）产出的烟气二氧化硫浓度高达 20%～50%，烟气体积小；

（2）炉料不需要烧结，生产环节少，在同一台设备中进行氧化还原两个过程；

（3）焦耗少，精矿热能利用率高，原料中含硫大于 14% 时就无需另加燃料，而且可以实现自热熔炼；

（4）系统排放的有害物质含量低于环境允许的标准；

（5）生产成本低；

（6）对炉料成分无严格要求，试验时曾处理过含铅 18%～70% 的原料，均能顺利运行，而且能维持很好的综合回收率；

（7）对不同原料的适应性强，可以处理各种不同品位的铅精矿、铅银精矿、铅锌精矿和鼓风炉难以处理的硫酸盐残渣、湿法锌厂产出的铅银渣、废铅蓄电池糊、各种含铅烟尘。

478. 什么是 QSL 炼铅法？

答：QSL 工艺过程由氧化和还原两个阶段组成，分别在一矮墙隔开的圆筒反应器中完成的。首先，通过浸没式喷枪喷入工业氧使炉料在熔池中氧化产出富 SO_2 烟气、一次粗铅及富铅渣。其次，富铅渣经矮墙底流洞进入还原区后，通过浸没式喷枪吹入粉煤使炉渣还原，产出烟气、低铅炉渣和二次粗铅。金属、炉渣和烟气之间连续逆流，产出的粗铅从氧化段端部连续地虹吸放出，铸锭后送往精炼处理。而还原后的低铅高锌炉渣，从还原区端部溢流口间断放出。图 5-1 所示为 QSL 炼铅工艺基本流程。

韩国温山冶炼厂针对 QSL 进行了如下改进：

（1）将隔墙后移了 1650mm，使之与最近的喷枪的距离达到了 3m，从而使隔墙寿命从 3 个月延长到 5 个月，这样改造后，氧化段的容积增加了，还增加了余热锅炉的面积，从而提高了处理能力；

（2）把放铅虹吸口的铅溜槽改为法兰连接，并准备了一个备用的虹吸口溜槽，从而缩短了维修更换的时间；

（3）改进了喷枪结构，采用机械顶进技术，每 3 天顶进一次；

（4）取消了还原段中的两道挡圈。

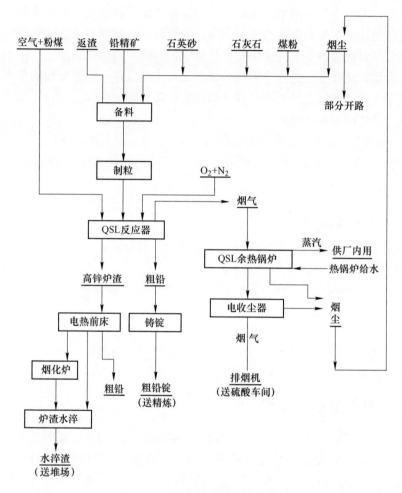

图 5-1　QSL 炼铅工艺基本流程

目前，韩国温山冶炼厂 QSL 炉的情况非常稳定，每年能生产粗铅 10 万吨，超过了 6.1 万吨的设计能力。QSL 法改善了卫生条件，简化了操作，比传统流程的投资少，生产成本低，二氧化硫浓度高，但其烟尘率达 25%，必须返回处理。此外，渣含铅高，一定要配合烟化炉才能得到弃渣。

479. 什么是卡尔多炼铅法?

答：卡尔多转炉又称氧气斜吹转炉，1956 年由瑞典卡林（B. Kalling）试验成功，可以控制炉内温度和气氛，使之可用于放热反应的吹炼等。先用于处理各种杂料，后由于瑞典政府对铅烟尘排的要求日趋严格，使用卡尔多炉代替电炉来处理铅精矿。就工艺流程而言，卡尔多炉十分简单，加料、氧化、还原和排渣这四步均在一个相对较小的空间中完成。

与 QSL 法、基夫赛特法等方法相比，卡尔多法没有流态物料的任何形式的转运过程。干精矿通过喷枪喷至喷嘴口时与氧气或空气混合，熔炼反应即刻发生。氧化放热在大多数情况下足以熔化精矿和熔剂，熔炼中有一部分铅氧化成渣，为此，在熔炼之后需对渣中的铅进行还原。因此，整个过程是先备料，加入焦炭、熔剂、浮渣等底料预热，再进行氧化熔炼，在炉内的物料全部熔融、氧化过程终结后，再喷油和氧进行还原。随着还原反应和造渣过程的进行，炉内熔体黏度降低，预示可以放渣，在放渣前取样，放渣后加入石灰石降低铅温后再放铅，然后再投料预热，分解后的石灰石留作下一炉的部分熔剂，开始第二个周期，每炉周期为 4.5h。

480. 什么是奥托昆普炼铅法？

答： 奥托昆普法由芬兰的奥托昆普公司开发，是一种闪速熔炼法。和基夫赛特法相似，混合好的炉料以悬浮状态通过立式反应室，自上而下完成氧化和熔化，过程是连续的。整个工艺分干燥、闪速熔炼、炉渣贫化和烟气处理等几个部分。奥托昆普炉的体积较小，密闭性好，可避免铅和硫对工作环境的污染。精矿中的硫被氧化成二氧化硫进入烟气，产生的熔融粗铅和炉渣在炉子的沉淀区聚集，粗铅的硫含量非常低，通过较彻底的氧化，可使粗铅的含硫量小于 0.1%。燃烧器的效率很高，而且通过它能对氧化过程进行严格控制，因此在该工艺中，氧气的利用率接近 100%。在炉子的沉降槽中，熔融的颗粒从烟气流中分离出来，形成炉渣层。贵金属进入粗铅，和粗铅一道从沉降槽底部连续放出。由于使用氧气，铅和二氧化硫的逸出量很少。采用奥托昆普法，可将所有的过程，包括炉渣贫化放在一个设备中进行，粗铅的产率较高，而炉渣的产率较低。炉内的温度较低，能处理湿的物料。

481. 什么是水口山炼铅法？

答： 水口山炼铅法由国家科委列为"六五"科技攻关项目。该项目是综合参考了 20 世纪 80 年代国内外直接炼铅工艺，并结合水口山矿的具体情况而开发出来的直接炼铅工艺。其特点是：

（1）设备紧凑，生产率高，原料制备简单，因此投资省，见效快；

（2）设备密闭性好，并应用了纯氧，因此烟气二氧化硫的浓度高，硫的利用率高，可消除二氧化硫对环境的污染；

（3）原料含水分 6%~8%，处于湿润状态，可控制铅尘的飞扬。由于密闭性好，易形成负压并有效控制漏风率，可防止含铅烟尘的逸出，工作环境可达到国家工业卫生标准。

水口山炼铅法选择了两室法的工艺流程，将氧化和还原分别在不同熔炉中进行，其好处在于：

（1）氧化、还原两个过程要求的氧势和温度相差甚远，在同一室内很难同时存在两个截然不同的热力学区域，而两室法可以有两个完全不同的热力学区域；

（2）氧化和还原要求不同的渣型，采用两室法，可有效地进行调整；

（3）氧化和还原两个过程产生的烟尘成分不同，两室法有利于将其分离；

（4）氧化和还原产生的气体成分不同，还原段二氧化硫含量极微，两室法可将其分开，从而进入制酸系统的烟气量大幅度减少，有利于二氧化硫的回收。

其氧化设备采用圆筒形卧式转炉，特点是设备简单，密封性能好，操作方便，反应过程容易控制，采用底吹方式，炉衬寿命长。

北京有色冶金设计研究总院（现中国恩菲）在水口山炼铅法半工业性试验和消化吸收 QSL 法技术的基础上，将氧化和还原分两段进行，在一个水平回转式熔炼炉中，加入铅精矿、含铅烟尘、熔剂及少量粉煤从熔池底部的氧枪喷入工业纯氧，将部分铅氧化成氧化铅，氧化铅和熔池上部的硫化铅发生交互反应生成一次铅、氧化铅渣和二氧化硫，渣和铅沉淀分离分别放出。氧化铅渣铸块后送鼓风炉熔炼产出二次粗铅。熔炼炉采用微负压作业，车间含铅尘低于 0.1mg/m³，符合国家环保标准。

482. 什么是粗铅的火法精炼？

答：火法精炼指将粗铅置于精炼炉或精炼锅中，加入不同熔剂，使各种杂质造渣除去得到纯净的精铅。火法精炼铅适于处理含贵金属较少的粗铅。火法精炼的优点是设备简单、基建投资少、生产成本低。缺点是工序繁多、铅的直接回收率低、劳动条件差。初步火法精炼其目的是除去粗铅中对电解作业有害的铜、锡等杂质，调整成分，浇铸成适于电解要求的阳极。

483. 粗铅火法初步精炼如何脱铜？

答：粗铅中铜的脱除一般分为两步，即先经熔析法除去其中的大部分铜，再加硫进一步降低铜的含量。

熔析脱铜的原理是利用铜在铅液中的溶解度随温度升高而提高，随温度下降而降低。熔析操作有加热熔析法与冷却熔析法。其原理完全相同。加热熔析法是将粗铅锭在反射炉或熔析锅内低温熔化，使铅与杂质分离；冷却熔析法是将鼓风炉放出的铅液从盛铅锅内输送到熔析设备中，然后降低温度使杂质从铅液中分凝出来。

加硫脱铜是在稍高于铅的熔点温度下加入硫，使铜与之生成密度较小、不熔于铅的 Cu_2S 浮于铅液表面，将其捞出而除去。

484. 粗铅火法初步精炼如何脱锡？

答： 粗铅除锡一般采用氧化精炼法，其原理是利用锡对氧的亲和力大于铅对氧的亲和力，锡形成一种不溶于铅，且比铅更稳定的氧化物，因其密度较小、不溶于铅而浮在铅液面上，与铅分离。

485. 什么是粗铅的电解精炼？

答： 铅的电解精炼指将含有2%～5%杂质的粗铅，先经初步火法精炼后铸成阳极板，用阴极铅铸成阴极板（始极片），然后将阴极、阳极分别按一定距离装入盛有硅氟酸铅、游离硅氟酸和水组成的电解液的电解槽中，通入直流电进行电解，得到纯度较高的电铅。

粗铅精炼的目的一是除去有害杂质，提高铅的纯度；二是回收有价金属如金和银。电解精炼的优点是能使贵金属富集于阳极泥中，有利于综合回收，劳动条件较好。但基建投资多，加工费用高，占用的金属多。

486. 粗铅电解精炼过程中杂质的行为如何？

答： 电解时，铅自阳极溶解进入电解液并在阴极上放电析出；比铅更负电性的金属如 Fe、Zn、Ni、Co 等与铅一道溶解进入电解液，但这些金属具有比铅有更高的析出电位，正常情况下不会在阴极放电析出；比铅更正电性的金属如 Sb、As、Cu、Au、Ag 等不溶解而留在阳极泥中。与铅电位接近的 Sn 电解时与铅一道析出，故含锡高的粗铅在电解前或电解后必须进行脱锡。

487. 铅电解精炼对阳极与阴极有何要求？

答： （1）铅电解精炼的阳极是用经过火法初步精炼的粗铅铸成。要求阳极板上部厚些，下部薄些，平直光滑，无飞边毛刺和穿孔。

（2）阴极片是用电解纯铅熔化后浇成的薄片制成。要求阴极片尺寸大于阳极板，刷去下部边缘无毛刺，片面平整。

488. 电解液成分对电解有何影响？

答： 合适的铅浓度可获得致密光滑而坚固的阴极电积物。铅浓度过低，会引起杂质在阴极析出，且生成海绵状阴极沉积物。电解液含铅浓度过高，阴极易长成粗粒结晶，严重时破坏电解作业的正常进行。其他条件相同时，电解液中游离 H_2SiF_6 浓度越低，电流效率越低。适当提高电解液中 Pb 离子和游离 H_2SiF_6 浓度对电解是有利的。

489. 阳极泥的洗滤如何进行？

答：为了回收阳极泥中大量的酸与铅，阳极泥需要精细的洗涤。洗涤阳极泥采用逆流操作法，即出槽后的残极首先在残极洗涤槽中用浓度较高的洗液（如离心机滤出的洗液）进行初步洗涤，然后澄清分离。洗液加入电解液中或送去脱铅，初步清洗后的阳极泥送入圆形搅拌槽中加入浓度低的阴极洗液或清水，在40~50℃下进行搅拌洗涤。搅拌后的阳极泥浆用离心机或压滤机过滤，滤液返回残极洗涤槽使用，滤饼干燥后送去提取金、银及其他金属。

490. 铅液铸锭方式有哪两种？

答：（1）人工铸锭。铸模在地面上摆成一个弧形，铸模底部喷水冷却，模内依次浇灌铅液，趁热捞去上部的氧化物，浇水冷却，用钩子逐个将铅锭从模内取出，刮去飞边毛刺，即可码堆送库。

（2）机械铸锭。转盘式铸锭机的主要部件为一个水平放置的绕轴旋转的圆盘，置于托轮之上，借减速机的传动而旋转，圆盘的外围放置呈辐射状的铸钢或生铁铸模。铅液经虹吸管流入铸模，调节阀门控制铅液流量，铸模下部采用喷水冷却。在圆盘的另一边将铅锭取出，圆盘不断转动，所以可连续浇铸。

491. 湿法炼铅有哪些方法？

答：（1）氯化铁食盐水浸出法。氯化铁作氧化浸出剂，$NaCl$ 饱和溶液作增溶络合剂，方铅矿 PbS 与 $FeCl_3$ 发生如下反应：

$$PbS + 2FeCl_3 \longrightarrow 2FeCl_2 + PbCl_2 + S \tag{5-7}$$

此工艺的优点为：高铁饱和食盐水作浸出剂，不仅价廉易购，而且利用电解废气（氯气）将其再生并反复循环使用，大大降低了材料的成本；工艺流程简单，浸出反应速度快，金属的浸出率较高。此工艺适合范围较广，可用于处理低品位复杂难选的铜、铅、银、锌等混合硫化矿。

（2）氯气选择性浸出法。与氯化铁食盐水浸出法类似，此法选用氯气作为氧化浸出剂，用氯气通入到加水的硫化铅精矿，其反应如下：

$$PbS + Cl_2 \longrightarrow PbCl_2 + S \tag{5-8}$$

（3）三氯化铁浸出—隔膜电解法。该法利用 $FeCl_3$-$NaCl$ 溶液进行固相转化，在较低的温度和较小的液固比下进行方铅矿的固相转化，而后利用浮选的方法分离杂质达到提高氯化铅比例的目的。隔膜电解的电极反应如下：

阴极反应：
$$Pb^{2+} + 2e \longrightarrow Pb \tag{5-9}$$

阳极反应：
$$Fe^{2+} - e \longrightarrow Fe^{3+} \tag{5-10}$$

与三氯化铁食盐水浸出法相比较，可直接从矿石生产高质量金属铅而无需对溶液进行净化，但由于溶液中铁离子溶度高，电解过程中，三价铁不可避免地透过隔膜在阴极还原，因而电流效率较低。本工艺适合于处理以铅为主的含硅低的多金属硫化物硫金矿。

（4）碳酸化转化法。方铅矿在碳酸铵溶液中，常压且 50~60℃ 通入空气就能转化成碳酸铅和元素硫，其反应如下：

$$PbS + (NH_4)_2CO_3 + 1/2O_2 + H_2O \longrightarrow PbCO_3 + S + 2NH_4OH \qquad (5-11)$$

生成的 $PbCO_3$ 在硅氟酸溶液中溶解，用铅粉置换，净化溶液，最后用不溶阳极电解，在阴极沉积出致密光滑的金属铅。

492. 湿法炼铅有什么优点？

答：湿法炼铅可从成分复杂、品位较低、难以选矿和不适合火法冶炼的铅矿及其他含铅物料中提取铅；生产过程中可避免铅中毒，并使硫化铅中的硫直接以单质硫形态回收，从而克服了 SO_2 对大气的污染；生产规模可大可小，且无论大小都可达到同样的无污染程度；生产过程大都是闭路循环，试剂消耗少。

5.3　铅再生

493. 还原铅、再生铅和铅精矿的区别是什么？

答：（1）还原铅。以废铅作原料，重新回炉冶炼而得，Pb 含量通常为 96%~98%，也可作为生产电解铅的原料。

（2）再生铅。蓄电池用铅量在铅的消费中占很大比例，因此废旧蓄电池是再生铅的主要原料。有的国家再生铅量占总产铅量的 50% 以上。再生铅主要用火法生产。例如，处理废蓄电池时，通常配以 8%~15% 的碎焦、5%~10% 的铁屑和适量的石灰、苏打等熔剂，在反射炉或其他炉中熔炼成粗铅。

（3）铅精矿。矿石经过经济合理的选矿流程选别后，其主要有用组分富集成为精矿，它是选矿厂的最终产品。

494. 再生铅资源有哪些？

答：从废旧金属和工业金属废料中提取的金属称为再生金属，或称二次金属。可用来生产再生铅的原料很广泛，如回收的废蓄电池残片及填料，蓄电池厂及炼铅厂所产的铅浮渣，二次金属回收厂和有色金属生产厂所产的含铅炉渣，二次金属回收和贵金属冶炼厂所产含铅的烟尘，湿法冶金所产的浸出铅渣，铅熔炼所产的铅锍，铅消费部门的各种废料等，其中以废蓄电池的回收量最大。

再生铅原料一般由 Pb、Sb、Sn、Cu、Bi 等元素组成，其中铅含量通常大于

80%。部分再生铅原料化学成分见表 5-3。

表 5-3　再生铅原料的化学成分　　　　　　　　（%）

再生铅原料名称	Pb	Sb	Sn	Cu	Bi
废铅蓄电池极板	85~94	2~6	0.03~0.5	0.03, 0.3	<0.1
压管铅板（管）	>99	<0.5	0.01~0.03	<0.1	—
铅锑合金	85~92	3~8	0.1~1.0	0.1~0.8	0.2~0.5
电缆铅皮	96~99	0.11~0.6	0.4~0.8	0.018~0.31	—
印刷合金	98~99	0.05~0.24	0.05~0.02	0.02~0.13	—

495. 再生铅的生产方法有哪些？

答：再生铅资源具有物理形态和化学成分变化大的特点，从这类原料中提铅应根据具体的原料对象采取不同的处理方法，总的原则是：同一组别的金属及合金废料因化学成分一致或接近一致，可采取直接重熔然后精炼的方法。这是一种成本最低、经济效益最好的利用方法。但大多数再生铅原料是混杂型的，不可能直接重熔处理，但可以通过一定的预处理后（如拆解、破碎、分选等），将其中化学组成一致或接近一致的某一部分或某几部分彼此分离开来，再对分离后的各个组分分别按火法、湿法或湿法—火法联合流程处理。

496. 回收再生铅有什么意义？

答：（1）回收再生铅可节约能源，再生铅能耗仅为原生铅的 25.1%~31.4%，从铅废料中直接回收的再生铅不需要像生产原生铅那样经过采矿、选矿等工序，故生产成本低。据测算，再生铅生产成本比原生铅低 38%。

（2）回收再生铅资源有利于环境保护，铅是有害于环境和人体健康的金属，各种铅废料若不加以合理回收，都将成为环境的污染源，尤其是废蓄电池，只有充分回收利用，才能避免其中的铅膏和硫酸污染环境。

（3）为了保护环境和保证铅工业的持续发展，必须充分利用二次资源，使铅金属进入生产—消费—再生产的良性循环。

497. 我国再生铅的生产情况如何？

答：我国的再生铅工业始于 20 世纪 50 年代。目前，我国的再生铅原料 85%以上来自废蓄电池，而蓄电池行业消耗的铅中又有 50% 为再生铅。因此，从废蓄电池中回收铅在我国铅工业中占有十分重要的地位。

我国再生铅的生产主要有以下几种方法：

（1）小型再生铅生产。我国小型废蓄电池再生铅企业主要采用反射炉、冲天炉和鼓风炉以及坩埚熔炼等工艺，生产规模小，技术落后，回收率仅为65%~70%，劳动强度大，环境污染严重。随着我国环保的日益严苛，小型再生铅企业大面积关停。2017年，再生铅非持证小厂的产量仅65万吨，较2016年下降了50%。

（2）矿产铅生产厂回收废铅料。我国有的炼铅厂也回收部分废铅料，废铅加入到精炼或粗炼工序的相应部分回收铅。以湖北金洋冶金股份有限公司的再生铅生产线为例，其流程为将整只废蓄电池在输送带上打孔放酸，然后在锤式破碎机中破碎，自动分选为金属铅、铅膏、橡胶和塑料四个部分。金属铅直接熔炼成铅锑合金；铅膏经脱硫转化后，进入回转短窑中熔炼，生产再生粗铅；脱硫母液经蒸发结晶，生产副产品硫酸盐；废硫酸经蒸馏生产蓄电池用硫酸；废塑料粉碎制粒后出售。

（3）大型再生铅生产厂。大型再生铅生产厂的生产流程为废蓄电池的破碎分选、铅料脱硫、短窑冶炼、精炼生产再生铅等过程，回收率提高到95%，，能耗降低。每年可回收铅2万吨，节约标准煤1万吨，少向大气排放二氧化硫2万吨，经济效益和社会效益显著。

6 镍 冶 金

6.1 镍基础知识

498. 镍的物理性质有哪些?

答:镍元素符号为 Ni,原子序数为 28,相对原子质量为 58.71,位于第四周期第Ⅷ族。第一电离能 741.1kJ/mol,电负性 1.8,主要氧化数为+2、+3、+4。镍是一种银白色的铁磁性金属,是许多磁性物料的主要组成部分,其含量常为 10%~20%。镍的熔点为 1453℃,沸点为 732℃,密度为 8.9g/cm³。具有良好的导电导热性。基于良好的延展特性,可制成很薄的镍片(厚度小于 0.02mm)。

499. 镍的化学性质有哪些?

答:镍有较好的耐腐蚀性,在大气中不易生锈,且能抵抗苛性碱的腐蚀。无论在水溶液或熔盐内镍抵抗苛性碱的能力都很强,在 50%沸腾苛性钠溶液中每年的腐蚀性速度不超过 25μm,对盐类溶液只容易受到氧化性盐类(如氯化高铁或次氯酸铁盐)的侵蚀。在空气中或氧气中,镍表面上形成一层 NiO 薄膜,可防止进一步氧化,含硫的气体对镍有严重腐蚀。20℃时镍的电极电位为-0.227V,25℃镍的电极电位为-0.231V,若溶液中有少量杂质,尤其是有硫存在时,镍即显著钝化。

500. 镍的主要化合物有哪些?

答:(1)镍有三种氧化物:氧化亚镍(NiO)、四氧化三镍(Ni_3O_4)及三氧化二镍(Ni_2O_3)。三氧化二镍仅在低温时稳定,加热至 400~450℃,即离解为四氧化三镍,进一步提高温度最终变成氧化亚镍;氧化亚镍的熔点为 1650~1660℃,很容易被 C 或 CO 所还原,能溶于硫酸、亚硫酸、盐酸和硝酸等溶液中形成绿色的两价镍盐。当与石灰乳发生反应时,即形成绿色的氢氧化镍($Ni(OH)_2$)沉淀。

(2)镍的硫化物有 NiS_2、NiS_5、Ni_3S_2、NiS。硫化亚镍(NiS)在高温下不稳定,在中性和还原性气氛下受热时按式(6-1)离解:

$$3NiS \Longrightarrow Ni_3S_2 + 1/2\ S_2 \tag{6-1}$$

在冶炼温度下，低硫化镍（Ni_3S_2）是稳定的，其离解压比 FeS 小，但比 Cu_2S 大。

（3）镍的砷化物有砷化镍（NiAs）和二砷化三镍（Ni_3As_2）。前者在自然界中为红砷镍矿，在中性气氛中可按式（6-2）离解：

$$3NiAs \Longrightarrow Ni_3As_2 + As \tag{6-2}$$

在氧化气氛中红砷镍矿的砷一部分形成挥发性的 As_2O_3，一部分则形成无挥发性的砷酸盐。因此，为了更完全地脱砷，在氧化焙烧后还必须再进行还原焙烧，使砷酸盐转变为砷化物，进一步氧化焙烧中再使砷呈 As_2O_3 形态挥发，即进行交替的氧化还原焙烧以完成脱砷过程。

镍类似铁和钴，在 50~100℃ 温度下，可与一氧化碳形成羰基镍（$Ni(CO)_4$），如式（6-3）所示：

$$Ni + 4CO \Longrightarrow Ni(CO)_4 \tag{6-3}$$

当温度提高至 180~200℃ 时，羰基镍又分解为金属镍。这个反应是羰基法提取的理论基础。

501. 镍有哪些用途？

答：镍具有高度的化学稳定性，加热到 700~800℃ 时仍不氧化。镍在化学试剂（碱液和其他试剂）中稳定。镍系磁性金属，具有良好的韧性，有足够的机械强度，能经受各种类型的机械加工（压延、压磨、焊接等）。因此纯镍以及镍合金在国民经济中获得广泛的应用。

（1）镍是高温合金和其他耐热材料的重要组分，高温合金用作火箭和高速喷气机部件。

（2）耐蚀材料：纯镍可用于多种金属材料的电镀。

（3）电子及电气材料：镍可制作各种传感器，作光电显示材料，用于可充电的高能电池等。

（4）储氢金属：作为良好的储氢材料，低温可吸附大量氢，稍升温降压又可析出。

（5）形状记忆合金和有色金属合金。

（6）镍的化合物也有重要用途。硫酸镍主要用于制备镀镍的电解液，甲酸镍则用于油脂的氢化，氢氧化亚镍用于制备碱性电池，硝酸镍还可以在陶瓷工业中用作棕色颜料。

502. 镍的资源分布及产量情况如何？

答：世界镍资源储量十分丰富，在地壳中的含量不少，但比氧、硅、铝、铁、镁要少很多。地核中含镍最高，是天然的镍铁合金。镍矿在地壳中的含量为0.018%，地壳中铁镁质岩石含镍高于硅铝质岩石，例如橄榄岩含镍为花岗岩的1000倍，辉长岩含镍为花岗岩的80倍。世界上镍矿资源分布中，红土镍矿约占55%，硫化物型镍矿占28%，海底铁锰结核中的镍占17%。海底铁锰结核由于开采技术及对海洋污染等因素，目前尚未实际开发。

美国地质调查局2015年发布的数据显示，全球探明镍基础储量约8100万吨，资源总量14800万吨，基础储量的约60%为红土镍矿，约40%为硫化镍矿。

6.2　镍冶金概述

503. 镍冶金原料有哪些？

答：镍矿通常分为3类：硫化镍矿、氧化镍矿和砷化镍矿。

（1）硫化镍矿主要为镍黄铁矿（$(Fe,Ni)_9S_8$）和镍磁黄铁矿（$(NiFe)_7S_8$）。含有铜、钴和铂族元素。矿石品位为0.3%~1.5%，冶炼前需经选矿将品位提高到4%~8%。

（2）氧化镍矿中镍主要以含水的镍镁、硅镁、硅酸盐存在，镍与镁由于其两价离子半径相同，常出现类质同晶现象。氧化镍矿分为两类：一类是高硅镁质的镍矿，包括硅酸镁镍矿和暗蛇纹石（$NiSO_3$、$mMgSiO_3$、nH_2O）；另一类为红土矿是镍（含量1%）、铁（含量40%~50%）氧化物组成的共矿。氧化镍矿难选，因此它目前占镍产量比重不大，但氧化矿占镍储藏量大，特别是红土矿（占氧化矿的80%），因此它是未来镍的主要来源。

（3）砷化镍矿的含镍矿物为红镍矿（$NiAs$）、砷镍矿（$NiAs_2$）、辉砷镍矿（$NiAsS$），此类矿物只有北非摩洛哥有少量产出。

现代镍的生产约有70%产自硫化镍矿，30%产自氧化镍矿。

504. 镍的生产方法有哪些？

答：镍的生产方法分为火法和湿法两大类。火法有鼓风炉熔炼、电炉熔炼、回转窑熔炼等工艺方法。湿法包括焙烧—低压酸浸和矿石直接酸浸两种工艺方法。一般情况下，含镍较高的硅镁镍矿多用火法处理，湿法则用来处理含镍贫的红土矿。

505. 不同的镍矿石经火法冶炼分别得到什么产物？

答：（1）硫化镍矿火法冶炼：

1）鼓风炉熔炼→转炉吹炼→分层熔炼→熔铸→电解精炼→电镍；

2）反射炉熔炼→转炉吹炼→磨浮分离→熔铸→电解精炼→电镍；

3）电炉熔炼→磨浮分离→熔铸→电解精炼→电镍；

4）闪速炉熔炼→磨浮分离→熔铸→电解精炼→电镍。

（2）氧化镍矿火法冶炼：

1）鼓风炉还原硫化熔炼→吹炼→电炉还原→粗镍锭；

2）电炉还原熔炼→镍铁；

3）回转窑粒铁熔炼→含镍粒铁；

4）高炉熔炼→镍磷铁。

另外，通过上述熔炼方法经氧气顶吹转炉吹炼，利用羰基法可以制取镍丸或镍粉。

506. 不同的镍矿石经湿法冶炼方法分别得到什么产物？

答：（1）硫化镍矿湿法冶炼：

1）常压酸浸→还原熔炼→电解精炼→电镍；

2）高压氨浸→氢还原→镍粉。

（2）氧化矿湿法冶炼：

1）高压酸浸→硫化氢还原→硫化镍精矿；

2）还原焙烧→氨浸出→氢还原→镍粉、镍块。

507. 硫化镍的火法冶炼工艺流程是什么？

答： 火法冶炼占硫化矿提镍的 86%，其处理方法是先进行造锍熔炼，制取低镍硫（铜冰镍），然后再送转炉对低镍硫进行吹炼，产出高镍硫（高冰镍）；经缓冷后进行破碎、磨细；通过浮选、磁选产出高品位硫化镍精矿、硫化铜精矿和铜镍合金。硫化镍的火法冶炼工艺流程（见图 6-1）类似于火法炼铜工艺。

508. 什么是造锍熔炼？

答： 造锍熔炼是有色金属冶炼中一个重要的冶金过程，尤其是铜、镍、钴等金属的火法冶金，一般来说，不能直接从精矿或焙砂中炼出金属，而是需要通过一个造锍的中间过程。将硫化物精矿、部分氧化焙烧的焙砂、返料及适量溶剂等物料，在一定温度下（1200~1300℃）进行熔炼，产出两种互不相溶的液相-熔锍和熔渣，这种熔炼过程称为造锍熔炼。

造锍熔炼的原理是基于主体金属对硫的化学亲和力大于其对氧的化学亲和力，从而使金属与硫或几种金属硫化物之间相互熔合为锍。

造锍反应的目的是将炉料中的待提取的有色金属和贵金属聚集于锍中。

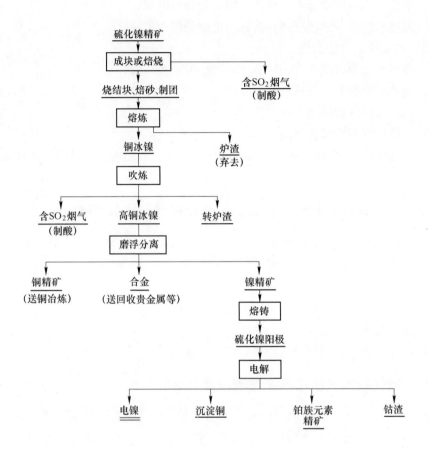

图 6-1　硫化镍的火法冶炼工艺流程

509. 硫化镍精矿的造锍熔炼有哪几种方法?

答:（1）鼓风炉熔炼。鼓风炉熔炼是最早的炼镍方法,我国在 20 世纪 60~70 年代主要采用此方法,目前随着生产规模的扩大,冶炼技术的进步以及环保要求,此法已逐步被淘汰。

（2）电炉熔炼。主要用于低镍锍的生产,我国的金川公司也用电炉处理硫化镍精矿。

（3）闪速熔炼。闪速熔炼是我国熔炼硫化镍精矿生产低镍锍的主要方法。生产工艺包括精矿的深度干燥、配料、闪速熔炼、转炉吹炼和炉渣贫化等过程。闪速熔炼和鼓风熔炼的流程如图 6-2 所示。

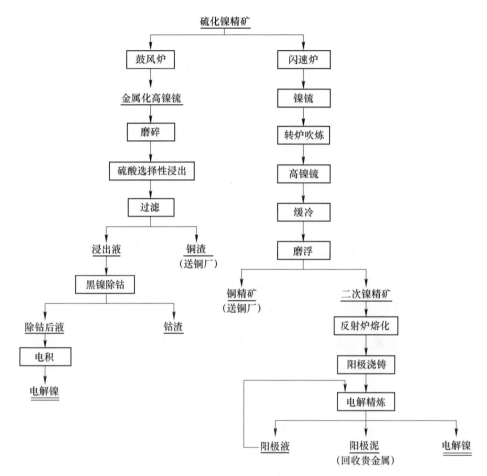

图 6-2 闪速熔炼和鼓风熔炼的流程

510. 造锍熔炼的原料和产物是什么？

答：原矿和精矿都可以进行造锍熔炼，但不同炉型进行造锍熔炼时对物料的要求也不同，如：自然炉、鼓风炉可以直接处理原矿，有的需要对原矿进行加工处理，如：闪速炉、电炉。

造锍熔炼的产物为低镍锍、炉渣、烟气、烟尘等。

511. 杂质元素在造锍熔炼过程中的行为是怎样的？

答：镍精矿中除镍元素外，还有少量的有价金属。如铜、钴及贵金属等。另外还含有杂质金属，如锌、铅、砷、锑等。

（1）铜和钴：精矿中铜、钴都以低价硫化物的形式进入镍锍。少部分被氧化成氧化物，这些氧化物在熔炼炉中与铁的硫化物进行交互反应，生成硫化物，进入镍锍。

（2）铅：PbS 氧化在 FeS 后，在 Cu_2S 前。生成的 PbO 容易与 SiO_2 造渣，PbS 的挥发性很强，随炉气挥发的铅达炉料总含铅量的 20%。在熔炼精矿时，则大部分铅进入镍锍。

（3）砷和锑：砷和锑在炉料中以硫化物和氧化物的形态存在，硫化锑在焙砂和熔炼时的变化与方铅矿相似，但更易挥发。

（4）金和银：金、银等贵金属主要以金属状态溶入镍锍。

512. 镍锍的组成及其性质是什么？

答：熔炼硫化矿所得各种金属的锍是很复杂的硫化物共熔体，但基本上是由金属的低级硫化物所组成，其中富集了所提炼的金属及贵金属。例如镍锍中主要是 Ni_3S_2、FeS、Cu_2S，它们所含镍、铁和硫的总和占镍锍总量的 80%~90%。

513. 镍在炉渣中的损失有哪些？

答：（1）化学损失。镍以 NiO、SiO_2 的形态造渣。在一般情况下，镍以造渣形态损失是很小的，因为炉料中有足够数量的硫和硫化物存在时，形成镍的氧化物的可能性很小。

（2）物理损失。物理损失是指镍以 Ni_3S_2 的形态溶解于渣中。这种损失有时很大。正确地选择炉渣成分是减少镍的物理损失的主要措施。为了降低硫化物在炉渣中的溶解度，应尽可能选择酸度较大的炉渣。

（3）机械损失。机械损失是指镍以镍锍小液珠的形态机械地混入炉渣。在正常熔炼的情况下，机械损失是镍的最大损失。造成这种损失的主要原因是由于镍锍很难与炉渣完全分离。

514. 什么是闪速熔炼？

答：闪速熔炼是现代火法炼镍比较先进的技术，它克服了传统方法未能充分利用粉状精矿的巨大表面积和熔炼分阶段进行的缺点，从而大大减少了能源消耗，提高了硫的利用率，改善了环境。闪速熔炼是将经过深度脱水（含水小于0.3%）的粉状精矿，在喷嘴中与空气或氧气混合后，以高速度（60~70m/s）从反应塔顶部喷入高温（1450~1550℃）的反应塔内，此时精矿颗粒被气体包围，处于悬浮状态，在 2~3s 内就基本上完成了硫化物的分解、氧化和熔化过程。熔融硫化物和氧化物的混合熔体落下到反应塔底部的沉淀池中汇集起来继续完成锍与炉渣的形成过程，并进行沉清分离。炉渣在贫化炉处理后再弃去。

515. 闪速熔炼系统的构成是怎样的？

答： 闪速熔炼系统包括物料制备、闪速熔炼、转炉吹炼等主系统和氧气制备、供水、供风、供电、供油、炉渣贫化和配料系统等，主体为闪速炉，根据入料方式分为两种：矿从反应塔顶垂直喷入炉内的（芬兰）奥托昆普闪速炉和矿从炉子端墙上的喷嘴水平喷入炉内的（加拿大）闪速炉。处理的主要原料是选矿低镁高硫铜镍精矿。闪速炉产生的烟气 SO_2 浓度 8%～12%经余热锅炉、电收尘后制酸。

516. 闪速熔炼的产物成分是什么？

答： 闪速熔炼的产物为铜镍锍和炉渣。

（1）铜镍锍。铜锍镍主要由 Ni_3S_2、Cu_2S 和 FeS 组成，含少量钴的硫化物、游离金属和铂族元素。铜镍锍的性质与铜锍大致相同，$Ni+Cu$ 的总含量为 45%～50%。

（2）炉渣。炼镍炉渣中含 FeO、CaO、SiO_2 和大量 MgO，熔点为 1473K。

517. 闪速熔炼的物料制备工作有哪些？

答： 闪速炉的入炉物料一般有干精矿、粉状熔剂、粉煤等。其制备工作如下：

（1）物料干燥。物料必须干燥至含水分低于 0.3%，当超过 0.5%时，易使精矿在进入反应塔高温气氛中由于水分迅速汽化，而被水汽膜所包围，以致阻碍反应的迅速进行，就有可能造成生料落入沉淀池。金川公司是将含水分 8%～10%的硫化铜镍精矿经短窑（设粉煤燃烧室）、鼠笼打散机和气流管三段低温气流快速干燥，得到含水分小于 0.3%的干精矿。

（2）物料细磨。入炉精矿粒度小于 74μm（200 目）的要大于 80%。因为粒度细，比表面积大，与气体接触面大，传热、传质速度快。此外，石英砂、煤粉等也要经过处理去除水分和磨细。

518. 闪速熔炼的技术指标有哪些？

答： 镍闪速熔炼的主要指标为：精矿处理量 50t/h；反应塔耗油量 1733kg/h，沉淀池耗油 1400kg/h；主要金属回收率为 Ni 97.16%、Cu 98.48%、Co 65.46%、硫回收率高于 95%。

519. 闪速熔炼如何控制料比？

答： 闪速炉的入炉物料包括从反应塔顶加入的干精矿、石英粉、烟灰及从贫化区加入的返料、石英石、块煤两部分。但是从反应塔顶加入的物料配比对熔炼过程起着决定性作用。其合理料比是根据闪速熔炼工艺所选定的炉渣成分、镍锍品位等目标值和入炉物料的成分通过计算确定的。

520. 镍锍温度如何控制？

答：闪速炉的操作温度的控制十分严格，温度过低，则熔炼产物黏度高、流动性差、渣与镍锍的分层不好，渣中进入的有价金属量增大，最终造成熔体排放困难，有价金属的损失量增大，若操作温度控制过高，则会对炉体的结构造成大的损伤。因此，控制好闪速炉的操作温度是炉子技术控制的关键部分。在实际生产中，是通过稳定镍锍品位、调整闪速炉的重油量、鼓风富氧浓度、鼓风温度等来控制镍锍温度的。

521. 控制镍锍品位的意义是什么？

答：所谓镍锍品位，指的是低镍锍中的镍和铜的含量的和。镍锍品位是闪速炉技术控制的一个重要的控制参数；对闪速炉、转炉、贫化电炉三个工序连续稳定、均衡生产及产品指标控制起着决定性作用。闪速炉镍锍品位越高，在闪速炉内精矿中铁和硫的氧化量越大，获得的热量也越多，可相应减少闪速炉的重油量。但镍锍品位越高，镍锍和炉渣的熔点越高，为保持熔体应有的流动性所需要的温度越高，不仅对炉体结构很不利，并且进入渣中的有价金属量越多，损失也越大。闪速炉镍锍品位越低，在闪速炉内铁和硫的氧化量越少，获得的热量也越少，需相应增加闪速炉的重油加入量；镍锍品位低，镍锍产率相应要增大，转炉吹炼过程中，冷料处理量增大，但渣量也要增大，给贫化电炉生产将带来困难，生产难以连续均衡进行。在实际生产中，镍锍品位的控制是通过调整每吨精矿耗氧量来进行。

522. 渣型 Fe/SiO$_2$ 如何控制？

答：闪速炉熔炼过程要求所产生的炉渣有良好的渣型，具体表现为：有价金属在渣中溶解度低，即进入渣中的有价金属少；镍锍与炉渣的分离良好，流动性好，易于排放和堵口。

渣型的控制是通过对渣的 Fe/SiO$_2$ 的控制来实现的，即通过调整熔炼过程中加入的熔剂量来进行控制的。在生产过程中，通常控制渣 Fe/SiO$_2$ 为 1.15~1.25，控制反应塔熔剂/精矿量为 0.23~0.25。贫化区熔剂量根据返料加入量成分的不同适当加入。

523. 电炉熔炼的优缺点是什么？

答： 电炉熔炼的优点为：（1）熔池温度易于调节，并能获得较高的温度，可处理含难熔物较多的物料，炉渣易于过热，有利于四氧化三铁的还原，渣含有价金属较低。（2）炉气量较小，含尘较低。完善的电炉密封，可提高烟气二氧化硫浓度，并可加以利用。（3）对物料的质量适应范围大，可以处理一些杂料、返料。（4）容易控制，便于操作，易于实现机械化和自动化。（5）炉气温度低，热利用率达 45%~60%，炉顶及部分炉墙可以用廉价的耐火黏土砖砌筑，节约成本。

电炉熔炼缺点为：（1）电能消耗大，电费较高时，加工费高。（2）对炉料含水分要求严格（不高于 3%）。（3）脱硫率低（16%~20%），处理含硫高的物料时，应在熔炼前采取必要的脱硫措施。

524. 电炉熔炼的产物成分是什么？

答： 电炉熔炼硫化镍精矿时，其产品有：

（1）低镍锍。冶炼的中间产品，低镍锍主要由硫化镍（Ni_3S_2）、硫化铜（Cu_2S）、硫化铁（FeS）所组成，此外低镍锍中还有一部分硫化钴、贵金属和一些游离金属及合金。在低镍锍中还溶解有少量磁性氧化铁，要送至转炉工序进一步富集。

（2）炉渣。电炉熔炼产出的炉渣主要由以下五个主要成分构成：SiO_2、FeO、MgO、Al_2O_3 和 CaO，它们的总和约占总量的 97%~98%。此外还含有少量 Fe_3O_4、铁酸盐以及金属的氧化物和硫化物。炉渣因含贵金属很低而废弃。

（3）烟气。烟气经收尘、制酸后排入大气。

（4）烟尘。收得的烟尘则返回电炉熔炼。

525. 低镍锍的产出率的影响因素有哪些？

答： 低镍锍的产出率取决于入炉物料的含硫量和电炉熔炼过程脱硫率。入炉物料含硫量越高，低镍锍的产率越大，低镍锍中有价金属的含量（低镍锍品位）越低。在电炉熔炼过程中，并不是所有入炉物料中的硫都生成低镍锍，而是有一部分应生成气体 SO_2 被脱除，脱除和溶解在炉渣中的硫量越多，则电炉熔炼过程中脱硫率越高，这时低镍锍的产率越小，低镍锍中有价金属的含量（低镍锍品位）越高。

526. 炉渣成分对炉渣性质及金属损失的影响是什么？

答：（1）SiO_2：渣中含 SiO_2 通常为 38%~45%。在相同温度下，随 SiO_2 含量

增高，炉渣导电性下降，黏度升高同时热容量增大，炉料熔化的耗电量增加；随着 SiO_2 含量增高，Ni_3S_2、Cu_2S 和 CoS 在炉渣中溶解度下降，但黏度增加，也加大了机械夹杂损失。因此，在电炉熔炼中，为降低金属损失，炉渣中 SiO_2 含量控制在 38%~41%比较合适。

（2）FeO：氧化亚铁能大大改变炉渣性质，尤其是导电性。随着 FeO 含量增高，炉渣的导电性升高，熔点降低（高铁渣流动性好），但是密度大，低镍锍和炉渣界面上的表面张力降低，低镍锍与炉渣分离条件恶化，导致金属损失增加。此外，高铁渣能很好地溶解硫化物，同样会增加金属损失。在熔炼过程中，渣中氧化亚铁的最佳含量为 25%~32%。

（3）MgO：渣含 MgO 高，是硫化铜镍矿电炉熔炼的一个特点。当渣含 MgO 低于 10%时，对炉渣性质没有很大影响。随着 MgO 含量增高至超过 14%时，炉渣熔点迅速上升，黏度增大，单位电耗增大。炉渣中含 MgO 高于 22%时，炉渣电导率增大。随着 MgO 升高和 FeO 下降，渣中含有价金属降低。电炉熔炼的炉渣中氧化镁的最佳含量为 10%~12%。

（4）CaO：电炉渣含氧化钙不高，一般为 3%~8%，这种含量对炉渣的性质不产生重大影响。随着 CaO 含量增高到 18%，炉渣导电增大 1~2 倍，渣密度和黏度降低，硫化物（特别是 Co）在渣中溶解度减小。

（5）Al_2O_3：渣中含 Al_2O_3 5%~12%。如同氧化钙一样，少量的氧化铝存在对炉渣性质不产生重大影响。随氧化铝含量增加，炉渣黏度和金属损失增大。

527. 什么是低镍锍吹炼？

答：将低镍锍中的铁以及与之化合的硫和其他杂质被氧化后与石英造渣，部分硫和其他一些挥发性杂质氧化后随烟尘排出，从而得到含有价金属（Ni、Cu、Co 等）较高的高镍锍和含有价金属较低的转炉渣。高镍锍和转炉渣由于它们各自的密度不同而进行分层，密度小的转炉渣浮于上层被排出。高镍锍中的 Ni、Cu 大部分仍然以金属硫化物状态存在，少部分金属以合金状态存在，低镍锍中的贵金属和部分钴也进入高镍锍中。

528. 什么是高镍锍？

答：在镍锍的吹炼过程中，通过向转炉内熔体低镍锍中鼓入空气和加入适量的石英熔剂，使 FeS 氧化造渣，除去铁和部分硫，产出主要由 Ni_2S_2 和 Cu_2S 组成并富集了贵金属的镍锍，即为高镍锍。

一般高镍锍含 Ni+Cu 的总和为 70%~75%，含硫为 18%~24%。

529. 低镍锍吹炼的特点是什么？

答：低镍锍吹炼只有造渣过程：

$$2Fe + O_2 + SiO_2 === 2FeO \cdot SiO_2 \qquad (6-4)$$

$$2FeS + 3O_2 + SiO_2 === 2FeO \cdot SiO_2 + 2SO_2 \qquad (6-5)$$

吹炼直到产出高镍锍为止，而没有造金属过程。因为反应（6-6）要在1773K 高温才能进行，而空气吹炼温度为 1623K。

$$Ni_3S_2 + 4NiO === 7Ni + 2SO_2 \qquad (6-6)$$

530. 铜、镍、钴、铁的硫化次序是什么？

答：吹炼过程中铁最易与氧结合，其次为钴，再其次为镍，铜最难与氧结合。金属的硫化次序与氧化次序正好相反，即首先被硫化的是铜，其次是镍，再其次是钴，最后是铁。由于铁与氧的亲和力最大，与硫的亲和力最小，所以铁最先被氧化造渣除去。在铁氧化造渣除去以后，接着被以后造渣除去的按氧化和硫化次序应该是钴，但因为钴的含量少，在钴氧化除去的时候，镍也开始氧化造渣除去，正因为这样，吹炼过程就必须控制在铁还没有完全氧化造渣除去之前，就结束造渣吹炼，目的是不让钴、镍造渣除去。但也有少部分钴、镍进入渣中，也就导致了吹炼过程中有价金属的损失，但可以通过其他方法回收。

531. 镍在吹炼过程中的行为是怎样的？

答：镍的氧化在铁、钴之后，硫化性能在铁、钴之前，在吹炼前中期大部分镍以硫化物状态存在，少部分被氧化以氧化物状态存在并损失于渣中，在吹炼后期当镍锍含铁降到8%时，镍锍中的 Ni_3S_2 开始剧烈地氧化和造渣，因此，在生产上为了使渣含镍降低，镍锍含铁吹到不低于20%便放渣并接收新的一批镍锍，如此反复进行，直到炉内具有足够数量的富镍锍时，进行筛炉操作，将富镍锍中的铁集中吹到2%~4%后放渣出炉，产生含镍45%~50%的高镍锍。

532. 高镍硫缓冷工序的目的是什么？

答：经过吹炼得到的高镍锍，其主要成分为镍、铜金属硫化物及少量的富含稀贵金属的镍、铜、铁的合金所组成的共熔体。为进一步提炼镍、铜及贵金属，需要对高镍锍的各组成成分进行进一步的分离。高镍锍的缓冷就是将转炉产出的高镍锍熔体注入保温模内，缓冷 72h，以使其中的铜锍化物、镍锍化物和铜镍合金相分别结晶，有利于下一步相互分离。

533. 高镍硫缓冷工序的设备是什么？

答：缓冷用的铸模可以由耐火砖砌筑或用耐热铸铁铸成，其容量根据高镍锍的产量可分为几种，形状可为方梯形、圆截锥体等，竖壁内表面光滑，高度根据铸锭大小、保温缓冷曲线要求及破碎条件而定，一般为 600mm 左右。5t 以下的铸锭可在高镍锍熔体铸入模内并稍微冷却后，在其中心插入用耐火料裹住的圆钢吊钩，使其与高镍锍一起冷却，便于冷却后起吊。大的铸模应设豁口，浇铸高镍锍前用黄泥封死，起吊时取开，以便用夹钳起吊高镍锍块。为达到高镍锍缓冷的目的，铸模上还配有保温盖，保温盖用钢板焊制，内衬保温材料。

534. 高镍硫缓冷过程的降温秩序是什么？

答：（1）温度在 1200K 以上时，锍镍中的各组分完全混熔。温度降到 1200K 以下时，Cu_2S 开始结晶，温度越低，液相中 Cu_2S 析出得越多，缓冷使 Cu_2S 趋向于生成粗粒晶体。

（2）熔体降温到约 973K 时，金属相铜、镍合金开始结晶。

（3）当温度降到 848K 时，Ni_3S_2 开始结晶。同时液态熔体完全冷固。该温度点为铜、镍、硫三元共晶液相的共晶点。此时，镍在 Cu_2S 中含量小于 0.5%，铜在 Ni_3S_2 中含量约 6%。

（4）固体温度降到 793K 时，Ni_3S_2 完成结构转化，由高温的 β 型转化为低温的 β′ 型。析出部分 Cu_2S 和 Cu-Ni 合金，铜在 β′ 基体中的含量下降为 2.5%，793K 也是三元系共晶点。

（5）温度继续下降，Ni_3S_2 相中不断析出 Cu_2S 和 Cu-Ni 合金相，直至 644K 为止。此时 Ni_3S_2 相中含铜小于 0.5%。

535. 高镍锍缓冷作业的影响因素有哪些？

答：缓冷的质量首先取决于要有足够的冷却保温时间，现场要求保温时间为 72h；其次，影响缓冷质量的因素还有模内高镍锍的冷却速度、铸锭的散热面积、铸锭的质量、保温措施及环境温度等。为控制铸锭的冷却速度及生产安全，现场铸模均埋于厂房地表以下。要求保温罩的隔离效果要好，放到坑上应稳定，不得有空隙，在冬季应加强浇铸厂房的密封，避免浇铸厂房有对流空气发生。

536. 什么是磨浮分离法？

答：磨浮分离法是 20 世纪 40 年代才发展起来的一种高镍锍铜镍分离工艺。由于其成本低、效率高，一经问世就备受青睐，并发展成为迄今为止最重要的高镍锍铜镍分离方法。其理论依据是，当高镍锍从转炉倒出时，温度由 1205℃ 降至 927℃ 的过程中，铜、镍和硫在熔体中还完全混熔；当温度降至 920℃ 时，硫化亚铜（Cu_2S）首先结晶析出；继续冷却至 800℃ 时，铂族金属的捕收剂——铜铁镍合金晶体开始析出，β-Ni_3S_2 的结晶温度为 725℃，且大部分在共晶点（即所有液相全部凝固的最低温度）575℃ 时结晶出来，所以总是作为基底矿物以充填的形式分布于枝晶铜矿中。

此时 β-Ni_3S_2 相含铜约 6%。固体高镍锍继续冷却达到类共晶温度 520℃，Cu_2S 及合金相从固体 Ni_3S_2 中扩散出来，其中铜的溶解度下降为约 2.5%，至 390℃ Ni_3S_2 中的铜的溶解度则小于 0.5%，在此温度以下，即不再有明显的析出现象发生。此时，Cu_2S 晶体粒径已达几百微米，共晶生成的微粒晶体完全消失，只剩一种粗大的容易解离且易采用普通方法选别的 Cu_2S 晶体。而合金则一般为 50~200μm，且自形晶体程度较好，光片中多为自形的六面体或八面体出现，呈等粒状，周边平直，容易单体解离，具延展性和强磁性，采用磁选方法就能予以回收。

537. 磨浮分离法的产物是什么？

答：（1）硫化铜精矿：含铜 69%~71%、含镍 3.4%~3.7%，送铜冶炼工序。

（2）硫化镍精矿：含镍 62%~63%、含铜 3.3%~3.6%。经焙烧—还原熔炼铸成金属镍阳极或直接铸成硫化镍阳极。

（3）铜镍合金：含镍 60%，含铜 17% 和绝大部分贵金属。经磁选后得到一次合金。由于一次合金贵金属品位较低，须将一次合金配入含硫物料中进行硫化熔炼和吹炼，使贵金属进一步富集于二次高镍锍合金中，以便贵金属的提取。

538. 什么是镍的隔膜电解精炼法？

答：镍电解精炼阳极有硫化镍、粗镍和镍基合金三种。其中硫化镍阳极电解工艺占我国电镍总产量的 90% 以上。由于此工艺取消了高镍锍的焙烧与还原熔炼工艺，从而简化了流程，减少了建厂投资和生产消耗。但是硫化镍阳极含硫较高（一般含硫 20%~25%，含镍 65%~75%），因此电耗大，残极返回量大，阳极板易破裂。同时由于阳极板成分复杂，杂质含量高，因此为获得高质量的电镍，必须采用有别于其他电解精炼的方法，即隔膜电解法。

所谓隔膜电解就是用帆布制作成一个袋。阴极放在袋里，阳极放在袋外。隔膜袋内液面比袋外液面高 50~100mm，这样就可以保证阴极电解液通过隔膜的滤过速度大于在电流的影响下铜、铁等杂质离子从阳极移向阴极的速度。也就是说电解液由阴极区流向阳极区，从而保证了阴极室内电解液的纯度。

阳极区的电解液，也称阳极液，不断从电解槽流出，送去净化，阳极液必须进行深度净化后，才能再送到阴极区—隔膜袋内，进行电解提镍。这是由于镍的平衡电位较负，难以析出，如果不进行深度净化，存在于电解液中的大部分阳离子在阴极区将与镍共同析出。造成电镍含杂质高，纯度不够。还需要注意的就是，为了避免 H^+ 放电析出，必须控制电解液的酸度。

539. 镍的电解精炼有什么特点？

答：镍的电解精炼的特点：隔膜电解，电解液低酸，电解液深度净化。

540. 镍电解液净化的流程是什么？

答：我国采取的阳极液净化的流程为：首先用空气将电解液中 Fe^{2+} 氧化成 Fe^{3+}，然后水解沉淀即可除去大部分的铁，滤渣加 H_2SO_4、Na_2CO_3、$NaClO_3$，采用黄钠铁矾法进一步除铁，所得滤液返回。除铁后的滤液调整 pH 值到 3.5 以下，加镍粉除铜。除铜后的滤液用 Na_2CO_3 调整 pH 值为 4.8，再通氯气作为强氧化剂除钴，使 Co^{2+} 氧化成 Co^{3+}，然后水解成氢氧化物沉淀。在氯气氧化除钴的同时，杂质铅、锌可用共沉淀法脱除，即 Pb 也被氧化成 PbO_2，还有部分镍被氧化成 $Ni(OH)_3$，PbO_2 被 $Ni(OH)_3$ 沉淀吸附除去。铅、锌的脱除在我国也采用离子交换法，即利用在含有较多的 Cl^- 的溶液中，使 Zn^{2+} 与 Cl^- 结合生成 $ZnCl_4^{2-}$ 配合物离子，再用阴离子交换树脂可将锌除去，微量的铅也可同时除去。

541. 羰基法生产镍的工艺原理是什么？

答：CO 能与镍反应生成气态 $Ni(CO)_4$：

$$Ni(S) + 4CO \longrightarrow Ni(CO)_4(g) \tag{6-7}$$

这个反应为可逆反应，对镍的选择性高，对铜和铂族元素不起作用，铁和钴的羰基化合物可利用熔点和沸点的不同与羰基镍分离从而获得纯羰基镍。

542. 羰化反应时各元素的行为是什么？

答：(1) 金属镍。极易与 CO 发生羰化反应，羰化率为 95% 以上。

(2) 硫化镍。在羰化过程中，可与金属铜反应：

$$Ni_3S_2 + 4Cu \longrightarrow 2Cu_2S + 3Ni \tag{6-8}$$

(3) 铁。铁的羰化率随压力升高而增加，在 20MPa 下的羰化率为 80%，FeS 几乎不发生反应。

(4) 钴。在高压条件下，少量金属钴发生反应：

$$Co + 8CO \longrightarrow Co_2(CO)_8 \tag{6-9}$$
$$Co + 12CO \longrightarrow Co_4(CO)_{12} \tag{6-10}$$

(5) 铜和铂族元素。不发生羰化反应。

(6) 硫。硫在羰化中起积极作用，一是在物料表面传递 CO，起活化作用；二是使铜、钴等金属生成硫化物免受羰化损失。

543. 羰基法生产镍的工艺流程是什么？

答：羰基镍的生产工艺包括原料熔化、粒化、合成、精馏和分解等主要工序。羰基镍的生产方法有常压、中压和高压合成。辅助工序包括 CO 的生产、解毒和废料的回收处理。我国目前采用高压合成羰基镍的工艺流程，如图 6-3 所示。

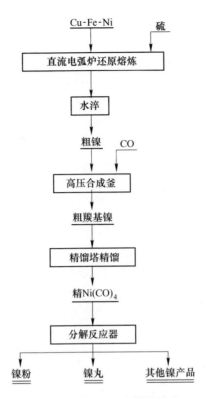

图 6-3 羰基法生产镍的流程

544. 硫化镍精矿的高压氨浸法生产流程是什么？

答： 高压氨浸法主要处理镍黄铁矿，生产流程包括加压氨浸、浸出液蒸氨与除铜、氧化水解和加压氢还原制取镍粉和镍粉压块等。

（1）加压氨浸过程。在升高氧压和温度条件下，精矿中的硫化物与溶液中的氨反应，使镍、钴、铜生成可溶性的氨络合物，硫则氧化成可溶性的硫酸根离子，铁转化为不溶的三氧化二铁：

$$NiS + 2O_2 + 6NH_3 \rightleftharpoons Ni(NH_3)6SO_4 \tag{6-11}$$

$$4FeS + 9O_2 + 8NH_3 + 4H_2O \rightleftharpoons 2Fe_2O_3 + 8NH_4^+ + 4SO_4^{2-} \tag{6-12}$$

（2）蒸氨和除铜。升温蒸出部分氨后，铜呈 CuS 沉淀：

$$Cu^{2+} + S_2O_3^{2-} + H_2O \rightleftharpoons CuS + 2H^+ + SO_4^{2-} \tag{6-13}$$

操作在密闭蒸馏罐中进行，用蒸汽直接加热，操作温度 393K。蒸氨后通入 H_2S 可将铜降到 $0.002g/L$。

（3）氧化水解。使除铜溶液中未反应的 $S_2O_3^{2-}$ 氧化，以免影响还原镍粉的质量：

$$(NH_4)_2S_2O_3 + 2O_2 + H_2O + 2NH_3 \Longrightarrow 2(NH_4)_2SO_4 \qquad (6\text{-}14)$$

$$NH_4SO_3 \cdot NH_2 + H_2O \Longrightarrow 2(NH_4)_2SO_4 \qquad (6\text{-}15)$$

操作在高压釜中进行，总压力为 4.9MPa，温度为 493K。反应后，$S_2O_3^{2-}$ 的浓度降到 0.005g/L。

（4）加压氢还原。在高压釜内，用氢作还原剂从溶液中还原镍：

$$Ni^{2+} + H_2 \Longrightarrow Ni + 2H^+ \qquad (6\text{-}16)$$

维持压力 2.45~3.14MPa，温度 473K，得到含镍 99.9%的镍粉。母液经硫化氢沉钴后回收硫酸铵作原料，钴渣为提钴原料。

545. 硫化镍精矿的硫酸化焙烧—浸出法生产流程是什么？

答：硫酸化焙烧—浸出法主要处理镍磁黄铁矿，生产流程包括沸腾焙烧、焙砂浸出、铁置换。

（1）沸腾焙烧。在 37.2m² 沸腾炉内进行，控制温度 935K，使铜、镍、钴变成可溶性硫酸盐，铁变成 Fe_2O_3 沉淀。

（2）焙烧浸出及铁置换。在 5 台浓密机中进行，温度 353K，加铁屑置换溶液中的镍、铜、钴，得到镍精矿。

7 钨钼冶金

7.1 钨冶金

546. 什么是稀有金属，稀有金属的分类及其特点是什么？

答：稀有金属通常指自然界中含量较少或者分布稀散的金属。稀有金属这个概念的提出并不是因为稀有金属的丰度较少，而是人们发现、研究、生产及应用起步较晚，故而认为是"稀有的"。

稀有金属根据物理化学性质或者在矿物中的共生情况，可分为以下五类：

（1）稀有轻金属，主要包括元素周期表第ⅠA族的锂、铷、铯和第ⅡA族的铍。其共同特点是密度小，其氧化物和氯化物较为稳定，一般采用熔盐电解法或金属热还原法制取。

（2）稀有高熔点金属，包括元素周期表第ⅣB族的钛、锆、铪，第ⅤB族的钒、钽、铌，第ⅥB族的钨、钼，第ⅦB族的铼。其特点是熔点高。

（3）稀土金属，包括元素周期表第ⅢB族的钪、钇及镧系元素。其特点是最外两层电子结构相同。

（4）稀有分散性金属，包括周期表第ⅢA族的镓、铟、铊，第ⅣA族的锗，第ⅥA族硒、碲，第ⅦB族的铼，其特点是只有极少的独立矿物，一般以类质同象形态存在于其他矿物中。

（5）稀有放射性金属，包括各种放射性金属钫、锝、钋、镭及锕系元素。它们由于性质相近，因此在矿物中往往共生，其生产方法与稀土金属相似。

547. 稀有金属生产的主要步骤是什么？

答：稀有金属生产流程各不相同，但是一般来说其过程都经历了以下几个阶段：

（1）精矿分解。精矿分解的目的是利用化学试剂将这种稳定化合物破坏，并使得稀有金属元素与伴生金属初步分离。

（2）纯化合物的制取。纯化合物的制取一方面可以除去有害杂质，另一方面可以将共生的各种性质相近的稀有金属相互分离。

（3）金属生产。用还原法、电解法或者热离解法从获得的纯化合物中制取金属。

（4）高纯致密稀有金属生产。根据市场需求将稀有金属制成致密金属，以满足市场需求。

548. 钨的主要物理化学性质有哪些？

答：钨平均相对原子质量为 183.85，密度根据晶型结构不同为 15.8～19.25g/cm^3，熔点为 3390～3423℃，沸点为 5700℃±200℃，钨的熔点和沸点在各种金属中是最高的。在钨的化合物中，钨可以呈-2 价、-1 价、+2 价、+4 价、+5 价、+6 价，+5 价和+6 价是其最常见的价态，钨的低氧化态化合物呈碱性，高氧化态化合物呈酸性。一方面钨被看成颇具惰性的金属，甚至高温下也能经受陶瓷、玻璃及熔融金属的侵蚀；另一方面尽管钨是熔点最高的金属，但它抗氧化性差是最大的缺陷，同时钨又能与氟、王水、过氧化氢等发生反应。

549. 钨及其化合物主要的用途

答：（1）合金钢。很大一部分钨用于生产特种合金钢，最主要的是高速切削钢，也可制作各种工具如磨刀等，也广泛用于钨钢和铬钨钢。

（2）碳化钨为基的硬质合金。碳化钨的硬度、耐磨性和熔点都非常高，各种切削工具和钻孔工具的工作部分，都是用碳化钨为基的硬质合金制作的。

（3）电真空及照明材料。金属钨丝、薄带以及致密金属钨零件广泛用于电照明和电子工业，钨也可以做 X 射线管的靶子、气体放电管、各种电器触点以及用作高温炉的发热元件。

（4）钨的化合物广泛用于纺织工业和化学工业中，例如制造催化剂、润滑剂以及防火、防水织物。

550. 钨主要化合物的性质是什么？

答：（1）钨的氧化物。钨主要氧化物有三氧化钨、二氧化钨及中间氧化物。三氧化钨能溶于碱或者氨水，不溶于除氢氟酸外所有无机酸；二氧化钨不溶于水、碱和稀酸。钨的中间氧化物主要有蓝色粉末状的 $WO_{2.90}$ 和紫色的 $WO_{2.72}$。

（2）钨酸。钨酸有黄钨酸、胶态白钨酸和粉状白钨酸等形态。可以利用钨酸在水中和盐酸中溶解度远小于钼酸这一性质，来分离钨酸中的杂质钼。

（3）正钨酸盐。碱金属及铵的正钨酸盐均溶于水，碱土金属（除镁外）及铁、锰、铜等金属的正钨酸盐均难溶于水。

（4）钨的同多酸及其盐。将正钨酸盐溶液酸化，钨酸根离子将聚合成多种同多酸根。

1）仲钨酸盐。仲钨酸铵，简称 APT，在水中溶解度小；仲钨酸钠在水中的溶解度随着温度的升高而急剧升高。

2）偏钨酸及其盐。偏钨酸及其盐的特点是在水中溶解度较大，偏钨酸铵在工业生产上有较大的意义。

（5）杂多酸及其盐。在弱酸性及酸性溶液中，当有杂质硅酸盐、磷酸盐、砷酸盐等存在时，钨能以 W_3O_{10} 形态取代硅酸根等离子中的氧而形成杂多酸或者杂多酸盐。

（6）钨的卤化物。钨的卤化物共同的特点是沸点、熔点低，有的在高温下易发生歧化反应，人们对钨的卤化物研究不够透彻，需要进一步研究。

（7）钨的碳化物。钨具有 WC、W_2C 两种碳化物，它们熔点高、硬度大，主要用于制作硬质合金。

551. 钨矿物主要有哪些？

答： 钨在地壳中的平均含量约为 0.007%。钨矿分原生矿床和砂矿矿床。它的特点是结成集合体并含有复杂的矿物成分，单一的钨矿石很少见。钨矿物常和锡石、辉钼矿、黄铁矿、黄铜矿、毒砂、辉铋矿、闪锌矿、方铅矿以及其他矿物共生。自然界已发现有 15 种以上不同的钨矿物，其中工业价值最高的是黑钨矿和白钨矿。黑钨矿由钨酸铁和钨酸锰两种成分组成，矿石呈黑色、褐色或红褐色，密度为 $7.1 \sim 7.9 \mathrm{g/cm^3}$，具有弱磁性。白钨矿主要由钨酸钙组成，呈白色、黄色、灰色或褐色，密度为 $5.9 \sim 6.1 \mathrm{g/cm^3}$，无磁性。钨原矿品位较低，最富的钨矿含 WO_3 约 2%~3%，通常在生产前先将原矿进行多次精选。我国钨资源极为丰富，分布在中南、华北和西北等地区，主要集中在湘、粤、赣三省，其中又以南岭山脉为主。

552. 冶炼时对钨矿的要求是什么？

答： 钨在地壳中丰度仅为 0.00011%，主要为黑钨矿和白钨矿。一般开采出来的原矿中，WO_3 的品位约为 0.2%~0.8%，随着钨资源的开发，还有降低的趋势。因此，开采出来的原矿石需要经过一系列的选矿过程，分离有用矿石和脉石成分，将矿石富集成精矿，才可作为冶炼的原料。经过选矿得到的精矿成分大致为：WO_3 65%、S 0.5%~0.8%、P 0.03%~0.1%、As 0.05%~0.2%、Ca 1%~3%（黑钨精矿）、Fe 2%~3%（白钨精矿）、Mo 0.05%~0.2%、SiO_2 1%~3%、Sn 0.1%~0.4%。

以上钨精矿可作为冶炼的原料，这样可以保证有较高的回收率，较低的药剂、能量消耗，使得冶炼厂对原料的适应性增强。

553. 钨储量状况如何？

答：据不完全统计，世界探明的钨工业储量近 460 万吨，各国工业储量见表 7-1。

表 7-1　各国工业储量

国家或地区	中国	加拿大	秘鲁	俄罗斯	澳大利亚	西班牙
储量/万吨	168.2	92.7	29.5	26.5	22.5	18.0
国家或地区	美国	英国	韩国	玻利维亚	土耳其	其他
储量/万吨	14.7	12.1	11.9	11.7	7.3	47.7

我国为世界上的钨资源大国，占全世界总钨资源的 55%，主要集中在南岭山脉两侧的江西、湖南、福建、广东、广西等省、自治区。

554. 钨的生产方法是什么？

答：钨冶金主要是以钨精矿为基本原料，通过各种方法，生产出纯钨粉、钨条、钨丝和钨锭。钨由于熔点高，高温下又易和别的物质化合，难以像炼铁、炼铅那样，把钨精矿直接冶炼成金属锭，从而使绝大部分杂质分离除去。因此，钨冶金过程是多阶段性的，一般第一阶段生产纯钨化合物，主要是 WO_3；第二阶段还原 WO_3 生产钨粉；第三阶段用粉末冶金方法生产钨条、钨丝、钨锭等。

555. 碱法生产 WO_3 为什么要先分解精矿？

答：黑钨精矿含 WO_3 65% 以上，其中最大量的杂质是铁和锰，与钨以化合物钨酸铁（$FeWO_4$）和钨酸锰（$MnWO_4$）状态存在，必须使精矿分解才能除去铁和锰。黑钨精矿的分解，主要应用苏打烧结法和苛性钠溶液分解法。

556. 黑钨矿苏打烧结法的基本原理是什么？

答：苏打与磨细的黑钨矿在 800~900℃ 下相互作用，生成钨酸钠和铁、锰的氧化物，产物呈烧结块状；用水浸洗烧结块，其中的钨酸钠溶于水得到钨酸钠溶液；铁和锰的氧化物不溶于水，经过滤留在滤渣中，从而达到除去铁和锰的目的。烧结反应过程中，由于高温下空气中氧的氧化作用使矿石中的铁锰变成高价氧化铁和氧化锰，生产中为了增强这种作用，往往向炉料中加入少量硝石。苏打的加入量一般为理论计算量的 115%~150%，目的是为了保证精矿完全分解。

557. 苏打高压浸出法的碱度对钨浸出率的影响及改进措施是什么？

答：苏打高压浸出的一个特殊问题是浸出液碱度的影响，由于 $NaCO_3$ 与 CO_2

作用可生成 $NaHCO_3$，使浸出体系 pH 值下降。pH 值下降意味着碳酸根离子浓度降低，钨的浸出率下降。因此，添加适量的 NaOH，或者排出部分 CO_2 气均可使 $NaHCO_3$ 分解为 $NaCO_3$ 以确保得到较高的钨浸出率。

558. 什么是热球磨碱浸工艺？

答：热球磨碱浸过程是将钨矿物原料不经预球磨而直接与 NaOH 溶液一起加入热磨反应器中进行浸出，它将矿物的磨细作用、对矿浆的强烈搅拌作用与浸出过程中的化学反应结合在一个设备中完成，同时可以不断去除包裹在矿物表面的固体反应物，因而使反应大大加速，能在较短时间内获得高的浸出率。该方法主要优点为：对原料适应性广，对于白钨矿或含钙高的体系可添加 Na_3PO_4 提高分解率并防止可逆反应造成的钨的损失，因此能有效处理包括黑钨精矿、低品位黑白钨混合矿在内的各种钨矿物原料；省去了单独的磨矿工序，且在较低的碱用量下能获得高的分解率，因而流程短、回收率高、杂质浸出率低、能耗较小。

559. 苛性钠浸出液中 NaOH 的回收方法是什么？

答：苛性钠浸出法处理白钨矿或低品位钨中矿时，浸出液中含有大量的游离 NaOH，应将此浸出液进行钨碱分离后才能送入净化工序。回收 NaOH 的方法有两种：浓缩结晶法和离子膜电解法。浓缩结晶法是利用 Na_2WO_4 在碱液中溶解度小这一特性，将浸出液蒸发浓缩，Na_2WO_4 过饱和结晶析出，过滤得到的 Na_2WO_4 晶体再用水溶解后送净化工序，而结晶母液主要为 NaOH，可返回浸出使用。离子膜电解法回收钨酸钠溶液中游离碱是基于电场作用下，OH^-、Na^+ 在离子交换膜的选择透过性不同。

560. 白钨矿氟盐分解的原理是什么？

答：白钨矿可采用氟化钠或氟化铵来分解。氟化钠溶液与白钨矿按式（7-1）进行反应：

$$CaWO_4(s) + 2NaF(aq) = Na_2WO_4(aq) + CaF_2(s) \qquad (7-1)$$

而采用 NH_4F+NH_4OH 作浸出剂，则与白钨矿反应直接得到 $(NH_4)_2WO_4$ 溶液：

$$CaWO_4(s) + 2NH_4F(aq) = (NH_4)_2WO_4(aq) + CaF_2(s) \qquad (7-2)$$

氟盐分解白钨矿在低于 100℃时的条件下矿粒表面生成 CaF_2 薄膜，阻碍反应进一步进行；温度高于 100℃时，CaF_2 薄膜脱落，反应速度主要受化学反应速度控制。

561. 为什么要进行纯钨化合物的制取，有哪些方法？

答：用碱法分解钨矿原料所得的粗钨酸钠溶液及酸法分解白钨精矿所得的粗

钨酸中，都含有较多的杂质元素，因此需要对粗钨酸钠溶液及粗钨酸进行进一步处理。其目的是一方面可以保证产品三氧化钨或者 APT 具有较高的纯度，另一方面保证产品具有一定的物理性能。为达到上述要求，工业上净化粗钨酸钠溶液以生产三氧化钨或 APT 主要方法有：化学净化法、萃取法以及离子交换法。

562. 碱法粗钨酸钠溶液净化除硅、磷、砷的基本原理是什么？

答：钨和硅均可从钨酸钠溶液中沉淀下来，但沉淀所需条件不同。如硅的沉淀发生在较低的碱度下（pH=8~9.2），而钨在此条件下不产生沉淀。通常加入稀盐酸将钨酸钠溶液的碱度控制到刚好使硅产生沉淀，而钨不沉淀的程度，过滤后将硅从钨酸钠溶液中分离出去。向除硅后的溶液中加入氯化镁溶液，使磷和砷分别以磷酸镁和砷酸镁的形式沉淀出来，而钨不产生类似的沉淀，从而将钨与磷、砷分离。

563. 粗钨酸钠溶液的净化如何操作？

答：实际生产中除硅和除磷、砷在一个槽中同时进行，先用蒸汽加热污酸钠溶液至沸腾，向溶液中加入稀盐酸，使其碱度下降至 pH=8~9，再向溶液中加入一定量的氯化镁溶液，然后煮沸 2h，目的是为了使硅呈大块凝聚，静置过滤后即可得到钨酸钠净化液。

564. 三硫化钼沉淀法除钼的原理是什么？

答：三硫化钼沉淀法除钼包括硫代化和 MoS_3 沉淀两个过程。含钼的粗钨酸钠溶液在 pH 值为 7.5~8.5 条件下加入硫化剂（NaHS、Na_2S、H_2S 等），MoO_4^{2-} 能优先与硫化剂作用生成硫代钼酸钠：

$$Na_2MoO_4 + 4NaHS === Na_2MoS_4 + 4NaOH \qquad (7\text{-}3)$$

$$Na_2MoO_4 + 4Na_2S + 4H_2O === Na_2MoS_4 + 8NaOH \qquad (7\text{-}4)$$

$$Na_2MoO_4 + 4H_2S === Na_2MoS_4 + 4H_2O \qquad (7\text{-}5)$$

由于 MoO_4^{2-} 与硫化剂作用生成 MoS_4^{2-} 的平衡常数很小，因此 MoO_4^{2-} 的硫代化反应优先进行，因此在硫化剂比理论量（按 MoO_4^{2-} 计）过量不多的情况下，很少形成 Na_2WS_4，不致造成 WS_3 的沉淀损失。

将硫化后的溶液用盐酸酸化至 pH 值为 2.5~3，硫代钼酸盐便分解析出三硫化钼沉淀：

$$Na_2MoS_4 + 2HCl === MoS_3 \downarrow + 2NaCl + H_2S \uparrow \qquad (7\text{-}6)$$

溶液酸化也可使用硫酸。除钼过程中，溶液中的一些重金属杂质也能生成硫化物沉淀除去。除钼后的滤液中钨以偏钨酸钠的形态存在，对后道工序的白钨沉淀不利，为了破坏这种偏盐，需加 NaOH 将 pH 值调到 9 左右，煮沸使钨转化为正钨酸盐。

565. 如何从钨酸钠溶液中制取钨酸沉淀物?

答: 从钨酸钠溶液中制取钨酸沉淀物通常有两种方法:一种是将氯化铵加入到钨酸钠溶液中,使钨呈铵钠复盐结晶析出,再用盐酸分解复盐结晶,从而获得钨酸沉淀物,此法适用于小规模生产;另一种是把氯化钙溶液加入到钨酸钠溶液中,沉淀出钨酸钙即人造白钨,钨酸钙再与盐酸作用得到钨酸沉淀物。

566. 如何制备人造白钨?

答: 人造白钨沉淀在带搅拌的钢制槽中进行,操作时先往钨酸钠溶液中加入少量碱,将溶液的碱度调整到 0.3%~0.7%,过低时沉淀不完全,过高时沉淀出的钨酸钙体积很大,且杂质较多,然后用蒸汽将溶液加热至 90℃ 左右,并同时加入氯化钙溶液,直至钨以钨酸钙全部沉淀出来为止。

567. 用钨酸钙如何制备钨酸?

答: 用盐酸可将钨酸钙分解成钨酸和氯化钙,钨酸在盐酸中的溶解度极小而氯化钙却完全溶解于盐酸中,分离钨酸和氯化钙便可得到钨酸。反应过程中要控制一定的酸度和温度,酸度过低易造成钨酸钙分解不完全,使生成的钨酸中含有较高的杂质;温度过低易生成白色胶态钨酸,给钨酸的过滤和洗涤造成困难,且白色胶态钨酸的体积大、颗粒细,容易吸附溶液中的杂质;分解完全后,所生成的黄色钨酸用真空抽滤法过滤并进行多次洗涤以洗去吸附的杂质。

568. 如何用钨酸制备 WO_3?

答: 钨酸可看做是由 WO_3 和水组成的化合物,在 500℃ 下,钨酸能够完全脱水而生成 WO_3。工业上将钨酸在 750~850℃ 直接进行煅烧可制备工业纯 WO_3;将钨酸溶解于氨水中,然后蒸发溶液,析出仲钨酸铵晶体,再将其焙解,即可得到化学纯或高纯 WO_3。

569. 白钨矿酸法制备 WO_3 有哪些工序?

答: 酸法工艺具有流程短、回收率高、原材料消耗低、设备制造简单、占地面积小、操作人员少、产品成本低等特点。但酸法工艺存在酸雾重、劳动条件差、设备防酸腐蚀等问题。酸法处理白钨精矿制取三氧化钨一般分为 4 个工序。

（1）精矿盐酸分解。白钨矿的主要成分是钨酸钙，它和人造白钨一样易被盐酸分解，分解后生成钨酸和氯化钙，过滤分离钨酸和氯化钙；分解时由于在精矿颗粒表面上最先生成的钨酸薄膜能阻碍颗粒内部与酸继续反应，所以分解前需将精矿磨细至 $50\mu m$（280 目），分解过程同时也可除去部分杂质，如磷、砷、钙、铂等，精矿分解率可达 99%。

（2）粗钨酸的净化。精矿经盐酸分解后所得钨酸中仍含有一定量杂质及少量未分解的精矿，必须进行净化。钨酸可溶于氨水中，杂质硅、钙等及未分解的少量精矿则留在残渣中，经过滤将其分离。过滤后的钨酸氨溶液用与碱法相同的方法除去磷、砷，钼积累到一定程度再回收。

（3）仲钨酸铵结晶析出。用仲钨酸铵结晶法使钨从钨酸铵溶液中析出。

（4）WO_3 的制备。仲钨酸铵在 $450\sim600$℃ 进行焙解即可得 WO_3，温度控制的高低视所需颗粒大小而定，温度高，WO_3 粒度大；温度低则粒度细。

570. 仲钨酸铵结晶析出的基本原理是什么？

答：钨酸溶解于氨溶液的一个重要条件是溶液中含有过量氨，因此，若将钨酸铵溶液蒸发，氨大量挥发，溶液中的钨便以仲钨酸铵结晶的形式析出。仲钨酸铵结晶率一般应保持在 80% 左右，过度蒸发可提高产量，但易使结晶吸附大量的杂质。结晶后液含有大量杂质，可用盐酸分解返回重新处理。

571. 影响 APT 粒度的因素及影响规律是什么？

答：（1）钨酸铵溶液浓度。结晶原料钨酸铵溶液中 WO_3 浓度越高，越易进入过饱和状态，晶核形成速度大，易得到细颗粒的晶体，WO_3 起始浓度也影响 $APT\cdot4H_2O$ 的结晶粒度分布，WO_3 浓度高，团聚现象也少。

（2）蒸发速度与中和速度。采用蒸发结晶法或中和法制取 APT，蒸发速度和中和速度对 APT 的粒度影响很大，蒸发速度与中和速度越大，在结晶初期形成的过饱和度越大，形成的晶核数量多，最终得到的 APT 粒度较细，松装密度小。

（3）温度。当溶液的过饱和度一定时，在较低的温度下结晶一般会得到细粒晶体，若结晶温度较高，则比较容易得到较粗的晶体。这是由于温度对晶核形成和长大速度影响不同所致。低温结晶时，晶核长大速度慢而晶核形成速度较快；高温结晶时，晶核长大快，而部分微小的晶核会返溶于溶液中，形成有效晶核的数量少，故高温结晶易得到粗的 APT。

（4）溶液中的杂质。结晶过程中，杂质往往被吸附在 APT 晶核表面上，抑制晶核的长大，使晶体变细，溶液中的固体杂质微粒在结晶过程中还起着凝聚核心作用，能促进晶核的形成。此外，杂质对每个晶面生长的影响可能不同，某些杂质被优先吸附在晶体的某一晶面上，抑制此晶面的生长，结果使晶体形状改变。

（5）添加晶种。在结晶开始前向钨酸铵溶液加入晶种，可以抑制新的晶核形成，如果加入的晶种量"合适"，获得的 APT 产品主要由晶种长大的晶粒所组成，粒度比不加晶种的产品粒度要粗。但加入的晶种数量超过一定值后，随着加入量的增加，产品 APT 粒度反而减小。

（6）搅拌。搅拌能改善结晶过程中的传质传热，有利于溶质向晶核表面扩散，在一定搅拌速度范围内，提高搅拌速度，能增加晶核长大的速度，有利于得到粗颗粒 APT，但搅拌速度过大，反而会击碎已长大的晶粒。

572. 蓝色氧化钨及其制备方法是什么？

答：蓝色氧化钨泛指 $WO_{2.72}$、$WO_{2.90}$、$W_{20}O_{58}$ 及（NH_4）$_x$·WO_3 等的混合物。蓝色氧化钨是制造钨粉的重要原料之一，由于从蓝色氧化钨还原钨粉比较容易控制粒度和粒度组成，有利于在钨粉还原过程中掺入其他元素。制备蓝色氧化钨主要方法有三种：APT 密闭煅烧法、APT 氢气轻度还原法和内在还原法。

573. 钨浸出液离子交换法处理的目的是什么？

答：离子交换法可以同时完成净化除砷、磷、硅、锡等杂质并将 Na_2WO_4 转型为（NH_4）$_2WO_4$ 两项任务，除杂主要基于水溶液中各种阴离子对强碱性阴离子交换树脂的亲和力不同，利用此差别可以分离不同离子，同时通过淋洗还可以进一步除去部分同时被吸附的杂质，达到净化提纯的目的。各种阴离子对强碱性阴离子交换树脂的亲和力顺序大致为：$SO_4^{2-}>C_2O_4^{2-}>I^->NO_3^->Br^->SCN^->Cl^->OH^->CH_3COO^->F^-$。

574. 离子交换法净化钨酸钠生产 APT 的流程是什么？

答：离子交换法净化钨酸钠生产 APT 的流程如图 7-1 所示。

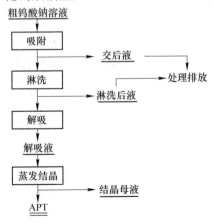

图 7-1　离子交换法净化钨酸钠生产 APT 的流程

575. 萃取法生产钨酸铵的工艺流程是什么？

答：萃取法生产钨酸铵的工艺流程如图 7-2 所示。

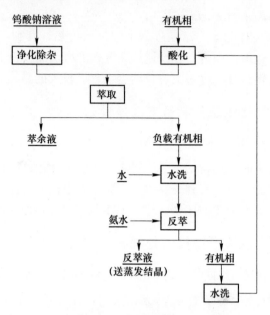

图 7-2　萃取法生产钨酸铵的工艺流程

576. 氢还原法生产钨粉的基本原理、工艺过程及特点是什么？

答：基本原理：高温下，WO_3 与 H_2 接触，H_2 会夺取 WO_3 中的氧生成水蒸气，不断通氢并排走水蒸气，即可将钨还原出来。

工艺过程及特点：H_2 还原 WO_3 一般分两步进行，首先使 WO_3 还原成 WO_2，其次使 WO_2 还原成钨。一般第一步称为一次还原，第二步称为二次还原，两步也可合并同时进行，但从 WO_3 直接还原成钨粉，体积变化很大，实际上降低了还原炉的生产效率，同时采用这样的工艺难以控制钨粉的粒度，所以分两步进行。

577. 影响氢还原生产钨粉过程的因素有哪些？

答：（1）温度。还原温度过低，还原速度慢，产出的钨粉未被充分还原，含氧量高；温度过高，一方面会促使钨粉颗粒过分长大，另一方面对二次还原来说影响炉管寿命。

（2）氢气湿度。还原过程中，H_2 不断与 WO_3（或 WO_2）中的氧作用生成水蒸气，使 WO_3（或 WO_2）变成钨。因此，不断排除氢气中的水蒸气，保持氢气低于一定的湿度，有利于还原过程的继续进行。否则会降低还原速度，使还原过程进行不充分，产品含氧量增加。同时，氢气湿度增大会使产品粒度增大。

（3）料层厚度。还原过程中，舟皿中的 WO_3 应保持适当厚度（即适当装料量）。料层过厚，下层料与氢气接触不良，还原产生的水蒸气难以及时排出，使产品含氧量增加。同时会使产品颗粒急剧增大；料层过薄，设备生产能力下降。

（4）舟皿推速。舟皿推速过快，WO_3 不能充分还原，产品氧含量增加、粒度增大；推速过低，设备生产能力下降。

（5）氢气流速。流速过低，还原反应不能充分进行，产品含氧量增加；流速过大，易使舟皿中的物料被氢气带走，造成钨的损失。

578. 致密金属钨怎么生产？

答： 致密金属钨采用粉末冶金法生产。主要由压制成型和烧结两个工序组成：首先将钨粉装入按要求设计的具有一定形状和尺寸的模具中，以一定压力压制成较致密的坯块，密度一般为 $12\sim13g/cm^3$；然后用直接烧结法进行烧结，超出直接烧结炉能力的大型钨坯，则采用间接烧结法。直接烧结分预烧结（低温烧结）和垂熔（高温烧结）两个阶段，低温烧结时将坯块放入有氢气保护的烧结炉中，在 $1150\sim1300℃$ 下保持 $30\sim60min$ 即可；在垂熔炉中，直接将电流通到预烧结过的坯块上，以预烧结温度为起点，在 $1200\sim2000℃$ 的范围内逐步升温，使杂质充分挥发，然后从 $2000℃$ 迅速升温至 $3000℃$，并保持一段时间即可得到致密金属钨。

579. 什么是氨氮废水，如何处理？

答： 氨氮废水一般的形成是由于氨水和无机氨共同存在所造成的，一般在 pH 值为中性以上的废水中氨氮的主要来源是无机氨和氨水共同的作用，酸性条件下废水中的氨氮主要由无机氨所导致。废水中氨氮的构成主要有两种，一种是氨水形成的氨氮，一种是无机氨形成的氨氮，主要是硫酸铵、氯化铵等。

（1）吹脱法。在碱性条件下，利用氨氮的气相浓度和液相浓度之间的气液平衡关系进行分离，一般认为吹脱与温度、pH 值、气液比有关。

（2）沸石脱氨法。利用沸石中的阳离子与废水中的 NH_4^+ 进行交换以达到脱氮的目的。应用沸石脱氨法必须考虑沸石的再生问题，通常有再生液法和焚烧法。

（3）膜分离技术。利用膜的选择透过性进行氨氮脱除的一种方法。这种方法操作方便，氨氮回收率高，无二次污染。

（4）MAP 沉淀法。主要是利用以下化学反应：

$$Mg^{2+} + NH_4^+ + PO_4^{3-} \rel MgNH_4PO_4 \qquad (7-7)$$

理论上讲以一定比例向含有高浓度氨氮的废水中投加磷盐和镁盐，当

$c_{Mg^{2+}}c_{NH_4^+}c_{PO_4^{3-}}>2.5×10^{-13}$时可生成磷酸铵镁（MAP），除去废水中的氨氮。

（5）化学氧化法。利用强氧化剂将氨氮直接氧化成氮气进行脱除的一种方法，利用在水中的氨与氯反应生成氨气脱氨，这种方法还可以起到杀菌作用，但是产生的余氯会对鱼类有影响，因此必须附设除余氯设施。

7.2 钼冶金

580. 钼的主要物理化学性质是什么？

答：钼是一种具有高沸点及高熔点的难熔金属，相对原子质量为95.95，熔点为2620℃±10℃，沸点为4800℃。在钼的化合物中，钼可以呈0价、+2价、+3价、+4价、+5价、+6价。+5价和+6价是其最常见的价态。钼的低氧化态化合物呈碱性，而高氧化态化合物呈酸性。未经保护的钼在高温下不能抗氧化，大约400℃时开始轻微氧化，这限制了钼在空气和氧化性气氛下的应用。

581. 钨及其化合物主要的用途有哪些？

答：（1）钢铁工业。钼主要用于钢铁工业，其中的大部分是以工业氧化钼压块后直接用于炼钢或铸铁，少部分熔炼成钼铁。

（2）半导体材料。单层的辉钼材料显示出良好的半导体特性，有些性能超过现在广泛使用的硅和研究热门石墨烯，可望成为下一代半导体材料。

（3）功能合金。以钼为基体加入其他元素而构成有色合金以改善合金的低温塑性、脆性，膨胀系数，焊接性能等。

（4）医学行业。钼为多种酶的组成部分，钼的缺乏会导致龋齿、肾结石、克山病、大骨节病、食道癌等疾病。同时钼在医院里可用于内脏器官造影。

582. 钼矿物有哪些？

答：钼是分布较少的一种元素，在地壳中的含量平均约为0.001%。已探明的钼矿物有20多种，但仅有4种矿物具有工业价值，即辉钼矿（二硫化钼）、钼酸钙矿、钼酸铁矿和钼酸铅矿，其中又以辉钼矿工业价值最大，分布最广，约占开采量的90%。钼酸钙和钼酸铁矿物几乎总是在辉钼矿矿床的氧化带中；钼酸铅矿则常在铅锌硫化矿的氧化带中。钼可从硫化矿和氧化矿中提取，辉钼矿经浮选后钼含量从千分之几成为含硫化钼85%～95%的精矿，然后生产金属钼。

583. 钼金属在碱性体系中的性质如何？

答：钼在常温的碱溶液中是稳定的，在热碱溶液中稍被腐蚀。熔融碱能强烈地氧化金属钼，如有氧化剂存在，钼的氧化程度更为剧烈，生成钼酸盐。

584. MoO_3 与 H_2MoO_4 作为钼冶炼过程重要化合物，其性质如何？

答：MoO_3 是生产金属钼不可缺少的中间化合物，在生产中具有重大意义，MoO_3 主要是由钼及低价氧化物或氧化辉钼矿得到。MoO_3 在碱和氨的水溶液中溶解并生成钼酸盐。MoO_3 与水形成 H_2MoO_4，钼酸具有两性，既可以溶于酸，又可溶于碱。

585. 根据钼含量不同，钼酸铵主要分为几类？

答：在 MoO_3-NH_3-H_2O 体系中，根据钼离子、铵离子、酸度、温度的不同，析出钼酸铵盐主要包括钼酸铵（NH_4）$_2MoO_4$、二钼酸铵（NH_4）$_2Mo_2O_7$、仲钼酸铵（NH_4）$_6Mo_7O_{24}$、四钼酸铵（NH_4）$_6Mo_4O_{13}$、八钼酸铵。

586. 辉钼精矿为什么要进行氧化焙烧？

答：辉钼矿中的钼以 MoS_2 形态存在，辉钼精矿除含 MoS_2 外，还有其他杂质矿物，如黄铁矿（FeS_2）、黄铜矿（$CuFeS_2$）、辉铜矿（Cu_2S）等。氧化焙烧可使各种硫化物生成相应的氧化物及部分硫酸盐，如 MoS_2 转变成 MoO_3，硫氧化为 SO_2 进入炉气。焙烧得到的焙砂中除 MoO_3 外还含有其他杂质，如氧化铁、氧化铜、部分铁和铜的硫酸盐，钙、铜和铁的钼酸盐，可作为熔炼钼铁及生产各种纯钼的原料。

587. 辉钼矿氧化生成三氧化钼的氧化过程大致分为哪几个阶段？

答：第一阶段：空气中的氧分子向辉钼矿颗粒的表面扩散，供给辉钼矿氧化时所需的氧，扩散速度取决于空气的流速和温度等。

第二阶段：空气中的氧分子扩散到辉钼精矿颗粒表面后，在辉钼矿的表面原子的力场下，对空气中的氧产生吸附。

第三阶段：吸附的氧与二硫化钼发生反应，生成反应物三氧化钼或二氧化钼以及二氧化硫气体。

第四阶段：反应物的二氧化硫的脱附解吸，由里向表扩散，再由相界面向空气中扩散。

588. 温度对辉钼矿焙烧的影响是什么？

答：辉钼矿焙烧温度过高，一方面造成物料损失太大，另一方面因 MoO_3 与钼酸盐的共晶温度低，物料的局部熔化会使物料烧结成块，不仅不利于操作，更重要的是被烧结的物料内部不能充分氧化，含硫量和 MoO_2 高；同时烧结过程中 MoO_3 与其他金属氧化物的反应增加，有可能使各种钼酸盐的含量增加，因此一般温度不宜超过 600℃；但过低则反应速度小，因此辉钼矿焙烧温度范围较小。

589. 辉钼矿焙烧主要设备有哪几种？

答：反射炉、马弗炉、多膛炉、回转管炉、沸腾炉等。其中国内外多采用多膛炉焙烧辉钼矿，该工艺的优点是生产能力大，物料机械化搅拌；当物料从上层落入下层时，物料在空中能与空气充分接触，氧化激烈，从而保证了物料良好的脱硫效果，产品质量高。该工艺的缺点是每层都有废气的排出口，当物料由上层落入下层时，微细颗粒容易与废气一同排出，烟尘量大，影响直收率，此外若温度控制不好，超过三氧化钼的升华温度，不但造成三氧化钼的挥发损失，而且还会使炉料烧结，造成下料口堵塞而清炉。

590. 辉钼矿采用回转炉焙烧时为什么采用靠近炉尾间接加热？

答：由于辉钼矿的反应是放热反应，所放出的大量热量足以保证反应时自发进行，只需要在开始时加热，使各种硫化物达到着火点，终了时加热去硫，激烈的氧化反应过程中不需要加热。

591. 钼精矿焙烧过程加入石灰工艺的特点是什么？

答：钼精矿焙烧过程加入石灰可有效解决 SO_2 烟尘公害和铼回收的问题。该工艺条件下精矿中钼、铼分别生成钼酸钙、铼酸钙，硫生成硫酸钙，防止 SO_2 扩散及铼挥发损失，后利用铼酸钙溶于水的性质实现钼铼分离。

592. 钼精矿焙烧过程添加碳酸钠工艺的特点是什么？

答：加碳酸钠焙烧辉钼矿时钼、铼分别生成钼酸钠和铼酸钠。该工艺适合处理低品位的钼精矿，因为该过程能选择性地将钼和铼转入可溶于水的钠盐中，而将杂质留在残渣里。此外，精矿中的硫转入可溶于水的硫酸钠中，所以该过程没有 SO_2 生成。

593. 影响钼精矿氧化焙烧过程的因素都有哪些？

答：（1）焙烧温度是影响焙砂质量的主要因素；
（2）料层厚度直接影响着物料与空气充分接触；
（3）炉内压力影响着空气的流速，强化二氧化硫气体流出及氧气流入；
（4）物料的翻转与搅拌；
（5）焙烧时间，一般焙烧时间以 7~8h 为宜。

594. 钼精矿湿法氧化的实质是什么？

答：氧化焙烧适于处理合格的辉钼精矿，其产出的焙砂可以直接用以炼钢或者净化提纯三氧化钼，但是此方法对铼的回收率很低，且产出的二氧化硫气体有害，特别是对于低品位的辉钼精矿而言，一方面焙烧产品纯度差，后续处理较为困难，另一方面某些杂质过多，焙烧过程中不利于生产操作。因此，人们开始研究湿法氧化。

湿法氧化的实质是在水溶液中利用适当的氧化剂使辉钼矿中的硫氧化成硫酸根离子进入水相，钼则氧化成钼酸或者钼酸根离子进入水相或者固相，与此同时铼几乎全部进入水相。

595. 钼精矿湿法氧化浸出的主要方法有哪些？

答：（1）硝酸氧化法。该方法的优点是避免了氧化焙烧工序，避免了产生废气对空气的污染，可以回收几乎全部的铼，铼在硝酸-硫酸母液中富集，并在以后的有机溶剂萃取中被提取出来，不生成有害的废物，因为硝酸-硫酸母液结晶出来的硫酸铵的混合物可以作肥料，提供了硝酸溶液重复使用的可能性。

（2）高压氧碱浸法。该方法的特点是温度和压力均低于用硝酸作催化剂高压氧浸出，而且回收率高，可以处理低品位辉钼矿。

（3）次氯酸钠浸出法。该方法的优点是反应温度低、选择性强，若条件控制恰当则其他硫化物很少浸出，因而宜于处理低品位复杂矿。

596. 钼精矿硝酸高压氧浸工艺及其特点是什么？

答：矿浆（液固比 5∶1）中含有 HNO_3 10～20g/L，在 160～200℃下反应，使部分 MoS_2 氧化，产生的 NO 与高压氧作用生成 HNO_3，总反应为：

$$MoS_2 + 4.5O_2 + 3H_2O \longrightarrow H_2MoO_4 + 2H_2SO_4 \tag{7-8}$$

过程中 70%～80% 的钼以钼酸的形式进入固相，经煅烧后得到工业氧化钼；几乎全部的铼和大约 20% 的钼以及绝大部分铜、铁、锌进入溶液，可用萃取法回收。

辉钼矿高压氧气浸出的特点是没有 SO_2 产生，钼、铼的回收率高，能处理不合格精矿，但是耐腐蚀的设备材料难以解决，设备投资高，副产品 H_2SO_4 浓度最高仅为 75%，难以进一步提高以利用。

597. 钼精矿次氯酸钠浸出法工艺及其特点是什么？

答：将辉钼矿在 40℃下与次氯酸钠溶液反应：

$$MoS_2 + 9ClO^- + 6OH^- \Longrightarrow MoO_4^{2-} + 2SO_4^{2-} + 9Cl^- + 3H_2O \tag{7-9}$$

$$CuS + 4ClO^- + 2OH^- \rightleftharpoons Cu(OH)_2 + SO_4^{2-} + 4Cl^- \tag{7-10}$$

$$3ClO^- \rightleftharpoons ClO_3^- + 2Cl^- \tag{7-11}$$

副反应使得次氯酸钠的利用率降低，产生的其他杂质离子会与生成的钼酸根离子反应生成沉淀，导致钼的回收率降低。有研究表明，碳酸根的存在能抑制次氯酸钠的分解，提高它的利用率。

次氯酸钠分解法的优点是反应温度低，选择性强，适于处理低品位复杂矿；同时由于它具有高选择性，使得次氯酸钠的使用量加大，导致操作困难，生产成本提高。

598. 钼氨浸出液脱除磷、砷的方法是什么？

答：钼氨浸出液磷、砷较高时，可向溶液中添加氯化镁，磷、砷分别反应生成磷酸铵镁与砷酸铵镁，同时，少量的硅也反应生成硅酸镁沉淀除去。

599. 钼萃取过程有机相浓稠、流动性差、产生乳化、分相不好的原因是什么？

答：钼萃取过程有机相浓稠、流动性差、产生乳化、分相不好的原因主要是气温较低、体系碱度过高、稀释剂与原液密度过于接近等均有可能导致有机相黏稠、流动性差、乳化等现象的发生，可适当对萃取体系酸碱度调整、进行保温或给投入的溶液预热或降低各溶液的流速，降低设备生产能力，延长分相时间。

600. 钼萃取过程澄清室分相界面不稳定、水相澄清区逐渐缩小的原因是什么？

答：澄清室分相界面不稳定主要是助清室积水抽出过多，而水相澄清区逐渐缩小的主要原因是助清室的积水过多，封住了底部连通口，抬高了澄清室的液面。

601. 钼酸铵溶液净化的方法主要有哪些？

答：（1）硫化铵净化法。利用某些杂质的硫化物在碱性溶液中的溶度积很小的特点，使之成为硫化物沉淀除去。

（2）活性炭净化法。活性炭吸附杂质除杂的原理是在固体活性炭的内部，一个分子的作用力平均分配在周围的分子之间，成为饱和平衡状态；但是，在固体的表面上一个分子的吸引力有一个方向没有得到饱和平衡，这个引力伸出到空间，从而吸附液相中的其他杂质物质。

602. 影响钼酸铵溶液蒸发速度的因素有哪些？

答：（1）蒸发面积，蒸发面积增大有利于溶液中水分的蒸发。

（2）蒸汽压力，蒸汽压力大，溶液温度上升快，易于沸腾，蒸发速度加快。

（3）液面气压，外部压强减小，沸点降低，加快气化速度。因此，最好采用真空蒸发或次用抽风机排风。

（4）开动搅拌可使分子的运动速度加快，易于克服分子间的引力而跑出液面。

603. 钼酸铵溶液酸沉制备钼酸铵的影响因素有哪些？

答：（1）酸种类，钼酸铵溶液除用盐酸中和沉淀外，还可以用硝酸或硫酸在中和酸沉。

（2）温度，中和酸沉一般在热溶液中进行，提高温度可降低溶液的黏度，增大传质系数，加快结晶的速度。

（3）溶液浓度，溶液中钼含量高有利于晶核的形成，细小沉淀的产生。

（4）加酸速度，加酸速度在出现沉淀以前可以快，在出现沉淀之后，加酸速度宜适当放缓。

（5）酸沉前溶液 pH 值，加酸前钼酸铵溶液最好是弱碱性，pH 值以 7~7.5 为好。

604. 钼氨浸渣处理方法主要有哪些？

答：（1）苏打烧结法。在 700~750℃ 的条件下，各种钼酸盐均与苏打作用生成可溶性钼酸钠。在有氧化剂硝酸钠或空气存在下，MoO_2、MoS_2 氧化并与苏打作用生成钼酸钠。

（2）苏打高压浸出法。浸出温度约为 180~200℃，相应压力约 1.2~1.5MPa。当 MoO_2、MoS_2 较高时，宜加适量氧化剂。

（3）酸分解法。将氨浸渣中的不溶和难溶于氨水的钼酸盐，用浓度 20%~30% 的盐酸分解为易溶解于氨水的钼酸沉淀，然后用氨水溶解钼酸。

605. 钼焙砂升华法制取三氧化钼原理是什么？

答：升华法生产纯三氧化钼的主要原料为钼焙砂，焙砂中三氧化钼的熔点、沸点低，当温度低于其熔点（795℃）时三氧化钼就开始升华，以三聚合 MoO_3 形态进入气相。与 MoO_3 相比，大多数杂质化合物的熔点、沸点则高得多，仍留在固相中，从而使 MoO_3 得到提纯。

在 600~700℃，三氧化钼蒸气压随温度的升高而升高，在温度超过其熔点时，蒸气压显著升高，1100~1150℃ 达到沸腾。生产过程温度一般为 1000~1100℃，在这个温度下，杂质元素铜、铁、硅等不会蒸发进入气相。

606. 影响钼酸铵煅烧制备三氧化钼质量的因素有哪些?

答:(1)原料。原料仲钼酸铵的松装密度应在 $0.8 \sim 1.2 g/cm^3$,仲钼酸铵粒度细,煅烧出来三氧化钼粒度容易长粗,仲钼酸铵的水分含量高,则煅烧后的三氧化钼粒度增大。

(2)温度。温度过高容易导致烧结,粒度增大,合适的煅烧温度为 $540 \sim 560℃$。

(3)加料量。加料过多,炉管内料层太厚,会造成温度不均匀,煅烧不完全。

(4)煅烧时间。煅烧时间过短,钼酸铵分解不完全,煅烧时间过长使粒度长粗,煅烧后应 NH_3 少于 0.4%。

607. 超细钼粉制取的方法有哪些?

答:超细钼粉制取的方法有沉淀法、电解法、微波等离子法等。

(1)沉淀法是将钼盐溶解于溶液中,通过控制一定条件沉淀出均匀的钼酸沉淀,干燥煅烧后进行还原得到钼粉的方法。

(2)电解法是在钨酸钠熔盐体系中,通过通入直流电,在阴极析出钼粉的方法。

(3)微波等离子法利用羟基热解的原理制取钼粉。微波等离子装置利用高频电磁振荡微波击穿 N_2 等反应气体,形成高温微波等离子体,进而使 $Mo(CO)_6$ 在 N_2 等离子体气氛下热解产生粒度均匀一致的纳米级钼粉,该装置可以将生成的 CO 立即排走,且使产生的 Mo 迅速冷凝进入收集装置,所以能制备出比羟基热解法粒度更小的纳米钼粉(平均粒径在 50nm 以下),单颗粒近似球形,常温下在空气中的稳定性好,因而此种纳米钼粉可广泛应用。

608. 离子交换法钼酸铵溶液净化的原理是什么?

答:采用铵型阳离子交换树脂,钼酸铵溶液流经离子交换柱时,溶液中的杂质金属离子取代铵吸附于树脂上,钼则以钼酸根负离子形态留在溶液中得以净化。国内在钼工业中应用的树脂主要有 201×7、D296、D304A、W305-C、D314 等。

609. 致密金属钼如何生产?

答:选矿得到的钼精矿一般含钼约 50%,其余为硫、铜、铁等杂质。从辉钼矿制备金属钼,需经两个步骤:首先将辉钼矿进行焙烧,然后通过升华法或湿法除去杂质,得到纯 MoO_3;其次用氢还原法生产金属钼粉,钼粉通过粉末冶金法或电弧熔炼制备致密金属钼。

8 金银冶金

8.1 概述

610. 金的物理和化学性质是什么？

答：物理性质：纯金为金黄色，具有瑰丽的光泽、良好的延展性，在大气及水中稳定。其熔点为 1064.43℃，沸点为 2808℃，18℃ 时的密度为 $19.31g/m^3$。海绵状金呈土黄色，无光泽，金具有良好的导电性。熔炼时，金在熔融状态可吸收相当于自身体积 37~46 倍的氢或 33~48 倍的氧。熔融金所吸收的大量气体（氧、氢或一氧化碳）会随气氛的改变或金属的冷却而析出，出现类似沸腾现象，其中微小的金珠会被气流带走而造成喷溅损失。

化学性质：金的化学性质很稳定，是唯一在高温下不与氧起反应的金属。单一的硝酸、硫酸或盐酸均不与金发生作用，碱对金也无明显侵蚀。在有强氧化剂存在时，金能溶解于某些无机酸中，如碘酸、硝酸。有二氧化锰存在时金溶于浓硫酸。金也溶于加热的无水硒酸（非常强的氧化剂）中。

金可以溶解于下列溶液中：王水溶液、硫脲溶液、碱金属氰化物溶液、I_2-I^- 溶液、Br_2-Br^- 溶液、Cl_2-Cl^- 溶液、硫代硫酸盐溶液、石灰-硫黄合剂、铵盐存在下的混酸、碱金属氯化物存在下的铬酸以及含有 Fe^{3+} 离子的盐酸等。其中王水溶解金的速度最快。

作为贵金属，金最重要的特征是化学活性低。在空气中，即使在潮湿的环境下金也不起变化，因此古代制成的金制品可保存至今。在高温下，金也不与氢、氧、氮、硫和碳反应。金和溴在室温下可反应，而和氟、氧、碘要在加热下才反应。

611. 金的主要化合物有哪些？

答：金在化合物中常以 +1 价或 +3 价存在。在特定条件下，金可以制成各种化合物，如金的硫化物、氧化物、氰化物、氯化物、硫氰化物以及硫酸盐、硝酸盐、氨配合物、烷基金等，金的化合物不稳定，很容易分解或被还原成金属金，能还原金的金属有镁、锌、铁和铝；在氰化物提金工艺中，常用锌粉置换来还原金，与提取金有关的主要化合物为金的氯化物、氰化物及硫脲化合物等。

氧化金是暗棕色的粉末，由氢氧化物小心加热去除水而得；金的氢氧化物可由苛性碱类或碳酸碱类与三氯化金溶液作用沉淀而得；金的硫化物有 Au_2S 和 Au_2S_3，与类似的氧化物相对应，可通过在氯化亚金（氯化金）或氰化亚金溶液中通入硫化氢制取，加热时可分解为硫和金；金的氯化物有三氯化金和氯化亚金，它们可以固态存在，在水溶液中不稳定，易分解生成配合物；金的氰化物有氰化亚金和三氰化金，有氧存在时，金可溶于碱性氰化液中，呈配阴离子形态存在于氰化液中，通常采用锌粉置换法回收，也可用活性炭或者阴离子交换树脂吸附回收。

612. 金的主要用途是什么?

答：（1）黄金用作货币。早在远古时代，黄金就作为交换手段进入了流通领域。由于金价值高，价格昂贵；体积小，便于携带和储藏；耐腐蚀，不变质；易于分割与合并；经久耐磨，不易耗损，质量和外形不易变化等，赋予了黄金很多的社会自然属性，使它成为表现商品价值量、充当一般等价物的最好材料，成为公认的"货币金属"，成为唯一突破地域及语言限制的国际货币。

（2）黄金的工业用途。在电子、电器和通信工业的设备和耗材中，如继电器、集成块、插接件、高频开关等，使用纯金或镀金材料，可保证其接点可靠以及反复连通或切断的转换性能；在军事上，可使用黄金制造各种用途的红外线探测器和反弹道导弹装备，在航海望远镜上镀金，可使望远镜无需擦洗，长期保持清晰；在化学工业中，黄金主要作催化剂使用，黄金载体催化剂具有高活性和选择性，而且比任何催化剂的工作温度都低，金还可以用来制作化工设备的安全膜；黄金可用于建筑装饰，以显示建筑物的豪华；另常用于建筑玻璃的防护材料，可反射太阳光的热辐射；黄金在纺织业、玻璃陶瓷制造业均有重要用途。

（3）黄金用于制造首饰。黄金具有高化学稳定性、美丽的颜色等优良的特性和观赏收藏价值，故常将黄金用于制作首饰、饰品和各种器物等。目前，全世界每年都要用大量黄金制作首饰，约占制造业总用金量的80%。

（4）黄金用于医疗。黄金可用于治病和长寿的药物，金可用于治疗肺结核和关节炎。另外，金广泛用于牙科材料、针灸材料和人体植入材料等。如金可用于镶牙，制造针灸中的14K金针，用作埋入式心脏起搏器的材料，用作视觉、听觉、疼痛等多种神经修复刺激装置的材料等。

613. 金的矿石类型有哪几种?

答：（1）贫硫化物矿石。这类矿石物质组成较为简单，多为石英脉型或热液蚀变型。金矿石中黄铁矿和毒砂是主要的载金矿物，这类矿石中黄铁矿为主要硫化物且含量少，间或伴生有铜、铅、锌、钨、钼等矿物。金矿物主要是自然金，其他矿物无回收价值。可用简单的选矿流程处理，粗粒金可用重选法和混汞法回收，细粒金一般采用浮选法回收，浮选精矿再氰化方法处理，极细粒贫矿石一般采用全泥氰化法回收。

（2）高硫化物金矿石。这类矿石黄铁矿及毒砂含量多，金品位偏低，自然金颗粒相对较小，并多被包裹在黄铁矿及毒砂中。从这种类型矿石中分选出金和硫化物一般较易实现，而金与黄铁矿及毒砂的分离需采用较复杂的选冶流程。

（3）多金属硫化物含金矿石。这类矿石的特点是硫化物含量高，矿石中除金以外还含有铜、铅、锌、银、钨、锑等多种金属矿物，后者常具有单独开采价值。金粒度变化区间大，在矿石中的分布极不均匀，需综合回收的金属矿物种类多，因此对这类矿石的处理需采取较复杂的选矿工艺流程。该类型矿石一般随采矿深度的延伸，矿石性质随之发生变化，选矿工艺流程也必须随之进行调整。

（4）含金铜矿石。此类型矿石与第三类矿石的区别在于金的品位低，但它是主要综合回收元素。金矿物粒度中等，与铜矿物共生关系复杂，在选矿过程中金大部分随铜精矿产出，冶炼时再分离出金。

（5）含碲化金矿石。含金矿物仍然以自然金为主，但有相当一部分金赋存在金的碲化物中。这类矿石多为低温热液矿床，脉石矿物主要是石英、玉髓质石英和碳酸盐矿物等。由于碲化金矿物很脆，在磨矿过程中容易泥化，而给碲化金矿物的浮选困难。因此，处理含碲化金矿石时，需选择阶段磨矿阶段浮选工艺流程。

（6）含金氧化矿石。该类矿石主要金属矿物为褐铁矿，不含或少含硫化物，但含有含金的氢氧化铁或铁的含水氧化物等稳定的次生矿物和部分石英，这是该类矿石矿物组成的主要特点。金大部分赋存于主要脉石及风化的金属氧化物裂隙中，金粒度变化较大，矿物组成相对简单，选别方法以重选法和氰化法为主。

614. 我国主要岩金矿床类型的地质特征是什么？

答：我国主要岩金矿床类型的地质特征如下：

（1）绿岩带型金矿床。主要的矿化特征有：矿化主要为 Au，可伴生 Cu、Pb、Zn、S、Ag、W 等；可分为含金石英脉型、含金硫化物石英脉型、含金硫化物蚀变岩型，矿体呈脉状、复脉状、网脉状、似层状、透镜状，有胀缩、分支复合或呈雁行排列。金矿物主要为自然金及银金矿，金矿物成色中偏高。

（2）浅变质碎屑岩型金矿床。矿化主要为 Au，还有 Au-Sb-W、Au-Sb、Au-Fe，可伴生 Cu、Pb、Zn、Ag；可分为含金石英脉型、含金细脉网脉带型及含金破碎带蚀变岩型，矿体呈脉状、似层状、层状、透镜状产出，常与层理一致，有胀缩、分支复合、尖灭再现金矿物主要为自然金、银金矿，金的成色高。

（3）沉积岩-硅质岩型金矿床。矿化有 Au、Au-Sb、Au-Hg、Au-U、Au-Ag、Au-As 等；金矿化与围岩界线不清；矿体一般呈层状、似层状、透镜状、少量脉状、有分支复合、尖灭再现金矿物主要为自然金；金的粒度很细，以次显微金为主；金的成色很高。

（4）陆相火山岩型金矿床。其矿化主要为 Au，次有 Au-Cu、Au-Ag，Au-Fe；按矿化蚀变组合分为冰长石-绢云母型、酸性硫酸盐型、碱性岩-碲化物型，矿体呈脉状、复脉状、网脉状、透镜状、囊状、似层状产出，有分支复合、尖灭再现、雁行排列特征。金矿物为自然金、银金矿、金银矿及金的碲化物；金矿物成色不高，变化大。

（5）矽卡岩型金矿床。其矿化有 Au、Au-Cu、Au-Cu-Fe、Au-S、Au-Ag-Pb、Zn、Au-Mo-S，矿体主要呈脉状、透镜状、扁豆状、似层状及不规则状，矿石有含金矽卡岩型矿石和含金块状硫化物矿石，以前者为主。金矿物主要为自然金和银金矿，金矿物成色不高，变化大。

（6）铁帽型金矿床。其矿化主要为 Au，另有 Au-Ag、Au-Cu，金矿体主要赋存于次生金富集铁帽亚带矿体形态多样，似层状、透镜状、扁豆状、楔状、囊状、巢状，沿走向倾向有分支。金矿物以自然金和银金矿为主，铁帽中金的成色高于原生金。

（7）红土型金矿床。其矿化为 Au。矿体主要产在杂色黏土带中，岩溶洼地堆积淋积型金矿则在整个红色风化壳中都有金产出。矿体呈层状、似层状、透镜状、囊状及不规则状金矿物为自然金，主要呈次显微金产出，金矿物成色高。

615. 银的物理化学性质是什么？

答：银是一种银白色金属，在元素周期表中属于 IB 族元素，原子序数为 47，相对原子质量为 107.868。银性质较稳定，在常置下不与氧发生反应，将银置于正常空气中，颜色不会发生变化，当空气中含有硫化氢时，银的表面会变黑，银易溶于硝酸和热的浓硫酸中，微溶于热的稀硫酸而不溶于冷的稀硫酸中；盐酸和王水只能使银表面发生氧化，生成氯化银薄膜；银不与碱金属氢氧化物和碱金属碳酸盐发生作用；银与食盐共热易生成氯化银；银与硫化物作用易生成硫化银；银易溶于含氧的氰化物和酸性硫脲溶液中，与硫代硫酸钠溶液作用可生成硫代硫酸钠银，与氯、溴、碘作用可生成相应的氯化银、溴化银、碘化银。

银的熔点为 960.8℃，沸点为 2164℃，密度为 $10.5g/m^3$。在空气中熔炼时会大量吸收氧并与氧发生强烈反应而具有一定的挥发性。在正常熔炼条件（1100～1300℃）下，挥发损失小于 1%，当温度接近其沸点后，银大量挥发，并与炉气中的硫、砷、硒、碲等气体化合生成相应的化合物进入烟尘中。纯银是一种质软的金属，硬度为 2.5～3，与其他金属制成合金后硬度加大，也可镀覆在其他质硬的金属上以增加应用范围。纯银密度较小，约为同体积水的 10.49~10.57 倍；银的延展性仅次于金，居所有金属中第二位，工业上可将纯银碾压成 0.025mm 的银箔，拉成头发丝一般的银丝，但银中含有少量砷、锑、铋等杂质金属时即变脆。

616. 银的主要化合物有哪些？

答：银在化合物中以+1 价形态存在，银能形成多种化合物。在提取银的工艺中最常见的化合物为硝酸银、氯化银、硫酸银和氰化银等。

氧化银为棕色，将碱液倾入热的银盐溶液中可得到 Ag_2O 沉淀，加热至 250℃以上时，可分解成银和氧，硫化银呈深灰色至黑色，可由银与硫化氢作用直接生成，也可由银和硫共同熔炼制成。银与氯、溴、碘作用生成相应的氯化银、溴化银和碘化银，溴化银和碘化银为黄色，而氯化银为白色粉末，在自然界中以角银矿形态存在，氯化银可用锌和铁还原生成银。硝酸银是重要的银化合物，其溶液是银电解精炼的主要介质。硫酸银无色，易溶于水，由银和热浓硫酸作用制得，在红热温度下分解为银、氧及二氧化硫。

617. 银的主要用途是什么？

答：（1）银用作货币。银和金一样，具有许多优良的物理化学性质和自然属性：呈银亮色，具美学价值；产量和储量少；呈固态，有良好延展性，易于加工成型；密度大、体积小，便于携带和储藏；易于分割与合并；有贮存价值。因此，银在古代就用作货币。由于黄金贵重，所以黄金作主币，白银作辅币。

（2）银用于制造首饰。由于白银具有月光般美丽的颜色、柔软的质地、较高的耐腐蚀性、良好的延展性和银白光亮的色泽，因此常用于制作各种饰品，如各种银制品，如银盆、银碗、银匙、酒杯以及项链、戒指、手镯等。

（3）银用于医疗。在外科方面，银基合金材料广泛用于牙科镶嵌、修复和材料焊接，银合金可用为针灸的材料，氯化银是制作医用光纤的材料；在医学诊断和检测方面，卤化银是良好的光敏材料，用于制作感光成像材料，因此广泛用于医疗诊断器材。以银为材料的电极可制作生物传感器，用于血液检测；在医药学方面，银具有消毒杀菌作用，并可用于水、葡萄酒、醋和奶的保鲜中。

（4）银的工业用途。银具有良好的导电、导热性能以及良好的化学稳定性和延展性，故可用于航天工业中，如航天飞机、宇宙飞船、卫星和火箭上的导线；在电子和电器工业中，可作为导体材料、电接触材料和银电池等，用于集成电路、印刷线路、开关电路中；银对光具有很强的敏感性，是最好的光敏物质，因此可用于感光材料，制作黑白和彩色胶片、干版和相纸等；银在化学工业中可用作镀层材料、耐碱材料，还可以生产硝酸银用于人工降雨、化学分析、医药及胶片冲洗等。

618. 主要的含银矿物有哪些?

答: 自然界中的银矿物也可分为金、银等天然合金矿物和银与其他元素的互化矿物两大类。由于银的化学性质比金活泼,与其他元素生成的互化矿物更多。已知的含银矿物约有 50 种,主要天然合金矿物有自然银、含 Ag 80%~100% 的金银矿、含 Ag 50%~80% 的汞银矿等。呈互化物的含银矿物主要有辉银矿、硫铜银矿、硫银铁矿、硫银铋矿、硫银锑铅矿、硫银锑矿、硫砷银矿、硫银铬矿、角银矿、溴银矿、碘银矿、碘溴银矿、氯溴银矿、硒铅银矿、硒铜银矿、硒铊银矿、碲银矿、碲金银矿、针状碲金银自然银、金银矿、汞银矿等矿物,这些矿物多与自然金一起共生或伴生于金矿床中。辉银矿是形成单独银矿床的重要矿物,银与其他元素组成的互化矿物大多产于铜、铅、锌、锑、铋等的硫化矿床中。

619. 金、银在地质构造运动中是如何富集成矿的?

答: 依照地质学家的观测研究,金或银的成矿区和矿床的成矿作用主要受地壳构造运动及其演进过程所制约。地壳运动演化过程中,会产生一系列的构造变动、岩浆活动、围岩变质和蚀变而发生成矿作用。在此作用下,地幔乃至地核中的大量金或银因构造运动被岩浆带到地壳中而生成金、银的矿化富集带甚至矿床。且在热液、水、微生物等的作用下,地壳中分散存在的金、银也会发生活化、迁移、富集,因而生成新的金、银矿物和矿床。在这些地质构造运动和岩浆活动中,金、银即按它们的地球化学特性与有关元素结合形成含金或含银的矿物,或以天然合金状态呈自然金、自然银或银金矿、金银矿等矿物产出。

8.2　矿石准备及选矿

620. 生产金的矿物原料有哪些?

答: 提炼金的矿物原料有:

(1) 砂金矿床。砂金矿一般离地面较近(地表或地下 200~300m),因此较岩金矿床易于开采,砂金矿呈松散状,金已与脉石分离,选金时无须破碎和磨矿,因此采砂金成本较低。特别是大型采金船的应用,更加快了砂金矿床的开采速度。在世界范围内,大型砂金矿已基本开采完毕,我国的主要砂金矿有黑龙江流域砂金矿、汉江流域的阶地砂矿、山东半岛的滨海砂矿、益阳一带的滨湖砂矿,国外的主要砂金矿有澳大利亚卡尔古利的残积砂矿、美国加利福尼亚河床砂矿、阿拉斯加滨海砂矿等。

（2）脉金矿床。根据技术水平和生产成本，20世纪工业意义上的脉金矿最低含金品位通常为1~3g/t。随着技术水平的提高和黄金价格的增长，对矿床金品位的要求不断下降，如堆浸法提金品位已降至0.1~0.3g/t。矿床的开采条件还取决于脉金的矿物组成及可选性。

（3）铜、铅、锌、镍等有色重金属矿床中的共生金。此类矿物在世界分布最广，金主要与重金属的硫化矿物共生，嵌布于黄铁矿、磁黄铁矿中。在这类矿床的氧化带或铁帽中，金多解离为单体。据统计，近些年已探明的黄金储量中，这些矿床中金的蕴藏量约占15%~20%，且有些矿床正是由于其中含有一些金才具有总的开采价值。此类矿床有芬兰奥托昆火山岩铜矿、巴布亚新几内亚潘古纳斑岩铜矿、澳大利亚奥林匹克坝沉积型铜铀矿、美国宾厄姆斑岩铜矿、中国金川铜镍矿和河南西部石英脉金铅矿等。

许多热液变质和接触交代的矽卡岩型铜铁矿床也有较高的金。如我国长江中下游的铜铁矿床，金与硫化铜共生于磁铁矿中，可通过优先浮选和磁选分离。

621. 可用于提取金、银的有色金属副产原料有哪些？

答： 有色重金属冶炼副产法生产金、银等贵金属，主要的副产原料有：铜电解阳极泥及湿法炼铜渣，镍电解阳极泥，铅电解阳极泥或火法精炼铅产生的银锌壳，火法蒸锌的蒸馏渣或湿法炼锌的浸出渣，黄铁矿的烧渣，锡、锑、铋、汞铬等矿石冶金产生出的含贵金属副产物。

在近代湿法冶金中，当铜、镍等矿石或精矿的浸出渣含有一定量金、银时，常采用成本低而处理量又大的大型旋涡炉熔炼法，使金、银、铜等有价金属富集后，再进一步分离和精炼提纯。

622. 可用于提取金、银的废旧原料有哪些？

答： 废旧金、银原料的品种繁多，组分有的简单，有的复杂，往往需要根据原料的组分和特性选用适当的回收工艺。供回收金、银的主要废旧原料有金银首饰、废旧器皿、工具、合金、车削碎屑、工业废件、废液、废渣，各种废胶卷（片）和定影液、制镜废棉、热水瓶胆碎片以及金笔尖、金字招牌、对联和催化剂等。电子工业是现代金、银的大用户，从它们的废旧原件中回收金、银也日益受到重视。

623. 含金氧化矿石的特点是什么？

答： 含金氧化矿石明显地与硫化矿不同，氧化矿一般距离地表10~30m的范围，储量不大，矿体比较分散。由于矿物和金粒表面蚀变、氧化和污染，使其失去原来的可浮性。浮选作业时，由于微细粒矿泥含量大、微细粒矿物质量小、比表面积大，致使水介质对这些微细粒矿物和矿泥的流动阻力、各种界面力、双电层斥力等的影响越显著，布朗运动扩散行为的影响远远超过重力的作用，使得它们与气泡碰撞黏附的概率降低，泡沫发黏，比浮选速度小，有时大量矿泥进入精矿，造成金精矿品位过低。此外，矿泥和微细矿粒还吸附浮选药剂和显微、次显微金。这些都导致浮选过程的复杂化，增加生产成本，降低选矿回收率。所以，直接采用浮选法处理含金氧化矿，金的浮选回收率一般只有60%左右，精矿品位也不高，甚至达不到金精矿标准。如果采用混汞-重选工艺流程处理，金的回收率也只能达到60%~70%，同时，重选尾矿再进行氰化，回收率虽然能够大幅度提高，但工艺流程复杂，环保问题难以解决，对于中小型黄金企业来说，经济上不合算。

624. 从金矿中富集金、银的原则流程是什么？

答：从砂矿和原生矿石中富集金、银的方法，主要依据矿床类型、矿物结构、形态和共生组合等特征来选择。不同矿床通常使用的富集方法是：

（1）砂金矿床。良好砂矿床的自然金多与脉石分离，金粒解离呈单体存在于砂砾中，但坡积或洪积矿床中的金粒只有少量已从脉石中解离出来，而需要首先进行破碎。这些矿石通常经预处理后，用重选法产出精矿，再经混汞法或氰化法处理。

（2）嵌布于石英脉中的单体自然金，通常将矿石破碎后直接用重选法、混汞法或氰化法处理。

（3）嵌布于硫化铁（黄铁矿、磁黄铁矿或毒砂）中的自然金，或与锑、砷、铜、镍矿物共生或呈碲化金存在的金，通常先经过浮选和焙烧，然后用氰化法处理所得的精矿或焙砂。如矿石为次生硫化铜、硫化锑及金赋存于碳质页岩中，使用氰化法处理有困难时，则经浮选后用其他方法处理精矿再用氰化法处理尾矿。

（4）与铁、铜、镍硫化矿床共生的少量金，多嵌布于这些硫化矿物的晶格内。此类矿石以生产铜、镍等为主。矿石经浮选获得的精矿送冶炼厂处理，在产出铜、镍等的同时综合回收金、银。

（5）鉴于银多与金和其他矿物共生或伴生在一起，"单独"的银矿床也只是以含银为主。故从银矿石中富集银的方法，通常应考虑回收与之共生或伴生的其他矿物。一般来说，回收铜、铅、锌等矿石中的银使用浮选法为主，并辅以其他方法。金矿石中的银则可采用回收金相似的方法富集，以合金形式回收，然后再分离提纯；有时则先经过分离，再分别提纯。铂族金属也常常与金共生或伴生在一起，处理时可以综合回收。对含银的硫化物，通常先经氧化焙烧，然后再进行氰化处理，或者用酸性盐水或硫代硫酸钠浸出。

（6）含银硫化锰和含银软锰矿床，由于锰的存在，直接采用氰化浸出效果不好，采用其他方法也很困难。为此，通常都要进行特殊处理使之不影响银的浸出。

625. 破碎与筛分，磨矿与分级作业的作用是什么？

答：由于矿床成因不同，从矿床中开采出来的矿石的浸染特性也不同，各种有用矿物与脉石矿物之间彼此紧密共生，因此在进行选别作业以前必须将大块矿石破碎和磨碎到 1~0.06mm，甚至更细一些，使各种有用矿物呈单体分离状态。这就是破碎和磨矿作业的目的和任务。

在破碎和磨矿作业中，为了提高破碎、磨矿机械的生产能力和减少物料的过粉碎，需要及时分出细小颗粒和粒度合格的那部分物料，这就需要加入粒度的分离作业——筛分和分级。因此，可以说筛分和分级是破碎和磨矿的辅助作业。而破碎与筛分、磨矿与分级作业是选别前矿石的粒度准备作业。

626. 重选法适用于什么类型的矿石？

答：重选法主要是利用矿物密度的不同，在单体解离的条件下，使密度大的有用矿物得以分离和富集。因此，重选法主要选别矿石中有用矿物的密度大、粒度较大且能够单体解离（一般大于 0.04mm）的矿石。

627. 根据重选设备，重选方法主要有哪几种？

答：（1）跳汰机选矿。跳汰机选矿是矿粒在垂直变速介质流（即水流）中按密度进行分选的过程。垂直介质流的基本形式有 3 种：间断上升介质流、间断下降介质流及上升和下降交变介质流。现代跳汰机主要是采用上升和下降交变介质流。

（2）摇床选矿。摇床是在水平介质流中进行选矿的设备。分选过程发生在一个具有宽阔表面的倾斜床面上。通过床面上水流的分层作用和床面摇动时的析离分层作用，使矿粒分层并发生横向和纵向运动，使密度不同的矿粒在水流及床面的摇动作用下，分别从床面不同区间排出，达到分选的目的。

（3）溜槽选矿。溜槽选矿是利用矿粒在倾斜介质流中运动状态的差异来进行分选的一种方法。

（4）螺旋选矿机选矿。螺旋选矿机是利用重力、摩擦力、离心力和水流的综合作用，使矿粒按密度、粒度、形状分离的一种斜槽选矿设备，其特点是整个斜槽在垂直方向弯曲成螺旋状。

（5）尼尔森选矿机选矿。尼尔森选矿机是一种新一代的离心选矿机，它在增加转筒离心机的离心力同时又保持富集层流态化问题，从而拓宽了操作性能，并能捕集特别细粒的金。

628. 什么类型贵金属矿石采用浮选法？

答：采用浮选法进行选别的含金银矿石需具有以下一种或几种特点：

（1）金银与硫化物紧密共生；

（2）矿石中含有足够量的硫化矿物保证获得稳定的含金硫化物矿化泡沫；

（3）矿石中不含有硫化物，而是含有大量的氧化铁；

（4）矿石中不含有硫化物或氧化铁，但含有易浮且能使泡沫稳定的矿物等；

（5）纯的石英质贵金属矿石与硫化矿物混合后，或添加硫化物，或添加适当药剂后可形成稳定的泡沫；

（6）用浮选法回收矿石中的主要有价成分（铜、铅、砷等）后，尾矿可用氰化法处理；

（7）铂族矿物的浮选目前主要用于硫化铜镍矿，使铂族矿物和铜镍硫化物一起回收，但因铂族矿物密度大，当粒度较大时不适宜用浮选，需辅以重选方法。

629. 自然金浮选的特点是什么，金的粒度与其可浮性之间的关系如何？

答：自然金的浮选具有以下特点：

（1）多数矿石中的自然金是以细粒浸染状存在，要使金粒达到单体解离必须细磨；

（2）金常与硫化物，特别是黄铁矿致密共生，因此回收金时需同时回收黄铁矿；

（3）金的相对密度很大，在浮选的过程中，金粒与气泡接触后易从气泡表面脱落；

（4）在氧化矿石中，金粒表面常被铁的氧化物所污染或覆盖；金具有柔性与延性，在磨矿时常呈片状，表面往往嵌进一层矿粒，使金粒表面粗糙。

矿石中金的粒度大小直接影响到它的可浮性，按粒度可分为四类：大于 0.8mm 的金粒，不可浮；$0.8 \sim 0.4$mm 的金粒，难浮（只能浮出 5% ~ 6%）；$0.4 \sim 0.25$mm 的金粒，可浮（浮出量约 25%）；小于 0.25mm 的金粒，易浮（回收率可达 96%）。由此可见，浮选的金粒不应大于 0.4mm，因此在浮选前需用重选、混汞或其他方法把粗粒金预先选出。

630. 浮选广泛应用于各种金银矿的原因是什么？

答：（1）大多数情况下，用浮选法处理含硫化矿物高的金银矿石可以把金、银最大限度地富集到硫化矿精矿中，并抛弃大量尾矿，从而降低冶炼成本；

（2）用浮选处理含多金属的金银矿石时，能够有效地分离出金、银和各种有色金属的精矿，有利于实现对有价矿物资源的综合利用；

（3）对于不能直接使用混汞和氰化浸出的含金银难处理矿石，需要采用包括浮选在内的联合流程进行处理。

631. 含有硫化矿的含金石英脉矿石如何浮选？

答：含有硫化矿的含金石英脉矿石中，金与硫化矿共生关系密切，一般通过回收硫化矿来达到回收金的目的。若硫化矿嵌布粒度较粗，在粗磨条件下即可获得较高的回收率；若嵌布粒度较细，则应适当调整磨矿细度。浮选时，可采用乙基或丁基黄药作捕收剂进行混合浮选，而对于稍被氧化的矿石则宜采用戊基黄药进行浮选，也可采用某种烃基二硫代磷酸盐作为辅助捕收剂。

632. 含金黄铁矿和磁黄铁矿如何浮选分离？

答：含金黄铁矿与磁黄铁矿的分离可往矿浆中强烈吹入空气，用石灰抑制这两种矿物，然后用苏打选择性地活化黄铁矿，磁黄铁矿氧化时，表面迅速形成一层牢固的亲水氧化膜，而黄铁矿表面形成的亲水氧化膜，在苏打介质中则被清洗，因其所生成的碳酸盐易从表面脱落下来。

633. 含金黄铁矿和毒砂如何浮选分离？

答：黄铁矿与毒砂的分离，对于处理含金砷硫化矿石具有重要意义。其分选原理是根据一些药剂如石灰、硫酸铜、氧化剂、氯化铵对这两种矿物的选择性作用：

（1）用硫酸铜活化毒砂，在石灰介质中使之优先选为泡沫产物，而黄铁矿则留在槽内；

（2）在石灰介质中加入足够多的氯化铵抑制毒砂，浮出黄铁矿；

（3）采用氧化剂，或往矿浆中吹入氧使毒砂受到抑制，浮出黄铁矿。若预先用硫化钠处理，接着把硫化钠完全排除，然后吹入氨，再用高锰酸盐或软锰矿氧化毒砂，则效果尤佳。

634. 含砷金矿石的处理方法是什么？

答：含砷金矿石的处理方法一般有以下2种：

（1）含砷量低而且毒砂中含金较少的矿石，用浮选方法脱砷，得到合格的含金黄铁矿精矿，再进一步提金。

（2）含砷较高而且毒砂中含金较高的矿石，通过浮选得到含砷金精矿和含硫金精矿，再按相应的工艺流程脱砷提金。

635. 碳酸盐法实现含金黄铁矿和毒砂浮选分离的作用机理是什么？

答：碳酸盐浮选法所用药剂包括碳酸钠和碳酸锌。

（1）采用碳酸钠进行含金黄铁矿和毒砂浮选分离时，一方面是由于它对矿浆 pH 值的缓冲作用；另一方面会使黄铁矿等矿物的表面负电位的绝对值增大，静电斥力势能增大，从而有利于矿粒的分散。据报道，适量的碳酸钠加入磨矿回路，对毒砂的浮选也具有良好的作用，原因是碳酸钠是金属铁的阻化剂，能使已溶氧在磨矿回路中保持在较高的浓度，这是在硫化矿物浮选之前使硫化矿氧化所必需的。另外，碳酸根离子既可以从已氧化的毒砂表面除掉砷，又能使其表面与捕收剂的阴离子继续作用。因此，碳酸钠溶液对于砷黄铁矿的优先浮选，可以被认为是浮选之前准备原矿的最好介质。

（2）碳酸锌法实质上是胶体碳酸锌法。如果单独使用碳酸钠，其对毒砂的抑制作用较弱，单独使用碳酸锌对毒砂基本无抑制作用。但是，当硫酸锌与碳酸钠以一定比例混合配制成胶体碳酸锌作抑制剂时，却能够有效地抑制毒砂的浮选。不论碳酸钠和硫酸锌的配比如何，使用胶体碳酸锌对含金黄铁矿的可浮性没有影响。碳酸钠和硫酸锌的合适配比应以硫酸锌含量在 30% 以下比较适宜，此时抑制毒砂的效果较好。

636. 什么是碳酸化转化—浮选法提金技术？

答：将含金铜铅精矿放入碳酸钠（或碳酸铵）的溶液中，恒温搅拌并通入空气，使铜形成铜铵络离子被浸出，而方铅矿中的铅则转化为碳酸铅，然后过滤除铜，铜液用褐煤吸附，炼成金属铜；也可用硫化铵沉淀得纯硫化铜。过滤的渣先用浮选法回收黄铁矿，得到硫精矿，尾矿即碳酸铅，用硅氟酸溶解，其中的碳酸铅也被溶解了，然后过滤除渣。溶液即是硅氟酸铅，再加入硫酸，生成硫酸铅，可继续加工成化工产品，也可以外销。最后的过滤渣经焙烧，氰化浸出提金。

637. 浮选药剂的种类有哪些，作用分别是什么？

答：浮选药剂在浮选中起着极为重要的作用。根据用途不同，可分为捕收剂、发泡剂和调整剂。

（1）捕收剂的作用是它能选择地附着在某些矿物的表面上，增强其疏水性，使这类矿物容易附着气泡上浮。在选金生产中，常用的捕收剂是黄药和黑药，是自然金和硫化矿物有效的捕捉剂。

（2）浮选时，要求生产大量的气泡用于负载矿粒，气泡大小要合适并且应有一定的强度。因此，需要向矿浆中添加起泡剂，选金所用的起泡剂主要是二号浮选油。

（3）调整剂又分为抑制剂、活化剂和介质调整剂。抑制剂用来降低某些矿物的可浮性；活化剂的作用是使某种矿物易于吸附捕集剂而上浮；介质调整剂用来调整矿浆的 pH 值，调整其他药剂的作用，消除有害离子对于浮选的影响，促使矿泥分散或者絮凝。常用的调整剂有石灰、硫化钠等。

638. 多金属矿物浮选常用的抑制剂有哪些，其特点是什么？

答： 多金属矿物选厂常用的抑制剂及其特点如下：

（1）石灰。用来提高矿浆 pH 值。石灰可抑制黄铁矿，这对于浮选含金黄铁矿石是不利的。浮选银矿物时，石灰可抑制石英和脉石。在多数情况下，石灰能抑制方铅矿和铜的硫化物。

（2）酸类。它可用来降低矿浆 pH 值。在氰化物和硫酸亚铁抑制之后，用来活化铜矿物。

（3）氰化物。它可在优先浮选时抑制锌、铜和黄铁矿。当矿石中含金时，会造成金的溶解而流失。

（4）硫酸锌。它是闪锌矿的抑制剂，通常在碱性矿浆中使用，与氰化物、碳酸钠、亚硫酸、硫代硫酸钠、硫化钠等混合使用，抑制效果更好。

（5）碳酸钠。它可抑制磁黄铁矿，沉淀重金属和碱土金属，以阻止其对矿物表面的作用。碳酸盐用量过多时，泡沫含水，回收率下降。

（6）亚硫酸及其盐类和 SO_2 气体。它们主要用来抑制黄铁矿、闪锌矿。与石灰一起使用，pH = 5 ~ 7，或 SO_2 与硫酸锌、硫酸亚铁、硫酸铁混用，抑制方铅矿、闪锌矿、黄铁矿，但是不抑制黄铜矿，甚至活化黄铜矿。

（7）重铬酸盐。它是方铅矿的抑制剂，对黄铁矿也有抑制作用，主要用于铜、铅分离时抑铅浮铜。

（8）硫化钠。它是氧化矿石浮选的硫化剂，多金属矿石分选时硫化矿物的抑制剂。

（9）水玻璃。非硫化矿浮选时，广泛采用水玻璃抑制石英、硅酸盐及铝硅酸盐类矿物等。

（10）淀粉。它是一种高分子糖类化合物，水解后可得略浮解的糊精，常被用来抑制方解石、石墨、滑石、氧化铁、炭层页岩等。

（11）木质素。它是一种高分子聚合物。木质素主要用作硅酸盐矿物及稀土矿物的抑制剂。

8.3　矿石中金、银提取工艺

639. 耗氰化剂型复杂矿石的处理流程是什么？

答： 当金赋存于银金矿中时，金的浸出速度较慢，因此也就增加了氰化剂用量，而氰化剂过多会造成某些氧化矿物和硫化物矿物之间发生一些副作用，进而导致药耗增加，增加产品的成本，金的回收率有所降低。处理流程如图 8-1 所示。

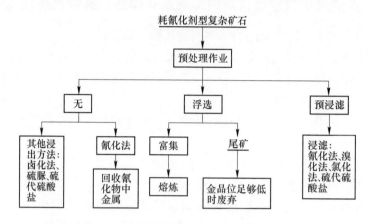

图 8-1　耗氰化剂型复杂矿石的处理流程

640. 内质竞争型矿石处理流程是什么？

答：呈现内质竞争特性是由于在矿石内存在能吸附金的含碳物质。这类矿石中含碳物质能包覆 $Au(CN)_2^-$，要先用氯气进行预氧化处理（闪速氯化），以降低含碳物质的活性。此外，使用焙烧和细菌氧化预处理也能消除内质竞争现象，然后就可以用常规氰化剂、溴、氯或硫脲来浸出。金矿石中存在的黏土不但能吸附 $Au(CN)_2^-$，而且能够通过包覆和泥化作用阻碍氰化过程。中等程度的内质竞争现象可以用炭浸法来减小。

641. 耗氧型复杂矿石处理流程是什么？

答：由于+2 价铁被氧化成+3 价铁，硫化物矿物也会被氧化成硫酸盐，因此活泼的硫化物如磁黄铁矿的存在会导致需氧量的增加。通常用添加纯氧、过氧化氢和过氧化钙等氧化剂来满足供氧需要。如果活泼硫化物较少，则在充气后可用选择性浮选来排除浮选尾矿中的易被氧化的硫化物。当磁黄铁矿含量较低时，加碱预充气作业能有效地在磁黄铁矿表面上覆盖 Fe^{3+} 的氧化膜或氢氧化膜而使其钝化。这些表面膜在氰化物溶液中比黄铁矿溶解得要慢，因此使得能有效地进行常规氰化浸出。另外，在预充气和浸出时添加铅和氧化剂是有益的。

642. 什么是混汞法，作用原理是什么？

答：混汞法提金是一种简单而又古老的方法。它是基于金粒容易被汞选择性润湿，继而汞向金粒内部扩散形成金汞齐（含汞合金）的原理而捕收自然金。混汞反应可以用式（8-1）表示：

$$Au + 2Hg \rule{1.2cm}{0.4pt} AuHg_2 \tag{8-1}$$

金汞齐（膏）的组成随其含金量而变。混汞时金粒表面先被汞润湿，然后汞向金粒内部扩散，分别形成 $AuHg_2$、$AuHg$、Au_3Hg，最后形成金在汞中的固溶体 Au_3Hg。将汞膏加热至375℃以上时，汞挥发出呈元素汞形态，金呈海绵金形态存在。

混汞作业一般不作为独立过程，常与其他选制方法组成联合流程，多数情况下，混汞作业只是作为回收金的一种辅助方法。混汞法能回收单体自然金，可就地产金。但由于汞作业的劳动条件差，劳动强度大，易引起汞中毒，含汞废气、废水应该净水等问题，目前国家已禁止采用混汞法，已逐渐被浮选法或重选法所取代。

643. 金在氰化溶液中浸出的原理是什么？

答：氰化浸出法也称氰化法，是用含氧的氰化物溶液浸出矿石或精矿中的金、银，再从浸出液中回收金、银的方法。贵金属金银是化学性质稳定的元素，在绝大多数的溶剂中不会溶解，但能溶解于氰化物溶液中，空气的存在也影响氰化浸出。

在氰化过程中，金在稀薄的氰化溶液中，在有氧存在时可以生成一价的络合物而溶解，其基本反应分为一步反应和两步反应两种。

一步反应的反应式为：

$$4Au + 8NaCN + O_2 + 2H_2O \rule{1.2cm}{0.4pt} 4NaAu(CN)_2 + 4NaOH \tag{8-2}$$

两步反应的反应式为：

$$2Au + 4CN^- + O_2 + 2H_2O \rule{1.2cm}{0.4pt} 2Au(CN)_2^- + 2OH^- + H_2O_2 \tag{8-3}$$

$$2Au + H_2O_2 + 4CN^- \rule{1.2cm}{0.4pt} 2Au(CN)_2^- + 2OH^- \tag{8-4}$$

644. 什么类型矿石宜采用氰化法，常用的氰化法有哪些？

答：影响氰化浸出的主要因素有金粒大小及形状、矿浆黏度、杂质离子等，因此适宜用氰化法的金银矿石应具有以下特点：金粒较小，但金粒太小很难单体解离；矿石含泥较少且不易泥化；磁黄铁矿、砷黄铁矿、辉铋矿、易于氰化物形成络合物的金属矿物、能在金表面生成薄膜的矿物含量较少。

常用的氰化法有：渗滤氰化法、搅拌氰化法、炭浆法提金、炭浸法提金、堆浸法。

645. 影响金氰化浸出的因素有哪些？

答：对于某种金矿石来说，能否采用氰化法处理，或者氰化回收率的高低，在大多数情况下，主要是取决于浸出作业效果的好坏。

影响氰化浸出的因素很多，主要有：氰化物及氧浓度，矿浆的温度，矿石中金粒的大小和形状，矿浆的浓度和矿泥的含量，在金粒表面形成的薄膜，浸出的时间。

646. 什么是氰化过程中的助浸，有哪些方法？

答：助浸是指在氰化浸出过程中采用强化氰化浸出的方法，以提高氰化浸出率和浸出速度。常用的助浸方法有：富氧浸出和过氧化物助浸、氨氰工艺助浸、加温加压助浸、加 $Pb(NO_3)_2$ 助浸、活化剂 SMD 助浸等。

647. 什么叫炭浆法和炭浸法，其流程和特点以及两者之间的区别是什么？

答：炭浆法提金工艺是以氰化物浸出金为基础，一般是指氰化浸出完成之后，一价金氰化物再用炭吸附的工艺。炭浆法主要使用于矿泥含量高的含金氧化矿石。这种矿石使用常规氰化法难以得到良好的技术经济指标。原因在于矿泥含量高，固液分离困难，现有的过滤机均不能使贵液和矿渣有效分离。炭浆法工艺过程是将含金矿石破碎、磨矿之后进行氰化浸出，矿浆经充分浸出后，加活性炭吸附矿浆中的金，载金炭经过清洗和解吸，分为含金较高的贵液和解吸炭。贵液经电解产出金粉，金粉经熔炼即成为金锭。解吸炭经再生后按比例配在新活性炭中循环使用。

炭浸法和炭浆法原理相似，炭浸法是把活性炭投入到氰化浸出槽中，氰化浸出金和炭吸附金在同一槽中进行的方法。炭浆法是先将矿中的金浸出，而后再用活性炭吸附回收已溶解的金；炭浸法是一边浸出矿石中的金一边用活性炭吸附矿浆中已溶金。炭浆法和炭浸法虽然浸出原理相同，浸出方法相似，但两种工艺存在明显的差异。炭浆法的氰化浸出和炭吸附分别进行，所以需分别配置单独的浸出和吸附设备，而且氰化浸出的时间比炭的吸附时间长得多，浸出和吸附的总时间长，基建和设备投资高，占用厂房面积大。炭浸法工艺是边浸出边吸附，浸出作业和吸附作业合二为一，使矿浆液相中的金含量始终维持在较低的水平上，有利于加速金的氰化浸出过程，因此炭浸工艺总的作业时间较短，生产周期较短，基建投资和厂房面积均较小，生产过程中滞留的金银量较小，有利于企业资金周转。

648. 在氰化过程中加入的碱为什么被称为保护碱？

答：为了保持氰化物的稳定性，减少氰化物的化学损失，在氰化物溶液中必须加入适量的碱，使其维持一定的碱度，该碱成为保护碱。

氰化物在水解时发生下列可逆反应：

$$KCN + H_2O \Longleftrightarrow KOH + HCN\uparrow \qquad (8\text{-}5)$$

$$CN^- + H^+ \Longleftrightarrow HCN\uparrow \qquad (8\text{-}6)$$

所生产的 HCN 部分从溶液中挥发出来，造成氰化物的损失。当溶液中加入碱后，使反应向左，即向水解作用减弱的方向进行。溶液中含有 0.01% 的 NaOH，即可防止氰化溶液的水解。溶液中存在的 CO_2 和因硫化物氧化而生成的酸也与氰化物作用生成 HCN，加碱于氰化物溶液中，使其保持一定碱性，可保护氰化物免受损失。故把加入氰化溶液中的碱称为保护碱。保护碱的浓度过高，会降低金的溶解速度，工业生产中，常把溶液的 pH 值控制在 11~12。

649. 矿石中的伴生矿物对金的氰化浸出有什么影响？

答：在氰化浸出金的过程中，由于矿石的矿物组成复杂，矿物与药剂、矿物与矿物、矿物与氧之间会发生复杂的化学反应，对金的浸出将产生不同的影响，多数情况下的影响是有害的，有的反应消耗了溶液中的氰化物和氧，有的反应生成物形成薄膜覆盖在金粒表面，阻碍金的浸出。因此，一般情况下，成分复杂的金矿石，在氰化时会使氰化物消耗量增大，或者降低金的浸出效果。有时，由于矿石中含有一定数量的某种伴生矿物，使金的浸出无法进行，或者需要在氰化之前进行比较复杂的预处理。

650. 氰化提金生产中常用的氰化物有哪些？

答：碱金属和碱土金属的氰化物都可以作为氰化提金的溶剂。工业上常用的有氰化钠、氰化钾、氰化铵、氰化钙等四种。工业上选用氰化物时主要考虑该溶液对金的相对溶解能力、稳定性、所含杂质对金溶解的影响以及它们的价格。工业上最常用的是氰化钠。

651. 什么叫渗滤氰化法，其流程和特点是什么？

答：渗滤氰化法是氰化法提金方法中较为简单易行的一种。渗滤氰化是在渗滤浸出槽中进行的，把待浸出的矿石装满浸出槽，然后加入氰化物溶液浸出。氰化溶液渗滤过矿石层使金溶解，经过渗滤浸出的含金溶液（贵液）透过比槽底稍高的假底（滤底）经槽壁上的管道流出。贵液排出管位于槽底和滤底之间，矿石经氰化溶液处理后再用清水洗涤，把残留在矿石间隙的含金溶液洗出。贵液送入置换沉淀槽，用锌丝或锌粉置换析出，贫液补加适量氰化物可用于下一批新矿石的浸出，清水洗涤后的矿石即渗滤氰化尾矿。

此法设备简单、投资少、见效快，为国内外的小型矿山所广泛采用；溶剂消耗少、省电且氰化后的矿浆不必进行浓缩或过滤。渗滤氰化法通常处理 0.074~

10mm 的矿砂、较粗粒的焙砂及其他疏松多孔的原料，忌处理含有黏土、矿泥、过分细磨的原料和矿粒大小不均匀的原料。矿石中若含有黏土、矿泥等细泥状物料在渗滤氰化之前，首先要进行筛分以及脱泥处理。

652. 什么叫搅拌氰化法，其流程和特点是什么？

答：搅拌氰化法目前是常用的氰化浸出方法。经磨矿分级后的矿浆进入浓缩机脱水，浓缩后送入搅拌浸出槽，往浸出槽中添加适量的氰化液进行浸出。浸出后的矿浆送往固液分离，将含金溶液与氰化尾矿进行分离，固体即氰化尾矿。贵液送往置换沉淀作业，用锌丝或锌粉置换析出金，然后再进一步进行除杂处理。氰化尾矿根据原矿性质而定，如果含有其他多金属或黄铁矿则综合回收。搅拌设备有机械搅拌式浸出槽、空气搅拌式浸出槽和空气—机械联合搅拌式浸出槽。此方法是用于处理粒度小于 0.3mm 的含金矿石。机械化程度高，浸出时间短，浸出效率高。

653. 从含金氰化贵液中回收金的方法有哪些？

答：用氰化法提金时，从含金溶液中回收金的方法较多，如吸附法、电解法、沉淀法等。吸附法是将含金溶液中的金吸附到作为载金体的吸附剂上，然后再从载体上将金洗脱下来，再用沉淀池或者电解法从洗脱液中沉淀金，常用的吸附剂为活性炭及树脂等。电解法是将含金溶液直接电解得到金。沉淀法是在贵液中加入沉淀剂，通过化学反应使金沉淀，而得到含金品位较高的金泥，作为冶炼的原料。常用的沉淀剂是金属锌，特殊情况下也用金属铝。

654. 锌粉置换回收金的工艺过程是怎样的？

答：锌置换法主要有锌丝置换和锌粉置换两种方法。锌粉的比表面积大，有利于充分迅速地置换沉淀金。近年来，锌丝置换法已被更先进的锌粉置换法所取代。两者相比，锌粉置换具有下列优点：锌粉的价格比较低，用量少，在相同条件下锌粉的用量仅为锌丝用量的 10%~25%；金银置换沉淀的更完全，可获得较高的回收率；金泥中含锌量少，简化了下一步金泥处理作业；整个作业过程能实现机械化和自动化。

655. 锌粉置换法的技术操作及技术指标是什么？

答：锌置换金时对贵液中氰化物浓度和碱的浓度有一定要求。氰化物和碱浓度过高，会使锌的溶解速度加快，当碱度过高时，锌可在无氧条件下溶解，使锌耗增加，同时又由于锌的溶解不断暴露在新锌表面，可加速金的沉淀析出。锌丝置换时，氰浓度为 0.05%~0.08%，碱浓度为 0.03%~0.05%；锌粉置换时，氰浓度为 0.03%~0.06%，碱浓度为 0.01%~0.03%。

金在氰化物中溶解必须有氧参加，而置换是金溶解的逆相过程，置换过程中的溶解氧对置换是有害的。氧的存在会加快锌的溶解速度，增加锌耗，大量产生氢氧化锌和氰化锌沉淀而影响置换。生产中，一般控制溶液中的溶解氧量在 0.5mg/L 以下。

656. 什么是氰化堆浸法，其流程和特点是什么？

答：堆浸法是处理低品位金矿石的一种有效方法。堆浸法实际上是把含金矿石在不渗透的场地上用氰化液进行浸透浸出。把矿石中的金、银溶解后，沿场地预先设计好的沟槽流入贵液储池。这些含金银的贵液用活性炭进行炭吸附，然后进行解吸以回收金、银。贵液至产出金锭的过程与氰化法相同。堆浸法常见的工艺流程为：原矿—破碎—喷淋浸出—浸出液用活性炭吸附金—载金炭解吸—解吸贵液电积金—金泥烘干—金粉熔铸合质金。该方法多用于处理氧化矿石，井巷开拓过程中采出的副产矿石或表外矿石，这些矿石均含有低品位的金，也用来处理含金的尾矿及有色冶炼厂和化工厂的含金烧渣等。

657. 适宜用堆浸法处理的矿石特点是什么？

答：堆浸法主要适合于处理低品位的金矿石，但矿石必须具备以下要求：

（1）矿石具有裂隙，或通过破碎能产生裂隙，有利于氰化物溶液的渗透；

（2）金粒必须非常细小，且处于裂隙的表面，能与氰化物溶液充分接触；

（3）矿石中黏土含量少，或通过制粒能提高其渗透性；

（4）矿石中不含过多的锑、砷、铜、铁的硫化物和碳等对氰化过程有害的矿物；

（5）矿石中不含过多的能与保护碱起反应的酸性组分。

658. 堆浸法提金生产的影响因素有哪些？

答：堆浸法提金是个内在的质变过程，影响堆浸提金生产过程的工艺因素主要有：浸矿液的性质（氰化物的浓度、氧的含量及 pH 值等）、浸矿液的喷淋强度、矿石的性质（矿物学性质、矿物组分、矿石粒度等）、矿石堆的渗透性、浸出过程的温度等。

659. 矿堆的渗透性对堆浸生产有什么影响，影响矿堆渗透性的因素有哪些？

答：矿堆的渗透性对堆浸提金生产有重要的影响，矿堆的渗透性好，浸矿液渗透均匀畅通，含金贵液能及时排出矿堆，且矿堆易于渗氧，能使浸出反应速度加快，因而浸出周期短，金的浸出率高，否则，金的浸出率低。

影响矿堆渗透性的因素主要是矿石中黏土矿物的含量、矿石粒度、筑堆的方式方法、矿堆的高度等。

660. 从堆浸贵液中回收金的方法是什么？

答：从堆浸的矿堆中流出的浸出液，当含金达到一定量时，应将其中金回收。然后将回收金后的贫液调整化学组分后，返回作浸矿液使用。从贵液中回收金可采用的方法有：锌置换沉淀、离子交换树脂吸附法、直接电解法、活性炭吸附法等。目前国内常用的是活性炭吸附法。

661. 活性炭吸附金的原理是什么？

答：含炭原料（椰壳、核桃、煤等）在高温（$800 \sim 1000℃$）和适宜的氧化剂（蒸汽、空气、二氧化碳）存在下，进行活化处理而成为活性炭。活性炭是一种多孔结构，每克活性炭表面积达 $600 \sim 500m^2$，对某些物质，具有强大的吸附能力。

目前关于活性炭吸附金氰络合物的机理尚未达成共识。活性炭的"劫金"机理主要有以下 3 种：离子对吸附理论、静电吸附理论和离子交换理论。

（1）离子对吸附理论：在高离子强度下，金氰络合物优先以 $M^{n+}[Au(CN)_2^-]$ 离子对形式被吸附，这一理论可解释阳离子对活性炭吸金能力的影响。

（2）静电吸附理论：在氧存在的条件下，活性炭悬浮水溶液可发生反应。电子转移使活性炭带正电荷，从而对带负电的 $Au(CN)_2^-$ 有吸引作用。

（3）离子交换理论：活性炭表面官能团与金氰络合物作用形成化学键，$Au(CN)_2^-$ 通过与氧萘活性中心的羟基进行离子交换而吸附到活性炭上。J. D. Miller 等研究表明，所有具备石墨结构的样品都有一定的吸金活性，其中与石墨结构有关的化学键在吸金过程中起重要作用，这可能与用于成键的电子有关。

662. 活性炭吸附堆浸贵液中金的技术条件主要有哪些？

答：活性炭吸附堆浸贵液中的金的主要技术条件有：进入炭吸附的贵液应尽可能少地含重金属离子和其他有害杂质，溶液含金浓度一般应在 $1g/m^3$ 以上，以保证取得较高含金的载金炭。在矿堆浸出末期和洗涤阶段，给入吸附的含金溶液的金浓度可依实际情况适当降低。给入吸附系统的活性炭量应由处理的含金溶液的数量和含金量确定。活性炭的粒度应在 $1.70 \sim 0.613mm$（$12 \sim 30$ 目）。活性炭应有足够的强度。为使活性炭在吸附柱中形成流态化床，必须保证进入柱（塔、槽）中的溶液有足够的流速，一般控制在 $450 \sim 600L/(m^2 \cdot min)$。

663. 从载金炭上解吸金的原理是什么？

答：金被活性炭吸附后，体系中活性炭表面的金和氰化溶液中的金之间建立了可逆的平衡状态。当向体系中添加 CN^- 或 OH^- 时，由于这些阴离子更容易被活性炭所吸附，而将被活性炭吸附的 $Au(CN)_2^-$ 置换出来，此时，体系的可逆平衡被破坏，并向着不利于活性炭吸附金的方向进行，金就会被不断地解吸而进入溶液。同样，提高体系的温度，加大体系的压力也能破坏原来已建立起来的平衡状态，并使过程向着金从活性炭上解吸的方向进行。

664. 影响载金炭金解吸的因素有哪些？

答：影响从载金炭上解吸金的因素有：

（1）温度和压力。随着温度的提高，活性炭吸附金的平衡容量常数下降极为迅速。温度越高金的解吸越彻底。

（2）氰化物浓度。氰化物浓度对载金炭的平衡容量有显著影响。特别是高温下，增加氰化物的浓度，可大大提高金的解吸率，而且还能阻止已解吸的金的还原沉淀，对解吸有利。

（3）碱的浓度。碱的浓度越高，溶液中 OH^- 的浓度越高，则会在更大程度上置换出被吸附的金，对从活性炭上解吸金有利。但碱浓度过高，会带来腐蚀和操作困难，因而解吸液中碱浓度一般控制为 $1\% \sim 2\%$。

（4）添加甲醇或乙醇。甲醇或者乙醇比金的络离子更容易被活性炭吸附，因此添加甲醇或者乙醇，可取代金的络离子占有炭上的晶格，有利于把金、银解吸。但添加醇类，会增加费用，并带来安全生产方面的复杂性。

665. 从载金炭上解吸金的方法有哪些？

答：目前在国内外工业上常用的载金炭上解吸金的方法比较多，按药剂配方和技术条件控制不同，可分为以下 6 种。

（1）常压碱-氰化物解吸法。该方法解吸药剂为 NaOH-NaCN 水溶液，其浓度一般为 NaOH：$1\% \sim 1.5\%$；NaCN：$0.2\% \sim 0.3\%$。解吸温度控制在 $85 \sim 90℃$，解吸液与载金炭的体积比为 $(8：1) \sim (15：1)$ 倍，给入解吸液的速度一般为每小时 $1 \sim 2$ 床层体积，采用解吸、电解液循环的方式操作。解吸时间为 $60 \sim 72h$。该方法的优点是设备简单、操作方便、药剂成本较低。缺点是解吸速度慢、设备生产率低。

（2）常压碱-乙醇-氰化物解吸法。该方法采用氢氧化钠、氰化钠和乙醇水溶液作为解吸剂，其浓度分别为 $1\% \sim 2\%$、10%、$15\% \sim 20\%$（体积分数）。解吸温度控制为 $82 \sim 85℃$。解吸液与载金炭的体积比为 $8：1$ 左右。解吸时间为 $12h$。该法的优点是解吸速度快，不必使用高压设备。缺点是醇类消耗量大，活性炭解吸过程中醇类容易挥发，使成本提高，同时也易引起燃烧不利于安全生产。再者用乙醇解吸的活性炭其活性降低。

（3）高浓度碱-氰化钠水溶液预处理去离子水或软化水洗涤解吸法。采用高浓度碱、氰化钠水溶液处理，其浓度分别为 1%~5%、1%~2%，在90℃温度下浸泡30min，预处理液与载金炭体积比为 1∶1，然后将预处理液放去，再用100~200℃温度的去离子水或软化水以每小时 0.5~2 床炭体积的速度洗涤载金炭，洗涤液的数量为 3~5 床炭体积。解吸时间为 3~12h，洗涤出的贵液与已放出的预处理液合并送电解。该法的优点是金的解吸速度快、解吸液用量较少、贵液含金浓度高。缺点是预处理液与洗涤液必须合并送电解，不能连续操作。

（4）加压碱-氰化物解吸法。该法采用的氢氧化钠、氰化钠在水溶液中浓度分别为 0.5%~1%、0.1%~0.2%，解吸温度为 130~140℃，压力 3~4kg/cm²，解吸液与载金炭体积比为（8∶1）~（15∶1）。解吸时间大约为 6h，温度低则需用的时间稍长些。该法的优点是解吸速度快、药剂用量少、设备利用率高。缺点是需用加压设备、增加了投资成本操作复杂及安全感较差。

（5）预先酸洗，然后碱-氰化物解吸法。该法优点是由于事先酸洗除去了钙、铁等离子，可产生较纯的解吸贵液，更彻底解吸金。同时，由于除去了杂质，获得活性较高的再生炭。缺点是需要将设备防腐、消耗盐酸、操作复杂。

（6）非氰化物解吸法。这方面研究得颇多，如采用 Na_2CO_3+NaOH 的溶液、$Na_2S+NaOH$ 的溶液作为解吸剂，目前在工业上应用很广泛。用1%浓度的 NaOH 加入20%的乙醇作为解吸液，在温度为83℃的条件下解吸12h。

666. 从载金炭解吸贵液中电积金的原理是什么？

答：金在氰化物溶液中以金氰络合物 $Au(CN)_2^-$ 存在，在电积过程中在阴极析出金、银，同时还由于水的还原而析出氢，在阳极析出氧，并发生氰离子的氧化而析出二氧化碳和氮气。在氰化物溶液中，电积金的电化学反应速度很快，过程的主要控制步骤取决于 $Au(CN)_2^-$ 向阴极表面扩散。

电极反应如下：

阴极
$$Au(CN)_2^- + e \longrightarrow Au + 2CN^- \tag{8-7}$$

$$Ag(CN)_2^- + e \longrightarrow Ag + 2CN^- \tag{8-8}$$

$$2H^+ + e \longrightarrow H_2 \tag{8-9}$$

阳极
$$CN^- + 2OH^- \longrightarrow CNO^- + H_2O + 2e \tag{8-10}$$

$$2CNO^- + 4OH^- \longrightarrow 2CO_2 + N_2 + H_2O + 6e \tag{8-11}$$

$$4OH^- \longrightarrow 2H_2O + O_2 + 4e \qquad (8\text{-}12)$$

667. 影响金电积过程的因素有哪些?

答: (1) 电解液中金的浓度。电解液中金的浓度决定向阴极表面扩散金氰络离子数目,因而造成金的浓度低,金的沉积速度减慢,金的回收率降低,电解的电流效率随之降低。

(2) 电解液中氢氧化钠浓度。电解液中氢氧化钠能强化电解的进行,尤其是氰络离子的浓度在较低的情况下更是如此。随着电解液中氢氧化钠浓度的增大,金的沉积速度加快,金的回收率增加。

(3) 电解槽进液速度。进液速度增加,金的沉积速度会加快,但金的回收率就会降低。

(4) 阴极表面积。阴极表面积增大,则会扩大金氰络离子与阴极的接触面,有利于加速金的沉积,提高金的回收率。

(5) 搅拌电解液。搅拌电解液能使电解液产生紊流湍动,使阴极表面扩散层变薄,减少浓差极化,使金的沉积率得到提高。

(6) 槽电压。槽电压升高,金的沉积速度会加快,但电流效率会下降,这是由于槽电压升高后,引起水的分解和促使电解液中其他杂质析出而消耗电能的结果。

(7) 温度。提高电解液温度,使得电解液电导率提高,金氰络离子扩散的速度加快,金的沉积速度相应加快,金的回收率就高,但是温度太高会恶化工作环境。

668. 制粒堆浸有哪些优点?

答: 堆浸物料中含有过量的 $50\mu m$ 以下的矿泥时,常常会降低矿堆渗透速度,并使矿堆内部出现沟流和未浸区。造成时间长,浸出效果差。

用黏结剂和液体将泥质粉矿黏附到矿块上,形成类似矿团的聚合物。这些聚合物的渗透性好,浸出动力学强度稳定,能大大提高浸矿液的渗透速度,又可能避免产生偏析现象,有利于堆浸技术条件的保持,并能够缩短浸出周期,提高堆浸的技术经济指标。

669. 氰化法提金的优缺点是什么?

答: 氰化法提金具有回收率高、对矿石适应性强、能就地产金等特点;缺点是对环境污染严重、提金速度慢、氰化钠属于剧毒品、运输和保存受到严格管制。

670. 常见的非氰提金药剂有哪些?

答: 非氰、无毒、无污染提金技术开发及应用将成为以后攻关的重点。近来研究表明,非氰浸金方法对于难处理金矿处理有其独特优势,其方法主要有硫氰酸盐法、卤化物法、硫代硫酸盐法、多硫化物法、石硫合剂法以及硫脲法等。

表 8-1 总结了 27 种可能取代氰化钠的浸出剂,它们大致可以分为 11 类。大约 3/4 的研究成果都集中在硫代硫酸盐、硫脲和卤化法。但这三种方法在工业应用上的例子并不多,具有代表性的是巴里克黄金采用硫代硫酸盐浸出内华达州的一座含碳难处理金矿,该矿山年处理量 35000t,矿山投资成本 58500 万美元,矿山运营成本每吨 46 美元。而硫脲法和卤化法,由于存在致癌性、腐蚀性以及药剂用量过大许多问题,仍未实现工业应用。

表 8-1　主要的非氰提金剂

浸出剂类型		浸出剂类型	
（1）硫代硫酸盐		（7）自然酸	
（2）硫脲		（8）硫氰酸盐	
（3）卤化法		（9）腈类	
（4）氯化物氧化法	王水	（10）氰化物衍生物	氨-氰法
	酸氯化铁		碱氰仿
	哈伯法		氰氨化钙
（5）硫化体系	硫化钠		溴-氰法
	多硫化物	（11）其他	矿浆电解
	硫酸氢盐		有机缓蚀剂
	二氧化硫		二甲基亚砜
（6）氨法			生物浸出剂

671. 硫脲溶解金、银的原理是什么,硫脲法的应用有哪些?

答: 硫脲溶解金、银的理论研究目前还很粗浅,但硫脲作为一种强配位体,它能从矿石或精矿中浸出金、银,主要是它具有与金属离子形成稳定络合物的能力。它们之所以能形成稳定络合物,一般认为是由于它们具有很强的协同配位键。硫脲分子和金属离子的结合可能同时通过氮原子的非键电子对,或硫原子和金属离子的选择结合而形成稳定的络离子。

据文献报道,已研究过的硫脲提金工艺主要有:常规硫脲浸出法、向浸出液中通入 SO_2 的 SKW 法、加金属铁板进行浸置的铁浆法、加活性炭或阳离子交换树脂进行吸附的炭浆树脂法以及向浸出槽中挂入阴阳极板进行电解的电积法等。

672. 什么是硫代硫酸盐浸出金?

答: 浸金常用的硫代硫酸盐有两种:一种是硫代硫酸铵,一种是硫代硫酸钠。两种物质是白色晶体,均能溶于水,溶液无色,在酸性介质中不能稳定存在,在碱性介质中较为稳定。硫代硫酸盐浸金的主要反应为:

$$4Au + 8S_2O_3^{2-} + O_2 + 2H_2O \Longrightarrow 4[Au(S_2O_3)_2]^{3-} + 4OH^- \qquad (8\text{-}13)$$

$$Au + 4S_2O_3^{2-} + [Cu(NH_3)_4]^{2+} \Longrightarrow [Au(S_2O_3)_2]^{3-} + [Cu(S_2O_3)]^{3-} + 4NH_3$$
$$(8\text{-}14)$$

硫代硫酸盐法具有浸金速度快、无毒、对杂质不敏感、浸金指标较高以及对设备无腐蚀等优点。对难处理金矿石中金的浸出回收,无论是在浸出率或者是经济上,都显示出优于氰化法。该法的不足之处是必须在加热的情况下进行,对温度影响敏感,浸出温度区间狭窄,工艺不容易控制。另外是试剂用量较大,必须加强试剂的再生利用。

673. 什么是石硫合剂法浸出金?

答: 石硫合剂法浸出金是我国首创的新型无氰浸出金技术。石硫合剂是利用廉价易得的石灰和硫黄合制而成,无毒,有利于环境保护,其主要成分是多硫化钙和硫代硫酸钙。因此,石硫合剂法的浸金过程是多硫化物浸出金和硫代硫酸盐浸出金两者的联合作用,因而使用石硫合剂法具有优越的浸出金性能,更适于处理含碳、砷、锑、铜、铅的难处理金矿。但是该方法在技术上还很不成熟,有待进一步研究。

674. 什么是类氰试剂法浸出金?

答: 类氰试剂市面上很多,其结构组成尚未有明确的定论。有文献报道,类氰试剂为碳化三聚氰酸钠,其中的类氰基(CN)由于以强连接键络合在一起,在通常条件下处于稳定的络合化合物状态,而不是游离状的氰基(CN^-)。此药剂与氰化钠区别在于没有游离状态的氰基,浸出效果一致,浸出条件完全与氰化钠相同。可以测出含有少量氰基,但是对于人及其他生物呈现无毒或低毒状态。此类型药剂可以更好地取代剧毒的氰化钠。

675. 水溶液氯化法及其浸金的原理是什么?

答: 水溶液氯化法在 20 世纪 70 年代末曾有不少专利。卡林(Carlin)公司用二次氯化法建立日处理 500t 矿石的连续试验装置,使氯气消耗大大降低,美国专利曾报道在 328kPa 氧压下(160℃)用氯化物溶液浸出,金浸出率高于 98.5%。

液氯化法（又称湿法氯化或溶液氯化）是在盐或酸的水溶液中，加入氯或其他氯化剂，使金被氯化而浸出提取。此法初期采用氯水或硫酸加漂白粉的溶液从矿石中成功地浸出金，并用硫酸亚铁从浸出液中沉淀出金。后经发展成为19世纪末的主要浸金方法之一。一般来说，原料中凡是王水可溶的物质，液氯化法也可以溶解。采用液氯化法，金的浸出率比氰化法高，可达90%～98%，氯的价格比氰化物低，氯的消耗量（处理精矿）约为0.7～2.5kg/t。液氯化法问世后，氰化法工艺在19世纪末也相继出现，并开始广泛应用于从矿石中直接浸出金，故几乎在同一时间液氯化法在各工厂停止采用，近些年来，由于一些湿法冶金方法污染环境，液氯化法又重新被用来提取金、银，今后它有可能再次成为金、银重要的冶金方法之一。

该工艺的特点是投资少、回收率高、有利于环保。液氯化法实质上是一种氧化浸出。氯溶于水后，发生水解反应生成氧化性极强的次氯酸使金氯化成$HAuCl_4$或$NaAuCl_4$，再用二氧化硫、硫酸亚铁还原沉淀。按使用的氯化剂和介质的不同，液氯化分为：盐酸介质水溶液氯化、次氯酸盐（次氯酸钠或次氯酸钙）氯化和电氯化三种主要工艺。

水氯化法浸金原理是：金在饱和有Cl_2的酸性氯化物溶液中被氧化，形成三价金的络阴离子。氯是一种强氧化剂，能与大多数元素起反应。对金来说，它既是氧化剂又是络合剂。在$Au-H_2O-Cl-$体系的电位-pH图中，金被氯化而发生氧化并与氯离子络合，故称水氯化浸出金，其化学反应为：

$$2Au + 3Cl_2 + 2HCl == 2HAuCl_4 \qquad (8-15)$$
$$2Au + 3Cl_2 + 2NaCl == 2NaAuCl_4 \qquad (8-16)$$

以上反应是在溶液中氯浓度明显增高的低pH值条件下快速进行的。

三价金在氯化物溶液中电位相当高：

$$Au + 4Cl^- == AuCl_4^- + 3e \qquad E^\ominus = 1.00V \qquad (8-17)$$

因此，已溶金很易被还原，故矿石浸出时溶液中必须饱和氯气。水氯化法的最大优点是便宜，浸出速度快，用于液氯化法的浸出剂主要是（湿）氯和氯盐。由于氯的活性很高，不存在金粒表面被钝化的问题。在给定的条件下，金的浸出速度很快，一般只需浸出1～2h。这种方法更适于处理碳质金矿、经酸洗过的含金矿石、锑渣、含砷精矿或矿石等，并且从溶液中回收金很容易。但是，水氯化法也存在严重的局限性：当硫化矿浸出时，会有一部分或大部分MeS溶解，这使废液处理复杂化，所以，对于含S<0.5%的酸性矿石，用水氯化法可能是适合的，除此，水氯化法还存在Cl_2对现场的危害以及设备复杂化的问题，但是随着复合金属的应用，设备问题可能会迎刃而解。

676. 铜矿中的伴生银如何回收？

答：与铜、铁、镍硫化矿矿床共生的少量金、银，多嵌布于这些硫化物的晶格内。此类矿石以生产铜、镍为主，矿石经过浮选获得精矿送冶炼厂处理，在产出铜、镍等的同时综合回收金、银。

677. 银精矿的氯化焙烧原理及作业条件是什么？

答：含银的硫化物能为氰化物溶液所分解，但分解速度却很缓慢。如将精矿加食盐焙烧使得银转化为氯化银后，就很容易被氰化物溶液所分解。焙烧的食盐加入量，通常为精矿质量的 5%~15%，并要求精矿含硫达到 2%~3%，以满足自热焙烧的条件。氯化焙烧时由于贱金属杂质的存在而发生许多复杂的反应。而银则是按照式（8-18）反应：

$$Ag_2S + 2NaCl + O_2 \longrightarrow 2AgCl + NaSO_4 \qquad (8\text{-}18)$$

银精矿氯化焙烧通常在多膛焙烧炉内约 600℃ 条件下进行。

678. 含氰污水的处理方法有哪些？

答：（1）自然净化法（贮池法）：挥发作用、生物破坏和氧化作用；

（2）氧化法：包括碱氯法、酸性氯化法、次氯酸盐法、就地电解法、臭氧氧化法、过氧化氢氧化法、酸化—挥发—再中和法、SO_2-空气氧化法（因科法）等；

（3）吸附法：包括离子交换法、活性炭吸附法和离子浮选法；

（4）电解法：包括氰化物再生法和氰化物破坏法；

（5）向微毒性转化法：包括转化成硫氰酸盐和亚铁氰化物。

679. 碱氯化法处理含氰污水的原理是什么，其特点是什么？

答：碱氯化法处理含氰废水的主要原理如下：氰化物被氯完全氧化，在不同的 pH 值下分两段进行。

第一段，氰化物被生成氰酸盐，它的毒性大致相当于 HCN 的 1‰。第一段又分两步进行，第一步氰化物被氧化成氯化氰（CNCl），用式（8-19）表示：

$$NaCN + Cl_2 = CNCl + NaCl \qquad (8\text{-}19)$$

上述反应瞬间进行，而且与 pH 值无关。第二步在高碱度溶液中氯化氰按式（8-20）水解成氰酸盐：

$$CNCl + 2NaOH = NaCNO + NaCl + H_2O \qquad (8\text{-}20)$$

因为氯化氰是高度挥发性的有毒气体，所以要完成上一步反应必须保持溶液的高碱度，同时避免这种有毒气体的释放。

碱氯化法的第二段也分两步进行，氰酸盐最终转化成碳酸氢盐和氮气。第一步（这一步是速度控制步骤）是氰酸盐被氯催化水解生成碳酸铵：

$$3Cl_2 + 2NaCNO + 4H_2O \longrightarrow (NH_4)_2CO_3 + Na_2CO_3 + 3Cl_2 \qquad (8\text{-}21)$$

第二步是将第一步产物完全氧化成碳酸氢盐和氮气：

$$3Cl_2 + 6NaOH + (NH_4)_2CO_3 + Na_2CO_3 + 4H_2O \longrightarrow 2NaHCO_3 + 6NaCl + 6H_2O + N_2 \uparrow$$

$$(8-22)$$

碱氯化法的优点是应用广泛，有经验可以借鉴；要处理的入料是碱性的；反应完全，且速度适当；能除去毒性金属；氯容易从不同方式得到；既容易实现连续操作又适合间歇操作；基建投资低；工作可靠，容易控制；在氰酸盐允许排放的条件下，第一段氧化反应容易被控制。

碱氯化法的缺点是试剂费用高、氯的二次污染严重、氰化物等不能回收、铁和亚铁氰化物通常不能破坏。

680. 离子交换法处理含氰废水的原理是什么，其优缺点是什么？

答：离子交换法用来从金选厂废水中回收氰化物，首先是南非中部丘陵地区的高尔梅布拉迪公司研究的。其方法是一个装填 IRA400 离子交换树脂的吸附柱，用来吸附金属氰络合物。后面接有一个用氰化亚铜处理过的用来除去游离氰化物同样的树脂柱；最新的一种 IRA958 强碱性丙烯型树脂，已被用于从含氰废水中除氰。霍姆斯特克矿业公司用于金选厂废水除氰。但 IRA958 不能除去游离氰，所以建议在离子交换之前，用 $Fe(OH)_3$ 与之反应使其转化成铁氰化物。

离子交换法的优点：能使氰化物和重金属降到很低水平；能回收氰化物和金属；可以除去硫氢酸盐。

离子交换法的缺点：解吸的硫酸用量大；HCN 气体毒性较大，必须小心密封；树脂床有可能被金属沉淀物堵塞；投资费用相对高些。

681. 次氯酸盐法处理炭浆提金厂含氰污水的原理是什么，其特点是什么？

答：在碱性条件下，NaClO 氧化废水中的氰化物可分成两个阶段，首先把氰化物氧化成氰酸盐，再进一步氧化成二氧化碳、氨和氯气。根据这种分段反应的性质，在处理含氰废水时，把氧化反应控制到完成第一阶段，然后让 CNO^- 水解成 CO_2 和 NH_3（称之为不完全氧化）；而后投入足量的 NaClO，使 CN^- 彻底氧化成 CO_2 和 N_2（称之为完全氧化）。

次氯酸盐法的特点：采用次氯酸钠法处理含氰尾矿浆主要原材料及动力消耗比碱液氯法处理成本低 1/3 左右；通过控制适当的工艺条件，采用不完全氧化法，可最大限度地减少投氯量。试验结果表明，排放废水含氰量完全达国家标准；该法还具有反应快的特点，与现行的碱液氯法比较可减少反应槽数量；次氯酸钠法是以水溶液形式加入，操作简单，易于控制，反应完全，尾液余氯低，避免洗涤操作，消除了液氯法中"二次污染"问题。同时石灰用量可减少近半。

8.4 难处理含金矿石预处理

682. 什么是难处理金矿石，金矿石难浸的原因有哪些？

答：难处理金矿石是指那些用重选或经过细磨后、未经某种形式预处理，而在常规浸出条件下不能取得满意金回收率的矿石。从定量来说，当直接用常规氰化浸出时，金回收率低于80%的矿石即为难浸金矿石。

矿石难浸的原因主要有以下几个方面：

（1）物理性包裹。矿石中金呈细粒或次显微粒状被包裹或浸染于硫化物矿物、硅酸盐矿物中，或存在于硫化物矿物的晶格结构中。这些硫化矿通常是黄铁矿、毒砂和磁黄铁矿，甚至在一些矿床中，大部分金都进入黄铁矿、毒砂的晶格，以超显微金的状态存在。即使将矿石磨得很细，也不能使金解离，导致金不能与氰化物接触，金的氰化浸出效果极差。

（2）耗氧耗氰矿物的副作用。矿石中常存在砷、铜、锑、铁、锰、铅、锌、镍、钴等金属硫化物和氧化物，它们在碱性氰化物溶液中有较高的溶解度，大量消耗溶液中的氰化物和溶解的氧，并形成各种氰络合物和 SCN^-，从而影响金的氧化与浸出。矿石中最重要的耗氧矿物是磁黄铁矿、白铁矿、砷黄铁矿；最重要的耗氰矿物是砷黄铁矿、黄铜矿、斑铜矿、辉锑矿和方铅矿。

（3）金粒表面被钝化。在矿石氰化过程中，金粒表面与氰化矿浆接触，金粒表面可能生出如硫化物膜、过氧化膜、氧化物膜、不溶性氰化物膜等，使金表面钝化，显著降低金粒表面的氧化和浸出速度。

（4）碳质物等的"劫金"效应。矿石中常存在碳质物（如活性炭、石墨、腐殖酸）、黏土等易吸附金的物质。这些物质在氰化浸出过程中，可抢先吸附金氰络合物，即"劫金"效应，使金损失于氰化尾矿中，严重影响金的回收。

（5）呈难溶解的金化合物存在。某些矿石中金呈碲化物（如碲金矿、碲银金矿、碲锑金矿、碲铜金矿）、固溶体银金矿以及其他合金形式存在，它们在氰化物溶液中作用很慢。此外方金锑矿、黑铋金矿及金与腐殖酸形成的络合物，在氰化物溶液中也很难溶解。

683. 难处理金矿石的预处理方法有哪些，预处理目的是什么？

答：目前国内外对难处理金矿石进行预处理的方法有焙烧氧化、热压氧化、微生物氧化、化学氧化及其他预处理方法。

预处理的目的有：使包裹金矿物的硫化物氧化，并形成多孔状物料，这样氰化物溶液就有机会与金粒接触；除去砷、锑、有机碳等妨碍氰化浸出的有害杂质或改变其理化性能；使难浸的碲化金等矿物变为易浸。

684. 碳质金矿石难处理的原因是什么，其预处理方法有哪些？

答：碳质金矿石为含有机碳的难浸矿石，该类矿石难浸的原因主要是由于有机碳与金氰络合物发生作用而严重影响了氰化提金效果。碳质金矿石中的碳主要有 3 种形式：元素碳、大分子烃类化合物、腐殖酸类。后两者统称为有机碳。一般认为，原生矿中的有机碳高于 0.2% 就会严重干扰氰化提金。

针对碳质难处理金矿石，正在使用的预处理方法有以下几类：

（1）竞争吸附法。通过添加吸金能力比碳质物强的离子交换树脂等抑制有机碳的有害影响。

（2）覆盖抑制法。通过添加表面活性剂覆盖碳质物表面的活性点，使碳质物不被浮选。

（3）高温焙烧法。在富氧或纯氧气氛下分解碳质物。

（4）湿化学氧化法。主要包括利用组合细菌分解有机碳、加压氧化法和水氯化法。

685. 什么是生物氧化预处理，特点是什么？

答：生物氧化预处理是指在提取目标矿物（或元素）前利用细菌对包裹目的矿物（或元素）的非目的矿物进行氧化，使目的矿物（或元素）暴露或解离出来，为下一部的提取创造条件。

生物氧化预处理的主要特点是：生物氧化主要是靠细菌的嗜硫性，将硫氧化成硫酸或硫酸盐。难处理金矿生物预氧化过程中，利用微生物新陈代谢的直接或间接作用，氧化分解硫化矿基体，将包裹金矿物的黄铁矿、砷黄铁矿等有害成分分解，使金充分暴露出来，以利于后续氰化浸出，实现金的高效回收。同时，在氧化过程中，将矿石中对环境造成污染的有害元素砷、硫等分解成相对稳定的无害盐类物质。生物氧化工艺不仅可以处理难处理金精矿，也可用于原矿的预处理。

686. 微生物氧化预处理的主要优缺点是什么？

答：微生物氧化预处理的主要优点是：

（1）建设规模可大可小。每天处理几十吨到上千吨金精矿的规模都可以建。

（2）生产工艺大部分采用常规的设备，设备制造国产化比较容易，而且基建投资明显比国外低，生产成本低。

（3）生产操作易掌控。可通过控制氧化作业参数或条件，选择性地氧化目的矿物，达到高效的浸出效果。

（4）生产过程中不会产生废气、废水，不生产硫酸、砒霜等难以向外运输的产品，是典型的环保型工厂。

（5）过程耗材主要是电和石灰石、石灰，还有少量化肥，供应解决较容易。

微生物氧化预处理的主要缺点是：

（1）微生物氧化预处理的时间长，需要庞大的氧化设备。

（2）微生物生存和繁殖条件较为苛刻，对温度要求比较严格，当温度太高时（40℃以上）细菌容易死亡，而在温度太低（16℃以下）时其生长和繁殖缓慢。另外，工程菌放大周期长，工艺生产要求的连续性强。

（3）氧化过程中硫化物的氧化会释放出热，因此反应器需要冷却装置。

（4）由于氧化过程是在酸性溶液中进行的，氧化反应槽需要防腐或采用不锈钢材质。

（5）不适合处理脉石包裹的金矿石，对有机碳的抑制作用也不明确，且目前没有合适的工艺综合回收伴生的有价元素。

687. 什么是氧化焙烧预处理，其主要特点是什么？

答： 氧化焙烧预处理是指黄铁矿和毒砂通过氧化焙烧（适宜焙烧温度650～750℃），砷和硫被氧化生成 As_2O_3 和 SO_2 挥发，生成多孔的焙砂，破坏包裹贵金属的组织从而使金、银等元素裸露，大大提高浸出率的一种有效方法。

该工艺自1920年前后在生产上应用以来，一直是高砷硫金矿预处理的基本手段，目前用焙烧作为砷金矿预处理工艺的国家几乎遍布世界各主要产金地区。氧化焙烧法工艺成熟、适应性强、技术可靠、操作简便、处理费用低，且可以回收氧化砷作为副产品。但氧化焙烧过程生成 As_2O_3 和 SO_2 （含 As_2O_3 时难以制硫酸），造成严重的环境污染。而且，焙烧还生成不挥发的砷酸盐及砷化物，使 As 不能完全脱除。Au 被易溶的 Fe 和 As 的化合物包裹而钝化，氰化处理含 Fe 焙砂时也达不到高的回收率，要溶解钝化膜需要进行碱性或酸性浸出，再磨碎、浮选等附加作业。

688. 什么是固化焙烧法，其主要缺点是什么？

答： 固化焙烧法是指在矿石中添加碱性钙、钠的化合物（或利用矿石本身的钙、镁碳酸盐）使砷、硫在焙烧过程中生成不挥发的砷酸盐和硫酸盐而固定在焙砂中，不会放出 As_2O_3、SO_2 等有毒气体污染环境。固化焙烧法特别适用于处理既含砷、硫，又含碳的难处理金矿石。

固化焙烧法的主要缺点是：为了达到较好的固硫固砷效果，需要加入的石灰较多，常与精矿量相当，而在焙烧过程中，硫和砷都不挥发，并且形成砷酸盐和硫酸盐，所得焙砂的质量超过金精矿的质量。因此，所得焙砂的金品位不但没有提高，反而下降，不利于金的回收。另外，在焙烧过程中，硫和砷焙烧的最终产物中会形成不利于氰化浸金的物质如 CaS 和 $CaSO_3$，甚至多硫化物形成，从而影响后续金的浸出率。

689. 氯化焙烧与硫酸焙烧的区别是什么？

答：氯化焙烧是在添加氯化剂（食盐、氯化钙或氯）的条件下焙烧矿石，使其中某些金属氧化物、硫化物转化为氯化物的过程，被氯化的物料可以是氧化物、碳化物、硫化物以及金属或合金。氯化焙烧分中温氯化焙烧、高温氯化焙烧和氯化—还原焙烧（也称氯化离析法，常简称离析法）等三种。根据气相中的含氧量，又有氧化氯化焙烧（直接氯化）和还原氯化焙烧之分；还原氯化主要用于处理较难氯化的物料。中温氯化焙烧和高温氯化焙烧可在氧化气氛或还原气氛中进行，但氯化—还原焙烧只能在还原气氛中进行。

硫酸焙烧是在严格控制炉内气氛和炉温下使炉料中的某些金属硫化物和其他化合物转变成水溶性硫酸盐的焙烧方法，属湿法冶金的预处理作业。金属硫酸盐在高温下易分解成金属氧化物和三氧化硫，但各种金属硫酸盐分解温度不同，如铁的硫酸盐约在 550℃ 发生分解，而铜、钴、镍的硫酸盐则需在 700℃ 以上才分解。通常利用这种差别，可从含铜、钴、镍的黄铁矿中分别提取铜、钴、镍。硫酸化焙烧在铜精矿、铜钴精矿、钴硫精矿及品位低的多金属物料的处理中得到应用。

690. 加（热）压氧化预处理的原理是什么？

答：加（热）压氧化法是利用空气或富氧在高压釜中进行热压氧化过程，通过加温、充气的手段破坏硫化矿及部分脉石矿物的晶体，使被其包裹的金暴露出来，得以氰化浸出。加（热）压氧化预处理主要是在加压容器中，往砷金矿的酸性（或碱性）矿浆中通入氧气（或空气），As、S 被氧化成砷酸盐及硫酸盐（在一定条件下硫的氧化产物为元素硫），从而使砷硫矿物包裹的 Au 裸露，便于溶剂对 Au 的浸出。加压氧化预处理具有金提取率高、对锑和铅等杂质不敏感、对环境污染小的特点。

加压氧化可分为酸性介质加压氧化和碱性介质加压氧化。酸性介质加压氧化具有使毒砂和黄铁矿完全分解，后续过程 Au 的浸出率高、无污染等明显的优点，但却需要高压设备，投资大，As 等有价元素得不到回收，浸金试剂消耗较大，在我国应用困难较大。碱性加压氧化是指在碱性介质中通入高压氧从而完成毒砂和黄铁矿的分解，该法的优点是采用碱性介质，设备容易解决，无污染。但该法分解不彻底，固体产物形成新的包裹体，后续过程金的浸出率不高，试剂消耗大，As 难于回收，超细磨矿可能还会带来过滤问题。

691. 加（热）压氧化预处理的特点是什么？

答：加（热）压氧化浸出工艺特点有：

（1）通过高温高压氧化作用，黄铁矿和毒砂的氧化产物都是可溶的，反应较为彻底，金的回收率较高；

（2）该工艺可以直接处理原矿石，这对于不易浮选富集的金矿石更加有意义；

（3）由于采用的是湿法工艺流程，没有烟气污染问题；

（4）对含有机碳较高的物料效果不好；

（5）该工艺设备的设计和材质要求很高，因此操作和维护水平的要求更高，基建投资费用较大；

（6）对有害元素锑、铅等敏感性低；

（7）对砷硫矿物目前没有合适工艺综合回收利用。

692. 什么是硝酸氧化预处理法，其主要缺点是什么？

答：硝酸氧化预处理法的原理是利用 HNO_3 氧化砷黄铁矿和黄铁矿，使原料中的硫化物充分分解，从而使 Au 成倍地富集，进而利于 Au 的回收。生成的 NO 再被氧气氧化成 NO_2，然后水吸收使硝酸得以再生。在此过程中硝酸起着传递氧气的作用，因此，此法又称催化氧化法，即把硝酸看成是黄铁矿和毒砂分解的催化剂。

硝酸氧化预处理法中 HNO_3 需要在 350℃ 下蒸馏再生，这在工业上难以实现，而且 As 不但得不到利用，还需固化处理，因此该法在工业上应用的可能性极小，除非 Au 的品位十分高，否则是不经济的。该法主要有两种工艺，即阿辛诺法和 Nitrox 法这两种方法，以氧气作为氧化剂，硝酸作为催化剂，主要区别在于压力和氧气的来源不同，硝酸分解法的关键是硝酸的再生和循环利用问题。

693. 什么是难处理金矿的常压碱浸预处理法？

答：常压碱浸预处理法是指在常压下通过添加化学试剂在碱性介质中对矿石的有关组分进行氧化处理，达到脱砷、脱硫以及金与硫化物充分解离的目的，然后进行氰化浸出可大大提高金的浸出率。常压碱浸法原理是：NaOH 是一种强碱，能使砷黄铁矿和黄铁矿分解，使砷黄铁矿中的砷生成砷酸盐或亚砷酸盐，黄铁矿分解为 $Fe(SO_4)_3$ 和 $Fe(OH)_2$ 及 $Fe(OH)_3$ 沉淀，而硫则以可溶盐形式进入溶液，并使金暴露出来，便于与氰化钠反应。该方法具有环保、工艺简单、流程短、投资小等优点。

694. 什么是难处理金矿的常压酸预处理法?

答: 常压酸处理通常是指用过一硫酸对难浸矿石进行氧化处理。过一硫酸是一种氧化性比 H_2O_2 更强的氧化剂, 在 pH 值较低时是稳定的, 过一硫酸是通过在浓硫酸中加入 H_2O_2 获得的:

$$H_2O_2 + H_2SO_4 \rule[0.5ex]{3em}{0.4pt} H_2SO_5 + H_2O \tag{8-23}$$

过一硫酸可氧化硫化矿, 对砷黄铁矿氧化效果更佳, 用过一硫酸实现类似于水相氧化的作用。与传统焙烧和加压氧化法相比, 其处理费用更低, 但该法仍没有得到工业应用。

695. 什么是微波预处理法, 其特点是什么?

答: 微波焙烧预处理法利用成熟的微波技术, 对矿石进行辐射, 能达到改善矿石的碎磨及浸出性能的效果。由于微波能够加热大多数有用矿物, 而不加热脉石矿物, 因而在有矿物和脉石矿物之间会形成明显的局部温差, 从而使它们之间产生热应力, 当这种热应力达到一定程度时, 就会在矿物之间的界面上产生裂缝, 裂缝的产生可以有效地促进有用矿物的单体解离和增加有用矿物的有效反应面积。大多数硫化矿石和硫化物具有较快的升温速率, 这是因为它们在微波频段有较大的介电率。微波加热对于具有不同正离子物或化合物的升温速率明显不同。黄铁矿型矿石的金颗粒被包裹在黄铁矿或砷黄铁矿中, 直接用常规的氰化法浸出, 金的浸出率通常很低。用微波对这种难处理金精矿进行预处理, 可以把金、砷、硫从矿石基体中分离出来, 分离出来的金矿物可用常规的氰化法浸出。

微波焙烧的技术优势是: 选择性加热物料, 升温速率快, 加热效率高; 微波加热具有降低化学反应温度的作用; 通过控制适当的温度, 可以避免产生 SO_2 和 As_2O_3 气体。

696. 对含砷金矿物的处理通常有什么方法?

答: 原生含砷金矿石常含有 1% ~ 12% 的砷。砷在矿石中主要呈砷黄铁矿(FeAsS, 毒砂)形态存在, 有时也呈简单砷化物雄黄(AsS)和雌黄(As_2S_3)形态存在。矿石中的其他硫化矿物主要为黄铁矿和磁黄铁矿。处理此类矿石一般用浮选法获得含砷混合精矿或金砷黄铁矿精矿。此类精矿若直接氰化提金, 通常提取率较低, 需进行预处理。预处理方法视金的嵌布粒度及砷的存在形态而异。含微粒包裹金的矿石, 高细磨条件下仍无法暴露包裹金形态, 目前广泛采用两段氧化焙烧—焙砂氰化法处理; 随着细菌浸出技术日益成熟和完善, 采用细菌浸出预处理—氰化法提金技术也越来越多, 热压浸出技术也得到应用。此外还有常压碱浸预处理法、石硫合剂法、加 N113 催化剂的 MnO_2 氧化法及一步浸出工艺等方法逐渐被探索开发及应用。

697. 对含碳金矿物的处理通常有什么方法？

答： 含有天然碳质的金矿石，氰化浸出金时，会从矿浆中抢先吸附金氰配合物，降低金的浸出率，因此被称为"劫金"矿石。解决含碳金矿石的处理方法有：

（1）焙烧氧化法。此法为处理含碳金矿石最有效的方法。处理含碳金-砷精矿常用焙烧氰化工艺就地产金。含碳金-砷精矿的氧化焙烧一般分两段进行，在温度为 500~600℃ 和空气给入量不足的条件下进行第一段焙烧，将焙砂中的砷含量降至 1% 以下，然后在温度为 650~700℃ 和空气过量系数大的条件下进行第二段焙烧，以将碳、砷、硫除净。为了实现自热焙烧，精矿中的硫含量应达 22%~24%。若不含砷只含碳，金矿可采用一段焙烧法处理，然后氰化。

（2）抑制法。金被碳吸附的量取决于矿石中碳的含量、碳对金的吸附能力、磨矿细度及氰化浸出时间等因素。碳含量小于 0.1% 时，碳质金精矿或焙砂可直接氰化提金。为了提高金浸出率，可先用掩遮剂降低碳的吸附能力，它们可选择性吸附于碳质颗粒表面形成疏水膜，不仅可以降低碳对金的吸附能力，而且碳物质常漂浮于搅拌槽或浓缩机的浆面上并随溢流排出。

（3）碱性氯化法。对碳质"劫金"矿石采用碱性氯化法进行预处理，使碳氧化，以使"劫金"组分失效，然后再进行氰化浸金，过程中包括先加热矿浆，再加入 Na_2CO_3 调碱并通入大量空气和氯气，作为一种强氧化剂使矿石中的碳质组分氧化，然后采用炭浸法或常规氰化法提金。这是解决碳质难浸组分比较有效的一种方法。

（4）矿浆氧化法。这种电化学氧化的技术是在矿浆中加入氯化钠之后放入电极并通以电流，矿浆中就会产生次氧酸盐，使碳质矿石氧化。

（5）炭浆氯浸法。炭浆氯浸法是一种处理难浸碳质和硫化矿石的提金方法，该法是将氯气和活性炭加入到已细磨后的矿浆中，因此称之为炭浆氯浸法。在上述条件下金溶解成金氯配合物，然后被炭吸附并在炭粒表面还原为金属金。浸出完成后从矿浆中筛出载金炭，再进行金的回收处理。

（6）树脂浆氯化法。采用氯化物浸出和离子交换树脂吸附，可回收溶液中 95% 的金，该法适于处理含金的碳质矿石或碳质矿与氧化矿的混合矿。

698. 对含铜金矿石处理的方法有哪些？

答： 氰化物能溶解金矿石中铜矿物形成铜氰配合物，导致大量氰化物消耗，显著恶化浸出金效果。对含铜金矿石的处理方法通常有以下两种：

（1）铜氨氰配合物浸出金。采用铜氨氰配合物代替氰化钠作为金浸出剂，可以浸出绝大部分的金，而很少与铜矿物发生反应。

（2）焙烧—硫酸浸铜—氰化提金工艺。采用该工艺在氰化浸出前选择性浸出铜，同时实现氰化物再生与铜的回收，或采用离子交换法从铜和金的配合物溶液中选择性回收金。该方法是处理金-铜矿最有效的方法。

699. 对石英包裹金矿石处理的方法有哪些？

答：石英包裹的金矿石中金通常以微细粒嵌布为主，且矿石中矿泥含量较高，主要成分为石英和方解石。此类矿物一般采用预先脱泥处理，并在浮选时加入分散剂和抑制剂，使石英与金及其载体矿物分离，常用的分散剂和抑制剂有水玻璃、淀粉、羧甲基纤维素、聚丙烯酰胺等。浮选后再采用炭浆法氰化浸出提金。

8.5 有色冶金副产物中金、银的回收

700. 从铅阳极泥中回收金、银的方法有哪些？

答：银是铅锌矿中的重要伴生元素，熔炼过程中95%的银进入粗铅，粗铅精炼时99%的铅进入到铅阳极泥中。铅阳极泥通常在铜阳极泥脱铜、脱硒后混合处理。单独处理铅阳极泥的工艺从原则上划分可分为3类：火法—电解流程、湿法流程和湿火法联合流程。

（1）火法—电解流程。工序主要有：铜阳极泥先经硫酸化焙烧分硒，稀硫酸浸出铜和部分银；酸浸液与铅阳极泥混合后，熔炼得贵铅；贵铅连续吹炼并加熔剂造渣分离 Sb、Bi、Pb、As 等贱金属，产出金银合金；进行银电解和金电解，生产银、金；从金电解液中还原沉淀分离金，置换和分离铂、钯。

（2）湿法流程。典型的湿法流程为氯化—萃取提金银综合工艺。主要流程有：盐酸、氯气氯化浸出铅阳极泥，氯化渣氨浸分银，使银、铅分离，溶液还原得到银；氯化浸出液萃取回收贱金属，分离回收金；水洗铅阳极泥，硫酸浸出脱铜，酸浸渣碱浸分离提取金、银。

（3）湿火法联合流程。先将铅阳极泥加热脱砷，再升温脱锑；脱砷锑阳极泥还原熔炼获得贵铅熔体；贵铅水淬成粉体后浸出，浸出渣再以火法回收金、银。

701. 金银合金的分离方法是什么？

答：金银合金的分离可采用化学法和电解法。化学法包括氯化法、硝酸分解法和硫酸分解法。

（1）氯化法是基于各种金属与氯作用的化学亲和力的不同，选择性地把杂质金属分别氯化，利用各种金属氯化物熔点、沸点的不同，控制适当的温度将金、银及杂质分开。此方法虽然简单，但是污染环境，金、银纯度不高，工业应用很少。

（2）硝酸分解法是在浓硝酸的作用下，使银和其他重金属杂质溶于硝酸，唯有金不溶，可以通过这个原理分离金银合金。该方法缺点是硝酸昂贵，对环境污染，不适合大规模使用。

（3）硫酸分解法是基于金银合金中的银和其他杂质元素易被热浓硫酸溶解，而金不溶的原理，达到分离金、银和其他杂质的目的。

（4）电解法。电解法分两步进行：第一步，以合金作阳极，电解，在阴极上得到电银，金富集到阳极泥中；第二步，把阳极泥熔铸成阳极再进行电解，在阴极上得到电金。

702. 什么是富铅灰吹法？

答：灰吹法常用来富集铅中的金、银。由于铅和氧的亲和力大大超过银和其他金属杂质与氧的亲和力，当富铅熔化后，沿铅液面吹入大量空气时铅将迅速氧化为氧化铅。灰吹作业温度略高于铅熔点，生成的氧化铅呈密度小、流动性好的渣陆续从渣口自流排出，贵金属则在熔池内得到富集。灰吹时主要靠空气使铅氧化，但铅的高价氧化物的分解也起一定作用。

703. 银锌壳来源是什么，从其中回收金、银的方法有哪些？

答：火法精炼粗铅或铋时，都有加锌除银的过程。由于锌对金银的亲和力大，当金属锌粉加入熔融铅（或铋）液时，金、银很容易与锌结合，生成一种密度小且不溶于铅（或铋）液的锌银（金）合金，浮于金属液面上，成为浮渣扒除，被称为银锌壳。

由于锌的沸点较低，通常使用蒸馏除锌法来提取银锌壳中的金、银。此外，处理银锌壳的工艺还有光卤石熔析除铅法、真空蒸馏脱锌法、分层熔析富集法和熔析—电解法等。

704. 从湿法炼锌渣中回收金、银的方法有哪些？

答：从湿法炼锌渣中回收金、银的方法有：

（1）锌渣浮选—精矿焙烧—浸出法。浮选可将银品位富集30倍以上；浮选精矿采用硫酸化焙烧，焙砂硫酸浸出银；溶液 SO_2 还原沉银。

（2）直接硫酸化焙烧—焙砂浸出法。硫酸化焙烧使银和锌转化为可溶性硫酸盐，再浸出。浸出液中加氯化钠沉银，再加锌粉置换沉铜，沉铜后液含锌镉等，送锌系统。

（3）直接浸出法。由于湿法炼锌渣中含有一定量的铜、砷、锑，不宜直接采用氰化法提取金、银，可采用酸性硫脲溶液从湿法炼锌渣中直接提取金、银。锌渣用酸性硫脲溶液作浸出剂，用过氧化氢作氧化剂，待矿浆固液分离后用铝粉从滤液中置换沉淀金、银，银回收率高达90%以上。

705. 从锌冶炼中回收银的工艺流程有哪些？

答：（1）竖罐炼锌银回收工艺。竖罐炼锌是将硫化锌精矿经过氧化焙烧，配入还原剂并压制成团，采用间接加热方式使锌还原成蒸气逸出，通过锌雨冷凝器捕集气相中的锌，银的蒸气压远低于锌，几乎全部留在渣中与锌分离。

（2）铅锌密闭鼓风炉回收银。该工艺的特点是原料组成范围大，可同时处理硫化精矿和氧化物料，分别产出粗铅和粗锌两种产品。该工艺在一组合的冶金炉中进行，硫化锌精矿还原熔炼产出的锌蒸气挥发后冷凝成金属锌，铅冰铜氧化吹炼使贵金属溶于铅中，然后在精炼粗铅时回收金、银。

（3）喷射炼锌法回收银。该工艺将锌焙砂、粉状炭质燃料及富氧空气一起经喷枪喷入熔炼炉内，锌蒸气用冷凝器冷凝成金属锌，从炉底定期放出渣和含有贵金属的精铅，然后从中回收银、金。

（4）湿法炼锌银回收工艺。目前，国际上锌的冶炼主要采用湿法流程，产量占精锌总产量的95%以上。该工艺可归纳为锌精矿—焙烧—浸出—过滤—浸出渣—浮选—含银渣—回收银。

706. 从铋精炼渣中提银的方法是什么？

答：粗铋火法精炼过程包括熔析加硫除铜，氧化精炼除砷、锑，碱法除碲、锡，加锌除银，通氯除锌、铅等多个步骤，最终产出精铋。每步精炼渣中都含有不等量的银，渣中还带有大量金属铋。因此铋精炼渣中银、锌、铋的分离比较困难。

对于铋精炼渣，一般采用破碎磨矿—盐酸浸出—浸出液锌粉置换铋—置换后液生产氯化锌—海绵铋火法精炼铋—氯浸渣氨浸分银—氨浸液水合肼还原银—海绵银溶解、浓缩、结晶制硝酸银。该工艺虽流程长，但是不产生新的废渣、废水，无二次污染，并能直接制取硝酸银，社会效益和经济效益明显。

707. 从湿法炼铜渣中回收金、银的方法是什么？

答：硫化铜浮选精矿经硫酸化焙烧，焙砂酸浸提铜后的浸出渣中常含金、银及少量铜。为了回收湿法炼铜渣中的金、银，常采用重选和浮选的方法进行预先富集和丢尾，将金、银富集于相应的精矿中，然后根据精矿中铜含量的高低而采用不同的处理方法回收其中的金、银，精矿中的铜含量高时，将精矿送铜冶炼厂综合回收铜、银、金。精矿中的铜含量低时，一般可用氰化法处理，可就地产出合质金。

708. 从含金硫酸烧渣中回收金的工艺流程是什么？

答：含金混合精矿浮选分离过程中，产出含金的黄铁矿精矿，送化工厂制酸时，金留在烧渣中。含金烧渣的量非常可观，是综合回收的可贵资源，对其中金的回收通常有浮选法和氰化提取法。

（1）浮选法。浮选法处理烧渣时，金的回收率仅 10% 左右，一般不建议采用。

（2）氰化提金法。该工艺主要由硫精矿的沸腾焙烧、排渣水淬、磨矿、浓缩脱水、碱处理、氰化提金等作业组成。烧渣中金的解离程度决定于焙烧温度、物料粒度、空气给入量及固-气接触状况等，而这些因素的最佳值与物料特性有关，因此不同的物料有各自适宜的处理流程和最佳的工艺参数。

8.6　含金、银废料中金、银的回收

709. 含金废旧物料怎么分类？

答：根据废旧物料的特点，含金废旧料可分为下列几类：

（1）废液类，包括废电镀液、废氰化镀液、亚硫酸金氨镀金废液、王水腐蚀液、镀金件冲淹洗水、氯化废液等；

（2）合金类，包括 Au-Ag-Cu、Au-Si、Au-Sn、Au-Pt、Au-Al、Au-Mo-Si、Au-Ir 等合金废件；

（3）镀金类，包括化学镀金的各种报废元件、电路板、废仪表镀金接头等；

（4）贴金类，包括金匾、金字、神像、神龛、泥底金寿屏、戏衣金丝等；

（5）粉尘类，包括金笔厂、首饰厂和金箔厂的抛灰、箔屑、金刚砂废料、各种含金烧灰等；

（6）垃圾类，包括拆除古建筑物垃圾、贵金属冶炼车间的垃圾、炼金炉拆块等；

（7）陶瓷类，包括各种描金的废陶瓷器皿、玩具等。

710. 从含金废液中回收金的方法有哪些？

答：含金废液包括电镀废液，其中主要为氰化废镀液和亚硫酸金氨镀金废液、王水腐蚀废液、氯化废液及各种含金洗水。电镀废液含金较高，一般酸性镀

金废液含金 4~12g/L，碱性镀金废液含金达 20g/L，从含金废液中回收金的方法有：

（1）氰化含金废液锌（铝）置换法（锌丝或锌粉）回收金。置换前，先用 5%~10% 的醋酸铅溶液将锌粉浸泡 3~5min，再按 8~10g/L 的量将锌粉（屑）放入废氰化镀液中，置换延续 10~15 天，并每 2 天搅拌一次，每隔 4~5 天补加锌粉一次。为了加速反应可适当加温或加入醋酸铅催化剂，置换完成去除上清液，沉淀物用 20% 硝酸浸煮数分钟，静置去除上清液，如此反复数次得到纯的金粉。铝的负电性比锌还大，用铝置换金氰化废液操作与锌相同，需将溶液加热至 50~60℃ 为宜。

（2）亚硫酸金氨镀金废液采用 pH 值调节法回收金。无氰镀金液-亚硫酸金氨配合离子 $[Au^+(NH_3)_2(SO_3)_2]^{3-}$ 在溶液 pH 值为 8~9 时很稳定，则可用作电镀金；当 pH 值降低时，它就会分解为金离子、亚硫酸根离子和氨，而亚硫酸根离子可将金离子还原为金。该法是用盐酸调节 pH 值至 2~3 时金被还原成金粉，过滤、洗涤回收金。

（3）从王水腐蚀废液中回收金。王水腐蚀废液多为含金电子元件厂产生的，可采用氯化亚铁或硫酸亚铁还原法回收金。将王水腐蚀废液先进行赶硝处理，即加热至黏稠状后再加入盐酸，反复 2~3 次后，用水稀释，再加热至 70~80℃，缓慢加入亚铁盐，直到金完全沉淀为止。王水腐蚀废液赶硝后，也可用亚硫酸钠或通 SO_2 还原回收金。

（4）铜丝（或铜屑）加热置换回收金。含金氯化废液一般采用铜丝（或铜屑）加热置换回收金。此外，对于含金高的废镀液也可采用电解法回收金，对于含金低的废液和洗水可用活性炭吸附法和离子交换吸附法回收金。

711. 从含金合金中回收金的方法有哪些？

答：（1）从金-银-铜合金中回收金。金-银-铜合金含金达 60% 以上，含银近 1/3，难以溶解。因此，需先熔融配银，使银含量达到银∶金为 3∶1 以上，然后水淬破珠，使合金成为碎粒，再用硝酸溶银，铜也一起溶解。溶解完全后，金以粉末状回收。分离后，可用铜置换法从溶液中回收银；再用铁置换法从后液中回收铜。也可在浸银液中加入盐酸使银以氯化银沉出，再炼成银。

（2）从金-锑（金-铝、金-铜、金-锡、金-锑-砷等）合金中回收金。先用稀王水（硝酸∶水=1∶3）煮沸使金完全溶解，蒸发浓缩赶硝，至不冒二氧化氮气体为止，浓缩至原体积的 1/5 左右。再稀释至含金 100~150g/L，静置过滤。用二氧化硫还原回收滤液中的金，用苛性钠溶液吸收余气中的二氧化硫，水洗金粉，烘干铸金锭。

（3）从金-钯-银合金中回收金。先用稀硝酸（硝酸∶水=2∶1）溶解银和钯，金以金粉沉淀。沉淀完全后滤液加盐酸沉银，除银后液中的钯加氨水配合，调 pH 值至 9，得二氯四氨络亚钯溶液。除杂质后，钯溶液用盐酸酸化至 pH 值为 1~1.5，得到二氯二氨络亚钯黄色沉淀，沉淀浆化后再用甲酸还原产出钯粉，然后从硝酸不溶残渣中回收金。

（4）从金-铂（金-铝）合金中回收金。先用王水溶解，加盐酸蒸发赶硝至黏稠状、无二氧化氮气体为止。用蒸馏水稀释后，加饱和氯化铵使铂呈氯铂酸铵沉淀。用 5% 氯化铵溶液洗涤后煅烧得粗海绵铂，滤液加亚铁还原金。

（5）从金铱合金中回收金。铱为难熔金属，可先与过氧化钠于 600~650℃ 加热 60~90min 熔融，将熔融物倾于铁板上铸成薄片。冷却后用冷水浸出，少量铱的钠盐进入溶液，大部分铱仍留在浸液中。浸液加盐酸加热溶解铱，过滤，滤液通氯气将铱氧化为四价，再加入饱和氯化铵溶液使铱呈氯铱酸铵沉淀析出，煅烧及氧还原产出粗海绵铱，铱不溶渣加王水溶金，用亚铁还原金。

（6）从硅质合金废件中回收金。可用氢氟酸与硝酸混合液浸出，混合液按 HF：HNO_3 = 6：1 配制，再用水按酸：水 = 1：3 比例稀释混合酸。浸出时硅溶解，金从硅片上脱落。然后用 1：1 稀盐酸煮沸以除去金片上的杂质，水洗金片（金粉），烘干铸锭。

712. 从镀金废件中回收金的方法有哪些？

答：镀金废件上的金可用火法、化学法或电解法进行退镀，具体方法如下：

（1）铅熔退镀法。先将电解铅熔融，再将镀金废件置于铅液中，使金溶于铅中，取出退金后的废件。将含金铅液铸成贵铅板，用电解法从贵铅中电解铅，再从电解铅阳极泥中回收金。

（2）热膨胀退镀法。依据金与基体合金的膨胀系数不同，用热膨胀法使金与基体之间产生空隙，然后在稀硫酸中煮沸，使金层脱落，最后再溶解、提纯。

（3）氰化钠-间硝基苯磺酸钠退镀法。按一定比例称取氰化钠和间硝基苯磺酸钠加入至定量水中，完全溶解后即可使用。将镀金废件放入加热至 90℃ 的退镀液中，1~2min 后，金即溶入溶液中。退金后的废件用蒸馏水冲洗干净，冲洗水可作下次冲洗用。稀释含金退镀液用盐酸调 pH 值至 1~2。然后用锌板或锌丝置换回收退镀液中的金，至溶液无黄色时止。

（4）碘-碘化钾溶液退镀法。将退镀件洗净、晾干，装入多孔塑料篮，一起放入退镀液中退镀，至退镀完全为止。滤液浓缩，可用亚硫酸钠还原得到金粉。

（5）逆王水退镀法。退镀液按 HNO_3：HCl = 3：1 配制，退镀件在室温下退镀，1~5min 可完成。含金退镀液先分离出 AgCl 沉淀，再浓缩赶硝，可用亚硫酸钠或亚铁盐还原制得金粉。

（6）电解退镀法。以 2.5% 硫脲和 2.5% 亚硫酸钠作电解液，石墨作阴极，镀金废件作阳极，电流密度 $2A/dm^2$，槽电压 4.1V，20~25min 可使金完全溶解，形成的 $Au[SC(NH_2)_2]^{2+}$ 配阳离子即被溶液中的亚硫酸钠还原为金粉。

713. 从贴金废件中回收金的方法有哪些？

答： 从贴金废件中回收金时，视基底物料的不同可选用下列相应的方法：

（1）煅烧法，适用于铜及黄铜贴金废件，如铜佛、神龛、贴金器皿等，用硫黄与浓硫酸（或浓盐酸）调成糊状浆料涂抹于贴金废件上，置于通风橱内放置 30min，再放入马弗炉内于 700~800℃下煅烧 30min，使贴金层与基底金属间形成一层鳞片状硫化铜层，将炽热金属废件取出放入水中急冷，贴金层与鳞片一起从基体脱落下来，烘干熔炼铸锭，得到金锭。

（2）电解法，适用于各种铜质贴金废件。将铜质贴金废件装入筐中作为阳极，铅板为阴极，用浓硫酸配制电解液。在电流密度为 120~180A/m^2 下电解。槽电压不断升高，由 5V 升至 25V 或更高。金沉于槽底，部分金泥附着于金属表面容易洗下来。电解一段时间后，用水稀释电解液，煮沸，静置 24h，再过滤，水洗，除杂质，将沉淀物烘干，熔铸得粗金。

（3）浮石法，适用于从较大的贴金件上取下贴金。即用浮石块仔细刮擦贴金，并用湿海绵从浮石块和贴金件上除下金尘细泥，洗涤海绵，金与浮石粉沉于槽底，过滤，烘干，熔铸得粗金。

（4）浸蚀法，适用于从金匾、文字、招牌等贴金废件上回收金。将贴金废件用热的浓苛性钠溶液每隔 10~15min 浸洗润湿一次。当油腻子与苛性钠皂化作用时，可用海绵或刷子洗刷贴金。将洗下来的贴金过滤，烘干，熔铸得到粗金。

（5）焚烧法，适用于木质、纸质和布质的贴金废件。将贴金件置于铁锅内，小心焚烧，勿使金灰损失，熔炼金灰得粗金。

714. 从含金粉尘中回收金的方法有哪些？

答： 从含金粉尘中回收金的方法为：

（1）火法熔炼。将收集的含金粉尘筛去粗砂、瓦砾等杂物，按粉尘∶氧化铅∶碳酸钠∶硝石 = 100∶150∶30∶20 的比例配料，并加入适量还原剂，搅拌均匀后放入坩埚内，再盖上层薄硼砂，放入炉内加热熔炼得贵铅，灰吹贵铅得粗金，粗金含铂、铱时，可用王水溶解，进一步分离铂和铱。

（2）湿法分离。金笔厂的抛灰常含金、铂、铱等贵金属。抛灰先用王水溶解，由于铱不溶于王水，过滤可得铱粉，滤液用氯化铵沉出氯铂酸铵沉淀，煅烧制得铂粉，过滤后的滤液再用二氧化硫还原金。

715. 从含金垃圾中回收金的方法有哪些？

答： 含金垃圾种类较多，应根据其类型选定回收金的方法。如贵金属熔炉拆块及扫地垃圾可直接返回铅或铜冶炼车间配入炉料中熔炼，再从阳极泥中回收金。拆除古建筑物形成的垃圾、木质的垃圾可焚烧，熔炼烧灰得粗金，泥质的合金垃圾用淘洗法、重选法或氰化法回收和提取金。

716. 含银废旧物料怎么分类？

答：根据废旧物料的特点，含银废旧料可分为下列几类：

（1）含银废液，包括定影液、电镀液、含银废水、含银洗水。

（2）胶卷厂废乳剂。

（3）感光胶片、相纸。

（4）银合金，包括银铜合金、银铜锌合金、银铅锑合金、银锡合金、银锡铅合金。

（5）制镜废片、热水瓶胆碎片、镀银废件。

（6）含银垃圾、银炉渣、拆炉料、炼银坩埚。

（7）银催化剂。

717. 从废定影液中回收银的方法有哪些？

答：从废定影液中回收银的方法有置换法、沉淀法、电解法、连二亚硫酸钠法、次氯酸盐法、硼氢钠法等。

（1）金属置换法。金属置换法是从定影液中回收银最简便的方法之一，可采用铁、铜、锌、铝或镁作置换剂，但最常用的是铁粉或铁屑。

（2）硫化沉淀法。该法是指向废定影液中加入硫化钠或通硫化氢气体使银离子生成硫化银沉淀与溶液分离的方法。而从硫化银中提银的方法有水合肼还原法、铁粉置换法和铁屑纯碱熔炼法。

（3）连二亚硫酸钠还原法。此法需要控制 pH 值不宜太低，否则连二亚硫酸钠会分解出硫污染银；温度不宜超过 $60℃$，否则会出现同样现象。

（4）不溶阳极电解法。用电解法提取定影液中的银为各国所重视，近年来国内外出现多种专用的提银机设备，适用于大量定影液的处理。

718. 从银电镀液中回收银的方法有哪些？

答：从银电镀废液中回收银的方法有电解法和沉淀法：

（1）电解法。氰化电镀废液含银达 $10\sim20g/L$，总氰 $80\sim100g/L$，可在敞口槽内电解；阴极为不锈钢板，阳极为石墨，通直流电，电压升至 $3\sim5V$ 下电解，可得银粉。硝酸银电镀废液可用便携式提银机提银。

（2）沉淀法。镀银废液加入适量的盐酸，使银成氯化银沉淀析出，分离后洗净，氨性条件下用水合肼还原得到银粉，炼成银锭。

719. 从废胶片、废印相纸中回收银的方法有哪些?

答：从废胶片、废印相纸中回收银的方法主要为焚烧法和溶解法，还有生物酶洗脱法。

（1）焚烧法。将废胶片和印相纸在特制的焚烧炉中于 500℃±5℃ 下焚烧，银回收率大于 80%。如温度大于 700℃，银回收率小于 70%。烧灰的另一处理方法是用坩埚在电炉中控制炉温 1200℃ 直接熔炼得到银锭，控制好条件，银回收率大于 98%。

（2）碱溶解法。照相软片和相纸表面有一层感光膜，先用清水浸渍，取出后放入氢氧化钠溶液铁锅中加热至沸，待乳胶膜脱落后，取出放在竹筛上除水，再加入另一批清水浸渍的软片和相纸。脱胶锅中的碱性胶银静置 2~3 天，再用倾析法可得到银泥。

（3）生物酶洗脱法。生物酶包括蛋白酶、淀粉酶、脂肪酶等。蛋白酶等能使胶片涂层或乳剂的主要成分明胶降解破坏，并使悬浮其中的卤化银沉淀分离，生成可溶性的肽及氨基酸。从而使含银乳剂从基片上脱落下来。工艺过程包括酶洗脱、银沉降、银泥处理煅烧水浸和熔炼等工序。

720. 从感光乳剂中回收银的方法有哪些?

答：从感光乳剂中回收银的方法较多，有火法和湿法两大类。其中火法工艺包括脱水、干燥、焙烧、熔炼四个步骤，具有过程短、技术简单、操作容易、银回收率高等优点。湿法工艺主要包括蛋白酶洗脱法和碱溶法，其中蛋白酶法是加入生物蛋白酶使有机物分解，再水解沉银，以 $Na_2S_2O_3$ 浸出粗银后电解得到电银；碱溶法是以苛性碱破坏明胶，并以硫代硫酸钠分解卤化银，再以还原剂还原沉淀分离银。

721. 从含银合金废料中回收银的方法有哪些?

答：从含银合金废料中回收银的方法有：

（1）火法冶炼。可用铅、铜或镍作捕收剂，火法熔炼，得含贵金属的铅、铜或镍合金，然后用酸浸出或电解法从阳极泥中回收其中的贵金属。

（2）电解法。电解法适用于从金属废料（金属碎屑、含银合金、货币、焊料、丝片材、首饰、装饰品等）中回收银，可用于从含银溶液中回收银（定影液、电镀液、洗水及各种含银废液）。首先将合金铸阳极，然后根据原料性质选择适宜的工艺条件电解。

（3）硝酸溶解法。硝酸溶解法适用于从多种银废件、银合金和镀银制品中回收银。如将银-锌电池打碎，拣出金属块，破碎后溶于硝酸溶液中，加铜置换得粗银，再进一步精炼。或向硝酸浸液中加入氯化钠溶液沉淀得氯化银，加铁屑置换得海绵银，送精炼，或者将 AgCl 净化后，用水合肼还原直接制取纯银粉。

722. 从镀银废料中回收银的方法有哪些？

答：从镀银废料中回收银的方法如下：

（1）氰化溶液退镀法。以氰化物、锂化物、硝基苯甲酸盐和添加剂配制成的水溶液作退镀液，加热至 25~35℃，可将镀件上的金、银完全溶解。

（2）无氰退镀法。磷青铜和铜基制品的银镀层可用乙二胺四乙酸钠的双氧水溶液浸出，此工艺不损害青铜基体且无毒。也可用浓硫酸-硝酸溶液法退镀。

（3）眼镜片、热水瓶胆及其他制品、装饰品上的银可用硫酸与无水铬酸溶液溶浸，银可转入溶液中，加食盐水得氯化银沉淀，铁还原得粗银，送去提纯。

723. 从其他含银废料中回收银的方法有哪些？

答：从其他含银废料中回收银的方法如下：

（1）含银废催化剂。含银催化剂多用于石油、化工、有机合成领域，常以 $\alpha\text{-}Al_2O_3$ 作载体，含银 10%~30%。银回收方法有稀硝酸浸出—氨-水合肼还原法和纯碱-硼砂-萤石熔炼法。

（2）含银污泥、银渣及其他杂料。硝酸溶解—氨水分离法对含银 5%~50% 污泥和其他粉料适用；含银小于 5% 的物料，可用氰化法处理；固体氯化银废料除常用水合肼、铁屑还原外，还可用还原熔炼法产出粗银。

8.7 金、银精炼与铸锭

724. 金精炼原料有哪些？

答：根据矿石性质不同，各个金冶炼厂有不同的工艺流程，选矿产品提供炼金的主要原料有：氰化金泥，焚烧后的载金炭末、汞膏、重砂和载金炭经解吸电积沉积在阴极上的含金钢棉等。

725. 什么是金、银的火法精炼，主要有哪些方法？

答：金、银的火法精炼通常采用坩埚熔炼法。此法是分离和提纯金、银的古老方法，在过去曾被广泛使用。主要的方法有：

（1）硫黄共熔法。该法是将金银合金加入硫黄进行熔炼，此时银及铜等重金属被硫化生成硫化物造渣浮起。而金不被硫化，仍以金属状态留于坩埚底部，从而达到分离的目的。然后再对硫化渣进行还原熔炼以回收其中的银。

（2）辉锑矿共熔法。此法是将金银合金和辉锑矿合并进行熔炼，待全部物料熔化后，倾入预热的模中。此时，金锑合金便沉于模子底部，含少量金的硫化银、硫化锑等聚于模子上部，冷却后分离，再将硫化物进行几次熔炼，以完全分离金。金锑合金经氧化熔炼除去锑后，再加硼砂、硝石和玻璃一起熔炼，使残留的杂质造渣，以提高金的纯度。最后还原熔炼硫化渣以回收其中的银。

（3）食盐共熔法。该法是将金银合金粒与食盐、粉煤混合进行熔炼，银即生成氯化银浮起，金不被氯化而留在坩埚底部。分离金后，再还原熔炼氯化银渣以回收其中的银。

（4）硝石氧化熔炼法。该法是将含有杂质的银或金银合金与硝石进行共熔炼，在熔炼过程中少量铜等重金属被氧化造渣，而银或金银合金便得到提纯。

（5）氯化熔炼法。将金银合金装于坩埚中，在表面覆盖一层厚 30~40mm 的硼砂层进行熔炼。在熔炼过程中，铜、银及其他杂质氯化造渣，其中某些氯化物则挥发除去。氯化作业一直进行到火焰呈紫红色，用冷金属棒于火焰中能熏上一层黄褐色绒毛状的烟尘时终止。取出坩埚稍停，待金冷凝后，扒出表面硼砂，将氯化渣铸入模中，倒出金块。再将金块投入氯化铁溶液中浸泡除去表面氯化物后熔化铸锭，此金纯度可达 99% 以上。

726. 金的化学精炼方法有哪些？

答：金的化学精炼主要采用硫酸浸煮、硝酸分银、王水分金和氯化分金、草酸或亚硫酸钠还原等方法。

（1）硫酸浸煮法。硫酸浸煮法是用浓硫酸在高温下进行长时间浸煮，使合金中的银及铜等贱金属形成硫酸盐而被除去，以达到提纯金的目的。

（2）硝酸分银法。硝酸分银速度快，溶液含银饱和浓度高，一般在自热条件下进行（不需加热或在后期加热以加速溶解），故被广泛使用。

（3）王水分金法。王水分金法适用于精炼含银低于 8% 的粗金，在此过程中，金进入溶液，而银则成为 AgCl 沉淀而被分离出去。随后分离和回收溶液中所含的铂族金属。

（4）草酸还原法。草酸还原精炼的原料一般为粗金或富集阶段得到的粗金粉，含金品位 80% 左右即可。先将粗金粉溶解使金转入溶液，调整酸度后以草酸作还原剂还原得纯海绵金，经酸洗处理后即可铸成金锭，品位可达 99.9% 以上。

727. 金电解精炼的基本原理是什么，电极反应如何进行？

答：金电解精炼，以粗金作阳极，以纯金片作阴极，以金的氯化络合物水溶液和游离盐酸作电解液。金电解精炼的阴极片用纯金制成。纯金片可用轧制法制成，也可用电积法制取。电解前先将金原料熔铸成粗金阳极板。当原料为合质金或其他含银高的原料时，应在熔铸前先用电解法或其他方法分离银。制取金电解液有两种方法，一是用王水溶金法；另一种是隔膜电解法。金电解精炼用的电解槽，可用耐酸陶瓷方槽，也可用 $10 \sim 20mm$ 厚的塑料板焊成的方槽。为了防止电解液漏损，电解槽外再加保护套槽。

电解时，阳极可能出现的反应有：

$$Au - 3e \Longrightarrow Au^{3+} \tag{8-24}$$

$$Au - e \Longrightarrow Au^+ \tag{8-25}$$

$$Au + 4Cl^- - 3e \Longrightarrow AuCl_4^- \tag{8-26}$$

阴极发生金的电化沉积反应：

$$Au^{3+} + 3e \Longrightarrow Au \tag{8-27}$$

也会发生以下有害反应：

$$3Au^+ \Longrightarrow Au^{3+} + 2Au \tag{8-28}$$

生成的金粉悬浮在电解液中或者沉降到阳极泥中，降低电流效率和金的直收率。

728. 金的萃取法有哪些？

答： 萃取法提纯金效率高，工序少，操作简便，适应性强，生产周期短，产品纯度高，金属回收率也高。目前，用于工业生产的原液多为金和铂族金属的混合溶液，如含金的铂族金属精矿、铜阳极泥、金矿山氰化金泥及各种含金边角料等溶解后产生的混合溶液，金以氯金酸形式存在于溶液中。

金的萃取剂有很多种，有中性、酸性或碱性等有机试剂，如醇类、醚类、脂类、胺类、酮类和含硫试剂均可作为金的萃取剂。金与这些试剂能生成稳定配合物并溶于有机相。但是由于某些伴生元素往往会和金一起萃取进入有机相，从而降低萃取的选择性，加之金的配合物较稳定，要将它从有机相中反萃出来比较困难。随着萃取技术的发展，金的萃取分离在工业生产中的应用越来越多。目前，萃取金常用的萃取剂有乙醚（Et_2O）、二丁基卡必醇（DBP）、磷酸三丁酯（TBP）和甲基异丁基酮等。

729. 银的化学精炼方法有哪些？

答： 化学法分离和提纯银，除了采用传统的硫酸浸煮、硝酸分银和王水分金等方法在制备纯金粉的过程中附带回收外，在近代，又发展了一些使用各种还原剂的还原法。典型的方法有甲酸还原和水合肼还原法。

（1）甲酸还原制取纯银。甲酸还原法是向干燥的废银中加入王水，用来溶解铅、汞、金等可溶杂质，经过滤后产生氯化银渣，再用尽可能少的浓氨水来溶解，过滤除去不溶物后，向滤液中加入盐酸酸化，并加热使氯化银凝集沉淀，再经倾析洗涤至洗液呈中性后，于盐酸液中用锌棒还原，并用水洗净获得银。

（2）水合肼还原法。又称为氨-肼或联氨还原法。采用水合肼从硝酸银溶液或氯化银浆料中还原产出的银粉，具有粒度细小、纯度高等特点，是制备各种银系列精密配件的理想原料。加之水合肼还原法具有工艺流程简单、易操作、效率高、成本低的优点，逐渐成为目前制取粉末冶金用纯银粉的一种最具潜力的新方法。

730. 银电解精炼的基本原理是什么，电极反应如何进行？

答：电解精炼银是为了制取纯度较高的电解银。通过电解，可使粗银阳极板中的贱金属、金属及铂族金属与银分离。电解时，用金银合金或银合金作阳极，以银片、不锈钢片或钛片作阴极，以硝酸、硝酸银的水溶液作电解液，在电解槽中通以直流电，进行电解。电解过程中，阳极板的银氧化成为一价银离子，其他金属杂质，如铜等贱金属，同时也被氧化进入溶液；在阴极上，主要是银离子放电析出金属银。

阳极发生溶解反应：
$$Ag - e \xrightarrow{\hspace{1cm}} Ag^+ \tag{8-29}$$
阴极发生析出反应：
$$Ag^+ + e \xrightarrow{\hspace{1cm}} Ag \tag{8-30}$$
当电流密度过低时，在阳极会产生半价银离子：
$$2Ag + e \xrightarrow{\hspace{1cm}} Ag_2^+ \tag{8-31}$$

这种银离子会自行分解成一价银离子和金属银，金属银会混入阳极泥中使得电解回收率下降。

731. 银电解精炼过程中的杂质行为如何？

答：银电解过程中，根据各元素性质和行为的差异，杂质行为归类如下：

（1）比银更负电性金属。此类杂质均有可能在电解过程中发生溶解。代表性金属如铅、锑、砷、铋和铜等，进入电解液后，杂质会逐渐积累起来，污染电解液，消耗硝酸，降低电解液的导电性。

（2）比银正电性金属。此类金属不发生电化溶解，而以固体状态存在于银阳极泥中。代表金属为金及铂族金属元素，含量不多时，对银电解精炼无不良影响，当其含量很高时，会滞留于阳极表面，而阻碍阳极银的溶解，甚至引起阳极的钝化，使银的电极电位升高，影响电解的正常进行。

（3）以化合物形态存在的金属。如 Ag_2Te、Ag_2Se、Cu_2Te 和 Cu_2Se 等，由于它们的电化学活性很小，电解过程不发生电化学溶解，随着阳极的溶解，多以固体颗粒脱落到阳极泥中。

732. 银电解阳极泥如何处理？

答：银电解精炼产出的阳极泥，占阳极质量的 8% 左右，一般含金 50% ~

70%，含银 30%~40%，还有少量杂质。此种阳极泥含银过高，不能直接熔铸成阳极进行电解提金，应进一步除去过多的银，提高金的品位。方法有两种，一种方法是用硝酸分离，另一种方法是进行第二次电解提银。硝酸分离法是把阳极泥加入硝酸中，银溶解而金不溶解液固分离后，液体送去回收银，固体含金品位提高，可达 90%以上，熔铸成电解提金的阳极板。第二次电解提银，是把第一次电解的阳极泥熔铸成阳极板，再进行一次电解提银，使阳极泥的含金量提高。硝酸分银后的阳极泥也可采用化学法回收金，常用的有王水分金法和氯化分金法。

733. 银电解液的净化方法有哪些?

答：处理电解废液和洗液的方法很多，其中有应用意义的方法如下：

（1）铜置换法。把电解废液和工厂的各种洗液置于槽中，挂入铜残极，用蒸汽直接加热至 80℃ 左右进行置换，银即被还原成粒状沉淀。产出含银 80%以上的粗银粉，再熔炼阳极板。置换后的废液抽入中和槽，在热态下加入碳酸钠，搅拌中和至 pH=7~8，产出的碱式碳酸铜送铜冶炼。

（2）硫酸净化法。当往银电解液中加入按含铅量计算所需的硫酸时，经搅拌后静置，铅便呈硫酸铅沉淀，铋水解生成碱式盐沉淀，锑水解生成氢氧化物浮于液面，过滤后溶液可返回电解。

（3）置换—电解法。使用铜片置换使银还原沉淀，经过滤洗涤后，送硝酸银电解液制备工序。除银液加入适量硫酸除去铅后，在陶制或木制涂漆的槽中进行电解提铜。电解阳极为磁铁或不溶于硝酸的合金材料，阴极用废铜片，溶液不经循环，用空气搅拌。

（4）食盐沉淀法。向废电解液和洗液中加入食盐水，使银以氯化银形态沉淀。经加热后，氯化银凝聚成粗粒或块状，便于过滤回收。残液中的铜加铁屑置换，但铜的回收率通常不高。

（5）加热分解法。此法是依据铜、银的硝酸盐分解温度差异很大而制定的，将废电解液和洗液置于不锈钢槽中，加热浓缩结晶至糊状并冒气泡后，严格控制在 220~250℃ 恒温，使硝酸铜分解成氧化铜，当完全变黑和不再放出氧化氯的黄烟时，分解过程结束。产出的渣，加适量水于 100℃ 浸出使硝酸银溶解，浸出液返回电解。

734. 银的萃取法有哪些?

答：银的萃取精炼多是在氰化介质和硫代硫酸钠介质中进行，盐酸和硝酸介质中萃取银的研究不多。

在盐酸介质中，银主要以氯化银形式存在，只有当氯离子浓度相当高时，才部分形成 $AgCl_2^-$、$AgCl_3^{2-}$ 等配合物，并且稳定性较差。因此常用沉淀法回收银，而对银的萃取研究很少。

在硝酸介质中，银主要以硝酸银形式存在，溶解度较大，而硝酸属强氧化剂，一般萃取剂在强氧化剂的作用下容易被破坏或老化，故要求萃取剂的抗氧化性要好。因此，萃取银的有效萃取剂不多，比较有效的有二烷基硫醚，如二异辛基硫醚、石油硫醚等。

在氰化物介质中，银与金相似，可生成氰配合物 $Ag(CN)_2^-$，可被萃取 $Au(CN)_2^-$ 的萃取剂所萃取。

在硫代硫酸钠介质中，银可以生成 $Ag(S_2O_3)_2^{3-}$，能被某些萃取剂萃取。

735. 成品金锭的熔铸与操作条件有哪些?

答：电解或化学提纯金的熔炼与铸锭一般在柴油加热的地炉中进行，也可用电炉。在炉温达1300℃左右熔融金属呈赤白色后，加入化学纯硝酸钾和硼砂进行氧化造渣，除去液面渣后，在1300~1400℃将其浇铸于温度120~150℃的水平模中，金锭纯度可达99.99%。

浇铸时模具经水准尺校准呈水平状态，避免金锭厚薄不匀浇铸速度要快、稳且均匀，避免金液在模内来回波动，使锭面产生波纹和皱纹；金液沿模具长轴方向注入模心，注入位置平稳地左右移动，以防金液侵蚀模底；金锭冷凝后，将其倾于石棉板上，随即用不锈钢钳子投入5%的盐酸槽中投泡10~15min，取出用自来水洗刷干净，纱布揩干，再用乙醇或汽油清擦一遍；质量好的金锭经擦洗后，表面光亮似镜。不合格的锭重铸；合格锭打上含金纯度、生产厂名、锭号、生产日期，待完全冷却后，过磅入库。

736. 成品银锭的熔铸与操作条件有哪些?

答：电解或化学法提纯的银呈颗粒状、体积大，原料入炉可分次加入。熔炼时往炉料中加入碳酸钠和松木，以除去熔融金属中部分溶解氧。银锭的浇铸采用组合立模顶注法。锭模由左右两块组成，合模浇铸时注入金属要对准模心，速度由慢到快再逐渐减慢，即开始细流然后迅速加大银流，至金属充满模高的3/5左右逐渐减速，让气体自由逸出；至模高的5/6时再次减速，待银液进入帽口后，以不断线的细流直到注满帽口为止，以保证银液充满模内的4个上角；银的冷凝在帽口上下会产生缩坑，要及时补加银液以防产生明缩孔和暗缩孔；银锭冷凝后，用钢钎撬开模具，不锈钢钳子取出锭块，轻放在表面光洁平整的铸铁模具上，防止碰撞损伤锭边和锭角，趁热用钢丝刷刷光锭面，不合格的锭重铸合格锭打上含银纯度、生产厂名、锭号、生产日期，待完全冷却后锯去锭头过磅入库。随着技术的发展，银锭自动浇铸系统逐渐被开发和应用，可有效提升银锭形貌，简化操作并减少银损失。

737. 粗金、粗银及合质金锭的熔铸条件和作业方法是什么？

答： 粗金、粗银及合质金的熔铸都可参照成品金、银锭的熔铸方法进行。但由于这些半成品或中间产品含有较多的贱金属杂质，为了尽可能通过熔炼除去其中的大部分或一部分杂质，以提高金、银的含量，熔铸时应适当增加熔剂和氧化剂的加入量。熔炼时间也应适当延长，具体操作应视原料的不同成色增减。

粗金、合质金经氧化造渣、除渣后，金属液面上一般不需燃烧木块除氧。浇铸时，为了隔离渣，也可在坩埚浇口处加一个小草把，以吸附液面余渣，并浇铸于经预热至 100℃ 以上的水平铸铁模中。由于粗金和合质金锭中还含有相当量的银及铜等贱金属，铸出的锭不必进行酸浸，以免影响外观。粗银通常不含金或含金很低，浇铸前应向坩埚内金属液面上加入木块和草把，燃烧除去银液中溶解的部分氧，以免锭冷凝时大量气体逸出，造成银的喷溅损失。

738. 金、银浇铸过程熔剂和氧化剂添加的原则是什么？

答： 在熔铸金、银锭时，一般会加入适量的熔剂和氧化剂，常用硝石加碳酸钠或硝石加硼砂。碳酸钠的加入会释放活性以氧化杂质，所以它既能起稀释造渣的熔剂作用，也能起到一定氧化作用。

熔剂与氧化剂的加入量随金属纯度的不同而增减。如熔含银 99.88% 以上的电解银粉，一般只加入 0.1%~0.3% 的碳酸钠，以氧化杂质和稀释渣。而熔炼含杂质较高的银，则可加入适量的硝石和硼砂，以强化氧化一部分杂质使之造渣而除去。由于银在熔融时能溶解大量的氧，因此，氧化剂的加入量不宜过多，因为必须保护坩埚免遭强烈氧化而损坏。石墨坩埚属于酸性材料，因而也不宜加入过多的碳酸钠。

739. 金、银浇铸过程为什么要进行金属的保护与脱氧？

答： 金或银金属在空气中熔融时，均能溶解大量的气体。这些气体在金属冷凝时放出，给生产操作带来困难，并会造成金属损失。银在空气中完全熔融时，能溶解约 21 倍体积的氧。这些氧在金属冷凝时放出"银雨"，造成细粒银珠的喷溅损失。来不及放出的氧气，则在银锭中形成缩孔、气孔、麻面等缺陷。特别是在进行合金材料铸锭时，为了获得质量好的锭块，就需要保护合金液面不被氧化并阻止合金被气体饱和。为此常加入保护熔剂，使其在合金液面形成保护壳。

740. 金、银浇铸过程涂料的作用是什么？

答： 涂料的主要作用是遮盖模壁，利于脱膜，并保证锭块有规整的表面形貌。金属或合金铸锭不但要有好的内部结构质量，还应有规整的表面物理规格质量。而锭块表面的质量在极大程度上与涂在锭模内壁的涂料及锭模本身的内部质量有关。涂料的升华（燃烧），在模具内壁上留下一极薄层并具有一定强度的焦黑，这层焦黑不但有助于形成外表质量好的锭形，且还能将模壁与金属隔离开，有利于锭块的脱膜。

741. 金、银浇铸缺陷及其形成原因有哪些？

答：金、银浇铸时锭块缺陷主要包括内部缺陷和表面缺陷。

（1）内部缺陷。一般是指不能在浇铸后通过外表检查或切去锭头（浇口）的方法发现的。锭块纯度不够，除了原料不符合质量要求外，主要就是操作过程中杂质去除不充分，金属成色不够；缩孔多是由于金属注入速度不合适，冷凝速度过快造成的；缩松是由于未结晶的余液被部分长大的晶体隔离不能进入晶体间，当晶体冷凝时，体积进一步缩小使晶体间出现空隙而形成的；内气孔多是由于金、银熔融时，从炉料、炉气和大气以及涂料升华进入金属中的气体未能排出而产生的。

（2）表面缺陷。常见的表面缺陷有夹渣、黏模和锭角缺损、表面气孔、压痕、皱纹、贝壳状外皮、气泡、锭底蜂眼等，多是由于浇铸过程操作不当。

9 稀 土 冶 金

9.1 概述

742. 什么是稀土元素？

答：稀土是历史遗留下来的名称。稀土是从 18 世纪末开始陆续被发现，当时人们常把不溶于水的固体氧化物称为土，例如，将氧化铝称为"陶土"，氧化钙称为"碱土"等。稀土一般是以氧化物状态分离出来的，当时比较稀少，因而得名为稀土（rare earth，简称 RE）。

743. 稀土矿床一般工业指标（工业品位）有哪些？

答：稀土矿床一般工业指标见表 9-1。

表 9-1　稀土矿床一般工业指标（工业品位）

工 业 指 标	矿 床 类 型		
	原生矿	离子吸附型矿	
		重稀土	轻稀土
边界品位 $w(\text{REO})/\%$	0.5~1.0	0.03~0.05	0.05~0.1
最低工业品位 $w(\text{REO})/\%$	1.5~2.0	0.06~0.1	0.08~0.15
最低可采厚度/m	1~2	1~2	1~2
夹石剔除厚度/m	2~4	2~4	2~4

注：1. 品位指标的要求：矿床规模较大、开采技术条件、矿石可选性、外部建设条件较好的矿床，采用"下限值"；反之采用"上限值"。对于离子吸附型矿，还应视矿石浸取率及其计价元素的含量而定。当计价元素比例高时，取"下限值"，低时取"上限值"；当易选、浸取率高时，可采用"下限值"；当难选、浸取率低时，可采用"上限值"。对小于最低可采厚度的富矿体用米百分值。

2. 最低可采厚度、夹石剔除厚度的要求：一般是缓倾斜、低品位、大规模采矿法，可采用"上限值"；陡倾斜、高品位、小规模采矿方法，则采用"下限值"。稀土元素常共生在一起，分离困难，可按稀土元素总量估算储量和资源量。

744. 稀土元素在地壳的丰度值及特点是什么？

答：稀土元素在自然界中广泛存在，在地壳中的储量约占地壳的 0.016%

（约 153g/t），但由于十分分散，导致矿物中稀土元素含量并不高。稀土元素和常见元素在地壳中的丰度见表 9-2。

表 9-2　稀土元素和一些常见元素在地壳中的丰度　　　　　　（%）

元素	丰度	元素	丰度	元素	丰度	元素	丰度
Ni	100×10^{-4}	As	5×10^{-4}	Y	28.1×10^{-4}	Tb	0.91×10^{-4}
Cu	100×10^{-4}	Ta	2.1×10^{-4}	La	18.3×10^{-4}	Dy	4.47×10^{-4}
Zn	40×10^{-4}	Sb	1×10^{-4}	Ce	46.1×10^{-4}	Ho	1.15×10^{-4}
Sn	40×10^{-4}	I	0.3×10^{-4}	Pr	5.53×10^{-4}	Er	2.47×10^{-4}
Nb	24×10^{-4}	Bi	0.2×10^{-4}	Nd	23.9×10^{-4}	Tm	0.20×10^{-4}
Co	23×10^{-4}	Cd	0.15×10^{-4}	Pm	4.5×10^{-24}	Yb	2.66×10^{-4}
Pb	16×10^{-4}	Ag	0.1×10^{-4}	Sm	6.47×10^{-4}	Lu	0.75×10^{-4}
Ga	15×10^{-4}	Au	0.005×10^{-4}	Eu	1.06×10^{-4}		
Be	6×10^{-4}	Sc	5×10^{-4}	Gd	6.36×10^{-4}		

稀土元素在地壳中分布有以下几个特点：

（1）稀土并不稀少，只是分散而已。稀土元素在地壳中丰度和一般常见元素相当，例如铈接近于锌，钇、钕和镧接近于钴和铅，甚至丰度较低的铥也比铌和铋丰度大。全部稀土元素在地壳中的丰度则比一些常见元素要高，例如比锌大 3 倍，比铅大 9 倍，比金大 3 万倍。

（2）在地壳中铈族元素比钇族元素丰度要大。铈族在地壳中的含量为 101g/t，钇族为 47g/t。

（3）稀土元素的分布不均匀。一般服从 Oddo-Harkins 规则，即原子序数为偶数的元素丰度较相邻的奇数元素的丰度大。但有些矿物例外，如风化壳淋积型稀土矿产品中镧的含量就大于相邻的原子序数为偶数的铈。

（4）在地壳中稀土元素主要集中于岩石圈中。如在花岗岩、伟晶岩、正长岩、火山岩的岩石中富集，富稀土矿化的岩体主要是碳酸岩。

745. 稀土元素的重要应用有哪些？

答：稀土元素的电子层结构特殊，具有独特的物理和化学性质，这就决定了它们有许多特殊的用途。

（1）冶金工业。稀土金属可作为钢铁的添加剂，起到脱硫脱氧作用，也可作为钢的变质剂，改善钢铁的性能。稀土在钢铁冷却过程中形成结晶核心，使钢组织细化；作为铸铁的球化剂，可提高铸铁的抗拉强度和加工性能。此外，稀土金属加入钢中可改善钢铁的塑性、冲击韧性、热加工性、耐热性、抗氧化性及增加耐磨性等。

有色金属与稀土组成合金，大都有特殊的功能。稀土镁合金，提高了镁的高温强度及抗蠕变强度，可用于飞机制造。稀土铝合金用作汽车发动机活塞，其热膨胀系数较小，耐热性良好。加入0.4%铈的钛合金可提高抗蠕变断裂的强度等。镍合金中加入铈、镧，电阻丝的寿命可增加2倍。总之，有色金属中加稀土，可使晶粒细化，改善加工性能和增加强度及耐磨性等。

（2）玻璃、陶瓷工业。二氧化铈用于各种玻璃的抛光，使用范围广，效果好，是因为其硬度与玻璃相同或稍高，达5.5~6.5。而且还能进行调整，再加上CeO_2属于球状立方晶系的晶体。二氧化铈还能作为玻璃的脱色剂、紫外线和电子射线的吸收剂，应用于电视机显像管的制造。也可用作玻璃着色剂，作为运输信号设备，使玻璃成像清晰、光泽好。含纯氧化钕的玻璃为鲜红色，含纯氧化镨的玻璃为绿色，并能随光源不同而显示不同颜色。

在陶瓷中，CeO_2有高效的失透作用，在失透性能方面1.2% CeO_2可与6% SnO_2相当。CeO_2加入低火度釉或搪瓷釉中效果最佳。镨黄是上等黄色原料，可在陶瓷上着色，使陶瓷制品鲜艳。

（3）石油化工。由于稀土离子能稳定X型和Y型沸石（分子筛）结构，因而广泛应用于石油催化裂化。例如在烷基化反应中：甲醇或CO加氢合成碳氢化合物的反应、烯烃加氢反应、石油的重油裂解等，用稀土离子交换的沸石显示出高活性。稀土氧化物不仅热稳定性和化学稳定性好，而且机械强度高，故可用作催化剂载体。许多试验及工业生产表明，稀土催化剂可提高石油裂化的汽油收率和降低生产成本，已在石油炼油厂广泛应用。

稀土化合物在合成橡胶、人造纤维及其他有机合成和合成氨过程中也用作催化剂。为将汽车尾气一氧化二氮转变为无公害的氮气，稀土催化剂成为首选催化剂。

（4）核工业。稀土用作热中子吸收体和热中子反应堆的控制材料，俘获截面积可分别高达$4.6×10^{-24} m^2$、$5.6×10^{-25} m^2$和$4.3×10^{-25} m^2$。

（5）光学材料。稀土光学玻璃可用于制作各种光学器件，例如照相机、显微镜、望远镜等的透镜和棱镜等，种类繁多。镧玻璃可提高玻璃的折射率和降低色散。此外，镧还能提高玻璃的化学稳定性，防止玻璃表面因水和酸而引起的表面变质，延长玻璃寿命，增大玻璃的硬度和提高玻璃的软化温度等。

稀土对激光也有振荡作用，因此可在以玻璃为基质的激光器中掺入Nd^{3+}，振荡波长为1.06μm，属于脉冲振荡，从而可廉价地生产光学性质均匀的大块料，适宜制作大功率振荡器。

由于稀土的荧光色调及衰减特性多种多样，可供不同的用途选择，且在高温300℃时，多数的发光效率都很高，稀土荧光粉可用作显像管中的红色和绿色荧光、照明用三基色节能灯和医疗用X射线传感器等。

（6）电子工业。由于 PTC 热敏电阻是用 La^{3+}、Y^{3+}、Gd^{3+}、Dy^{3+} 和 Nd^{3+} 等三价元素部分置换强电介质 $BaTiO_3$ 中的 Ba^{2+}，具有半导体性质，因此稀土 PTC 热敏电阻具有高效的控制过电流的作用，是良好的热电敏电阻。

（7）高温超导材料。由稀土钇和铜及钡合成的氧化物 $YBa_2Cu_3O_{9-x}$，可在 90K 的温度下实现超导，是很有应用前景的超导材料。此外，在电子工业中稀土还能作为变阻材料、固体电解质材料、光电子器件材料等。

（8）磁性材料。稀土金属具有较高的磁矩和特殊的磁学性质，它们与过渡金属制成的合金是极好的磁性材料，例如 Sm-Co 磁体和 Nd-Fe-B 磁体，现已得到广泛应用。稀土石榴子石型铁氧体（$Y_3Fe_5O_{12}$）也是一类重要的磁性材料，可用作制备磁泡和记忆元件，储存密度大，已用于信息储存。近年来稀土磁体已广泛用于计算机外围设备，例如在打字机送纸传送磁头的步进电机、点式打字机的打印头以及软盘驱动磁头装置上都有应用，它具有存取速度快的高性能，可缩短存取时间。

（9）储氢材料。人们很早就发现，稀土金属与氢气反应生成稀土氢化物 REH_2，这种氢化物加热到 1000℃ 完全分解，但加入某些第二金属形成合金后，在较低温度下即可吸收和释放出氢气，可作为一种储氢材料。$LaNi_5$ 合金其氢化物 $LaNi_5H_6$ 中的氢密度等于氢气的 1000 倍，可见 $LaNi_5$ 合金储氢能力很大，可望作为氢的载体，实现使用无污染的氢能源。储氢材料还能用于蓄热和热泵、蓄电池和燃料电池、氢气纯化等。

（10）医疗方面。稀土配合物可作为火烧伤药，具有收敛愈合作用。^{170}Tm 则可用作 X 射线放射源。某些稀土可用作 X 射线透视的增感材料，例如铽就可做成增感玻璃，提高诊断效率。

（11）农业应用。稀土硝酸盐对许多农作物都具有促进生长发育和明显增产的效果，特别是能使旱田作物像油料、瓜果、糖料、蔬菜和烟叶及粮食作物的品质得到改善，从而提高有效成分达到增产的效果。稀土微肥在我国东北的小麦生产区已大规模推广。

746. 中国稀土资源分布及典型稀土矿山有哪些？

答：中国稀土资源占世界的 33.19%，是一个名副其实的稀土资源大国。稀土资源极为丰富，分布也较为合理，这为中国稀土工业的发展奠定了坚实的基础。我国稀土资源的勘查与开发研究始于 20 世纪 50 年代初期至 80 年代末，发现并探明了一批重要稀土矿床，主要稀土矿有白云鄂博稀土矿、微山稀土矿、冕宁稀土矿、南方七省风化壳淋积型稀土矿、湖南褐钇铌矿和漫长海岸线上的海滨砂矿，此外还在内蒙古发现具有回收价值的易解石型的 801 稀土矿。

（1）白云鄂博稀土矿与铁共生，主要稀土矿物为氟碳铈矿和独居石，其比例为 2：1，都达到了稀土回收品位，故称混合矿，稀土总储量 REO 为 3500 万吨，堪称世界第一大稀土矿。

（2）微山稀土矿和冕宁稀土矿以氟碳铈矿为主，伴生有重晶石等，是组成相对简单的一类易选稀土矿。

（3）南方七省风化壳淋积型稀土矿是一种新型稀土矿种，它的选冶相对较简单，且含中重稀土较高，是一类很有市场竞争力的稀土矿。

（4）中国的海滨砂矿也极为丰富，在整个南海的海岸线及海南岛、台湾岛的海岸线可谓海滨砂存积的"黄金海岸"，有近代沉积砂矿和古砂矿，其中独居石和磷钇矿是处理海滨砂回收钛铁矿和锆英石时作为副产品加以回收的。

总之，中国的稀土资源具有储量大、矿种和稀土元素齐全、稀土品位高和矿点分布合理等特点。

747. 工业稀土矿物主要有哪些？

答： 稀土矿物有 250 多种，但能在工业上利用的矿物只有十几种：氟碳铈矿、独居石、磷钇矿、风化壳淋积型稀土矿、褐钇铌矿、磷灰石、氟碳钙铈矿、氟碳钙钇矿、硅铍钇矿、铌钇矿、黑稀金矿、复稀金矿、钇易解石、铈易解石、铈铌钙钛矿和榍石，其中前四种是主要工业矿物。

748. 稀土总量和单一稀土测定方法有哪些？

答： 一般测定稀土总量的方法有：重量法、容量法和分光光度法。由于不同的稀土元素的用途差别很大，因此需求变化也很大，分离出单一稀土的价格也相差很大。因此，在评价一个矿山的开采价值时必须要了解混合稀土中各稀土元素的含量即稀土的配分。为此，要对混合稀土中各稀土含量进行测定，目前只能用光谱分析法才能完成这个任务。稀土元素的直接光谱测定一般可满足 99.9%（3N）的单一稀土纯度分析要求，采用控制光谱分析可达 99.99%（4N）分析要求，对于 99.999%（5N）则要求进行化学处理、分离杂质才能进行。目前使用得较多的是 ICP 法和 X 射线荧光光谱法。

749. 中国风化壳淋积型稀土矿分布及特征是什么？

答： 风化壳淋积型类型分布表现为：花岗岩、碱性花岗岩和千枚岩的风化壳稀土呈面状分布且不连续；火山岩风化壳型稀土矿呈带状分布且不连续，在中南岭南地区产出较少；碱性岩风化壳型稀土矿呈线状分布，在岭南地区产出分散，但矿层集中，多为小矿，集中产在裂隙带、破碎带和糜棱岩化带。

750. 风化壳淋积型稀土矿成矿原因是什么？

答： 风化壳淋积型稀土矿的形成条件十分复杂，主要有 3 个因素，缺一不可。（1）原岩中必须含稀土矿物，这是稀土来源的充分条件；（2）稀土必须是赋存在可风化的稀土矿物和副矿物中，这是满足稀土矿物风化后形成稀土离子的内在条件；（3）原岩必须处于温暖湿润的气候地区，受生物、物理和化学作用，这是符合原岩风化的外在条件。此外，其矿床成矿地质条件还受岩石条件、构造条件和表生条件等多种因素的控制。

（1）岩石条件。岩石化学成分控矿特征表现为矿化酸度差异、与碱金属结合差异和钙控矿差异三种，如钇族稀土元素矿化较铈族稀土元素矿化需要更大的酸度；前者与钠质成分关系较为密切，而后者与钾质成分更为相关；在熔浆演化晚期形成的钇族稀土元素矿化所要求的钙质含量比铈族更低。

稀土元素矿化类型与岩体产状及规模、岩石中造岩矿物含量及特征、岩石中稀土元素矿物种类及含量存在着一定的关系，如具有多成因和多期状侵入活动特点的复式及含富硅、富碱、贫二价离子、Fe^{3+}、Ti^{4+} 的岩石对稀土元素矿化均有利。

（2）构造条件。含矿岩体及单个矿床或矿体的产出往往受到构造条件的控制。区内构造控岩控矿的基本形式表现为东西向构造带主导控岩控矿、新华夏系构造带主导控岩控矿和东西向构造带与新华夏系构造带复合控岩控矿三个方面。

（3）表生条件。该类矿床的形成经历了内生作用和外生作用两个阶段，二者缺一不可。表生作用与地理气候、地势和地貌等条件有密切的关系。该类矿床分布于北纬 22°～29°、东经 106°30′～110°40′ 区域内，尤以北纬 24°～26° 之间矿床最为密集。其次，该类矿床大多产于海拔高度小于 550m、高差 250～60m 的丘陵地带，以平缓低山和水系发育为特征。在局部地貌上表现为微细地形起伏，对成矿有利。一般来说，山脊比山坳、山顶比山腰、山腰比山脚、缓坡比陡坡、宽阔山头比狭窄山头更有利于成矿。

751. 稀土元素的种类有哪些？

答： 依据稀土硫酸盐的溶解度，常把稀土元素分为轻、中、重稀土三组，轻稀土元素为 La、Ce、Pr、Nd 四个，中稀土元素为 Sm、Eu、Gd、Tb、Dy 五个，重稀土元素为 Ho、Er、Tm、Yb、Lu 和 Y 共六个。

752. 稀土元素具有哪些价态？

答： 稀土元素的正常氧化态是 +3 价，即 $(ns)^2$、$(n-1)d^1$ 或者 $4f^1$，但个别

稀土元素正好电离失去 2 个或者 4 个电子，可使 4f 轨道呈现出或者接近于全空、半充满或全充满的稳定结构，它们可能出现+2 价或者+4 价。例如钐、铕和镱可出现+2 价，而铈、镨和铽可呈现+4 价，其中+2 价铕和+4 价铈具有一定的稳定性，可在水溶液中存在。

753. 何谓稀土配分？

答：稀土配分指岩石或矿物中稀土元素含量之间的比例关系。即以岩石或矿物中稀土元素总含量为 1，各稀土元素在其中所占的比例。一般以稀土元素或其氧化物百分数表示。在矿物中，根据配分情况又可分为两种类型：完全配分型和选择配分型。前者指铈族和钇族稀土含量接近，或既可以选择铈族，也可以选择钇族，即其配分不定的类型。如硅铍钇矿就属完全配分型。后者是指各稀土元素含量差别悬殊，其配分总以某一种（或一组）稀土元素配分值最高，而其他稀土元素（或一组）配分值很小的配分型。如独居石属铈族选择配分型，磷钇矿属钇族选择配分型。岩石或矿物中的稀土配分，对矿床成因及其物质来源的研究很有意义。

754. 稀土离子的颜色特征是什么？

答：稀土元素中的钇、钪和镧的+3 价是无色的，具有 4f 电子的镧系元素呈三价态时，全空 $4f^0$ 和全满 $4f^{14}$ 是无色的，由于 f^7 特别稳定，不易激发电子，所以 Gd^{3+} 也是无色。此外接近 f^0、f^1、f^{13} 与 f^{14} 的元素也是无色的。有 f^x 和 f^{14-x} 结构的离子，颜色都大致相似。一般来说，稀土元素变价离子都有颜色，例如 Ce^{4+} 为橘红色，Sm^{2+} 为红棕色，Eu^{2+} 为浅黄色，Yb^{2+} 为绿色。

755. 稀土元素原子半径及离子半径变化规律是什么，何谓镧系收缩？

答：金属的原子半径，是金属晶体中两个原子的核间距的一半。除铕及镱反常外，镧系元素金属原子半径从镧（0.1877nm）到镥（0.1734nm）呈略有缩小的趋势，这是金属原子半径要比离子多一层的缘故。

三价稀土离子的半径，从钪到镧依次增大，这是由于随电子层的增多，半径相应增加。稀土离子的半径与同价的其他金属离子相比是比较大的。例如，Al^{3+} 为 0.055nm，Fe^{3+} 为 0.0671nm，Co^{3+} 为 0.065nm，而三价稀土离子半径则为 0.085~0.106nm（Sc^{3+} 除外），只有三价邻近元素与 Tl^{3+} 的离子半径和稀土差不多。稀土元素的原子半径及离子半径列于表 9-3。

镧到镥这 15 个稀土元素离子的电子层数都是 5 层，但半径随着原子序数增加而减小。这一现象叫做"镧系收缩"。

表 9-3　稀土元素的原子及离子半径　　　　　　　　　（nm）

元　素	金属离子半径	离 子 半 径		
		RE^{2+}	RE^{3+}	RE^{4+}
Sc	0.1641		0.068	
Y	0.1801		0.088	
La	0.1877		0.1061	
Ce	0.2824		0.1034	0.092
Pr	0.1828		0.1013	0.090
Nd	0.1821		0.0995	
Pm	(0.1810)		(0.0979)	
Sm	0.1802	0.111	0.0964	
Eu	0.2042	0.109	0.0950	
Gd	0.1802		0.0938	
Tb	0.1782		0.0923	0.080
Dy	0.1773		0.0908	
Ho	0.1766		0.0894	
Er	0.1757		0.0881	
Tm	0.1746	0.094	0.0869	
Yb	0.1940	0.093	0.0858	
Lu	0.1734		0.0848	

　　镧系收缩的原因是由于有效核电荷作用，在镧系元素中，原子序数加 1，就增加 1 个核电荷和 1 个电子，新增加的电子不是填充到最外层，而是填充到 4f 轨道上。但 4f 电子只能部分屏蔽所增加核电荷（一般认为是 85%），这导致核电荷对外层的电子吸引作用相对增加，从而引起原子半径或离子半径的缩小。这样原子序数越大，半径就越小，并且是有规律地减少。

　　镧系收缩效应不但影响镧系元素的离子半径，而且也影响镧系后面几个元素 Hf^{4+}、Ta^{5+} 和 W^{6+} 的半径，使得锆和铪、铌和钽、钼和钨的离子半径相差不多，化学性质相近，从而造成这三对元素彼此之间在分离上的困难。

　　镧系收缩的结果为，三价稀土元素离子半径从 0.1061nm（La^{3+}）缩小到 0.0848nm（Lu^{3+}），共缩小 0.0213nm，平均两个相邻元素之间缩小 0.0015nm。在萃取、离子交换及化学分离等生产工艺中应用的稀土配合物，大多数都是稀土与氧结合，电价键是主要的结合力，其强弱与核间距离的平方成反比，所以稀土离子半径的大小这个几何因素是决定稀土离子络合能力强弱的主要因素之一。稀土离子半径随原子序数增加而收缩，它的络合能力则随原子序数增加而增强，在生产上可以利用络合能力的强弱来分离稀土元素。

由于离子半径相似，晶体中的稀土离子彼此可以互相取代而呈类质同晶现象。钇的离子半径为0.088nm，和重稀土差不多，介于钬与铒之间，所以常与重稀土元素共存于矿物中；钪的离子半径为0.068nm，相差较远，故一般不与稀土矿共存。

756. 稀土元素的氧化还原性有哪些？

答：在1mol/L的高氯酸、硝酸和硫酸的酸性介质中，Ce^{4+}/Ce^{3+}的标准氧化还原电位分别为1.70V、1.01V和1.44V，这表明Ce^{4+}是一个强氧化剂，可用来氧化Fe^{2+}、Sn^{2+}、I^-和有机化合物等。所以在容量分析中，硫酸亚铁铈铵，俗称莫尔盐或摩尔盐，简称FAS，常可用作氧化滴定剂。二价铕相对比较稳定，在隔绝空气的条件下能稳定存在。四价的镨和铽通常只能以固体状态存在，溶于酸便被还原成三价化合物，它们的氧化还原电位虽高却极不稳定。

757. 稀土元素的酸碱性质特点是什么？

答：镧系元素的碱性随原子序数的增大而逐渐减弱。由于离子半径逐渐减小，对阳离子的吸引力逐渐增强，氢氧化物离解度也逐渐减小。镧的碱性最强，轻稀土金属氢氧化物的碱性比碱土金属氢氧化物的碱性稍弱，氢氧化钇的碱性介于镝与钬之间。钪是碱性最弱的一个，当pH值为4.90时，即开始生成氢氧化钪，它具有两性，能溶于强碱。四价稀土氢氧化物的碱性较三价的氢氧化物弱，二价稀土的氢氧化物的碱性最强。

758. 稀土难溶盐化合物包含哪些？

答：稀土的难溶化合物很多，主要有氟化物、氧化物、复合氧化物、氢氧化物、碳酸盐、氟碳酸盐、磷酸盐、硅酸盐和草酸盐。除草酸盐外，其他化合物都在自然界中存在，组成各种稀土矿物，例如磷酸盐的独居石（$REPO_4$）和磷钇矿（YPO_4）、氟碳酸盐的氟碳铈矿（$CeFCO_3$）。

759. 稀土可溶盐化合物包含哪些？

答：在稀土矿物加工和稀土分离中最重要的稀土可溶盐是卤化物、硫酸盐和硝酸盐。

760. 稀土配合物的配位特点是什么？

答：由于稀土元素（除钪和钇镧外）的大部分稀土离子都含有未充满的4f电子，4f电子的特性就决定了稀土离子的配位特征：（1）4f轨道不参与成键，故配合物的键型都是离子键，极少是共价键，因此配合物中配体的几何分布将主要决定于空间要求。（2）稀土离子体积较大，配合物将要求有较高的配位数。（3）从金属离子的酸碱性出发，稀土离子属于硬酸类型，它们与硬碱的配位原子如氧、氟、氨等有较强的配位能力，而与属于弱碱的配位原子如硫、磷等的配位能力则较弱。（4）在溶液中，稀土离子与配体的反应一般是相当快的，异构现象较少，拆分稀土配合物的异构体相对困难。

761. 什么是稀土配合物的稳定性？

答：配合物的稳定性可用稳定常数来表征。大量数据显示，稀土元素配合物稳定常数不是简单地随原子序数增加而有规律地变化。一般来说，三价轻稀土元素随原子序数递增而离子半径减小，同类型配合物的稳定常数平行地递增，而重稀土元素（三价）稳定常数则依赖于配体。大致可分为 3 种类型：（1）随原子序数增加，同类型配合物的稳定常数递增；（2）随着原子序数增加，Gd 至 Lu 的同类型配合物几乎是不变或者变化很小；（3）随着原子序数增加，在 Dy 附近，同类型配合物先有最大值而后又下降。

762. 什么是稀土元素的钆断效应？

答：钆断效应是指在稀土化合物性质与原子序数的对应变化关系中，在钆附近出现了不连续现象。在稀土配合物稳定常数与原子序数的变化关系中，钆断效应是一个不能忽略的现象。它表现在每种配体所生成的稀土配合物系列中，钆附近都有一个不规则的配合物稳定常数值。

763. 什么是稀土元素的四分组效应？

答：四分组效应是指 15 个镧系元素的液-液萃取体系中以 $\lg D$（分配比）对 Z（原子序数）作图，能用四条平滑的曲线将图中标出的 15 个点分成四组。钆介于第二和第三组的交点上。

四分组效应把镧系元素分成四组：

第一组　La, Ce, Pr, Nd　　　　　　第三组　Gd, Tb, Dy, Ho

第二组　Pm, Sm, Eu, Gd　　　　　　第四组　Er, Tm, Yb, Lu

研究表明，在中性、酸性磷型萃取剂、螯合萃取剂、亚砜萃取剂等对镧系元素的萃取分配比的对数值与原子序数关系中均存在四分组效应，并且该效应也反映在镧系元素配合物的其他热力学数据与原子序数的关系上。

非常有趣的是，赵振华等人在研究天然稀有金属花岗岩的稀土元素配分时，也发现了稀土四分组效应，并指出花岗岩的稀土元素四分组效应在熔体-流体共存体系中形成，是识别稀土矿化花岗岩的重要标志。

9.2 稀土冶金概述

764. 稀土精矿有哪些处理方法？

答：（1）酸分解法，包括硫酸、盐酸和氢氟酸分解等。硫酸分解法适用于处理磷酸盐矿物（如独居石、磷钇矿）和氟碳酸盐矿物（氟碳铈矿）。盐酸分解法应用有限，只适用于处理硅酸盐矿物（如褐帘石、硅铍钇矿）。氢氟酸分解法适用于分解铌钽酸盐矿物（如褐钇铌矿、铌钇矿）。酸分解法的特点是分解矿物能力强，对精矿品位、粒度要求不严，适用面广，但选择性差、腐蚀严重、操作条件差、"三废"较多。

（2）碱分解法，主要包括氢氧化钠分解和碳酸钠焙烧法等，它适合对稀土磷酸盐矿物和氟碳酸盐矿物的处理。对于个别难分解的稀土矿物也有采用氢氧化钠熔合法。碱法分解的特点是工艺方法成熟，设备简单，综合利用程度较高。但对精矿品位与粒度要求较高，污水排放量大。

（3）氧化焙烧方法，主要用于氟碳铈矿的分解。焙烧过程中氟碳铈矿被分解成稀土氧化物、氟氧化物、二氧化碳及氟的气态化合物，其中三价的铈氧化物同时被空气中的氧进一步氧化成四价的氧化物。该方法的缺点是氟以气态化合物随焙烧尾气进入大气中，对环境有一定的污染。优点是焙烧过程中无需加入其他的焙烧助剂，并且利用四价铈与三价稀土元素的化学性质上的差别，可以采用硫酸复盐沉淀或盐酸优先溶解三价稀土元素的措施。

（4）氯化法，分解稀土精矿可以直接制得无水氯化稀土，其产品可用于熔盐电解制取混合稀土金属。

765. 独居石的主要分解方法是什么？

答：独居石是稀土和钍的磷酸盐矿物，化学式（Ce，La，Th）PO_4。由于稀土磷酸盐化学性质非常稳定，工业上采用的分解方法主要是硫酸或纯碱焙烧以及氢氧化钠分解。现在广泛用于生产的是氢氧化钠分解方法，该方法主要包括氢氧化钠分解，磷碱液回收，稀土与杂质分离和钍、铀回收四个部分。

766. 氟碳铈矿-独居石混合矿的主要分解方法是什么？

答：氟碳铈矿-独居石混合稀土精矿是我国特有的一种复合型稀土矿物，由于混合精矿中含有高温下十分稳定的稀土磷酸盐矿物（独居石），常温下难以用酸分解，使用的方法目前仅限于硫酸焙烧和氢氧化钠溶液分解两种。焙烧主要影响因素有：焙烧温度、硫酸用量、精矿粒度。

767. 氟碳铈矿在工业上采用的主要分解方法有哪些?

答: 氟碳铈矿的化学式是 $REFCO_3$,是稀土碳酸盐和稀土氟化物的复合化合物,其中以轻稀土元素为主,铈占稀土元素的 50% 左右。氟碳铈矿在空气中 400℃ 以上可分解成稀土氧化物和氟氧化物,在常温下盐酸、硫酸、硝酸溶液可以溶解氟碳铈矿中的碳酸盐。目前常见的分解工艺有:(1)氧化焙烧—稀硫酸浸出—复盐沉淀;(2)烧碱分解;(3)氧化焙烧—稀硫酸浸出—还原沉淀;(4)纯碱焙烧—稀盐酸(稀硝酸)浸出;(5)氧化焙烧—稀硫酸浸出—萃取分离;(6)纯碱焙烧—稀硫酸浸出—萃取分离;(7)焙烧分解—预先分离处理—稀硫酸浸出—萃取分离;(8)氧化焙烧—稀盐酸优先浸出;(9)盐酸—氢氧化钠两步分解法;(10)铝盐浸出。

以上工艺各有特点,主要是根据产品方案而设计的。其中,工艺(2)、(3)、(10)适合生产混合稀土产品;工艺(1)、(4)~(8)适合生产氧化铈和富镧稀土产品,尤其是工艺(5)~(7)流程中设置了萃取分离工艺,可以根据产品的要求进一步的分离单一稀土或分组稀土。这些工艺按矿物的分解方式可归纳为碱分解工艺和氧化焙烧两大类。

768. 褐钇铌矿在工业上采用的主要分解方法是什么?

答: 褐钇铌矿中含有 REO 30%,$(Ta, Nb)_3O_5$ 30% 以及 U、Th 3%~5% 等放射性元素,工业上主要采用氢氟酸来分解褐钇铌矿。分解后,稀土、铀及钍生成氟化物沉淀析出,而钽、铌及铀则生成可溶性的络合物或氟化物进入溶液,使之与稀土和钍初步分离。

分解原理如下:

$$RE_2O_3 + 6HF === 2REF_3 + 3H_2O \tag{9-1}$$

$$Nb_2O_5 + 14HF === 2H_2NbF_7 + 5H_2O \tag{9-2}$$

$$Ta_2O_5 + 14HF === 2H_2TaF_7 + 5H_2O \tag{9-3}$$

$$ThO_2 + 4HF === ThF_4 + 2H_2O \tag{9-4}$$

769. 磷钇矿在工业上采用的主要分解方法是什么?

答: 磷钇矿属于磷酸盐稀土矿物,与独居石相比具有钇含量高(Y_2O_3/REO 比大于 50%)、轻稀土含量低($REO_{轻稀土}$/ REO 比小于 10%)、放射性元素含量低(ThO_2 含量小于 2%)等特点。由于该种矿物比独居石难分解,因此需采用浓硫酸、液碱加压、碱熔融及碳酸钠焙烧等方法分解。分解后,冷却,用冷水浸出 $RE_2(SO_4)_3$ 和 $Th(SO_4)$。经过滤除去石英、金红石、钛铁矿、锆石等非稀土矿物。滤液中加入 10% 浓度的焦磷酸钠溶液,在 pH 值为 1.0 时,沉淀出焦磷酸钍,使溶液得到净化。将净化的溶液酸度调整为 pH = 1 ~ 2，采用草酸沉淀法回收稀土。

770. 风化壳淋积稀土矿矿床的特征是什么？

答：稀土元素矿床的特征归纳起来主要有：矿石矿物组成复杂的难选性、综合利用潜力大的有用矿物多样性、稀土元素的选择性、矿石具有的放射性、矿床规模悬殊很大的不等性及矿床成因的复杂性。

（1）矿石的难选性。绝大多数的稀土矿床所含的有用矿物和脉石矿物众多。例如，包头稀土矿床含有氟碳铈矿、独居石、萤石、磁铁矿、假象赤铁矿、重晶石、方解石、石英、长石等。它们的浮游性、密度、磁性、导电性都很相近，这给矿石分选稀土矿物带来很大困难，而内生多金属矿床和砂矿床更是如此。

（2）有用矿物的多样性。稀土矿床无论是内生或者外生，一般均含有多种工业矿物，综合利用潜力很大。例如海滨砂矿，不仅含独居石和磷钇矿等稀土矿物，而且往往还含有钛铁矿、金红石、锆英石、锡石及黑钨矿等。又如我国西南某地氟碳铈矿，除稀土矿物氟碳铈矿外，所含重晶石等也达到了工业回收品位，可综合利用。

（3）稀土元素的选择性。各种稀土矿物的稀土配分相差很大，表现在稀土元素矿床往往不是同时富集稀土元素，而使稀土元素具有明显的选择性。一般来说，铈族稀土元素主要富集在有关碱性岩类的矿床中，钇族稀土元素则多富集在花岗岩型稀土矿床中，有的矿床钇元素可达到85%。但多数大型稀土矿床都以铈族稀土为主。

（4）矿石的放射性。稀土矿床所产矿石往往伴生有放射性元素钍矿物和铀矿物，故稀土矿床一般都有放射性。但也有例外，如大多数风化壳淋积型稀土矿床的放射性很低。

（5）矿床规模大小悬殊的不等性。稀土矿床含 $\sum REO$ 大都在万吨左右，但许多风化壳淋积型稀土矿床含 $\sum REO$ 仅有百余吨，大的也只有千吨左右，而有的甚至只有几十吨，都属于小型稀土矿床。相反有的稀土矿床像白云鄂博稀土矿床和美国芒廷帕斯稀土矿床稀土储量特大。总之，稀土矿床规模悬殊很大。

（6）矿床成因的复杂性。稀土矿床的成因十分复杂，有许多类型，不仅有内生矿床，还有变质矿床、外生矿床及复杂成因的矿床。成矿母岩有花岗岩、正长岩、碳酸岩、碱性和超基性岩等。具有工业意义的稀土矿床主要有白云鄂博式铁-稀土-铌矿床、美国芒廷帕斯含稀土碳酸盐的热液脉状矿床、西南牦牛坪霓石碱性花岗岩及其派生的碱性岩脉-碳酸岩脉型多金属稀土矿床、海滨砂矿床及龙南花岗岩风化壳淋积型稀土矿床，还有可综合回收稀土的沉积型含稀土磷块岩磷霞石及含铀砾岩的矿床等。

（7）矿床稀土品位差异大。大多数稀土矿床的稀土品位都在 5% 以上，有的只有 5‰，例如风化壳淋积型稀土矿床一般都在 0.1% 左右。这样使得有的稀土矿床例如原生矿床等评价指标曾定得很低。而现今开采的内生矿床，其矿石稀土品位多在 4% 以上。对于稀土元素在矿床中仅作为伴生有价元素回收的矿床，则工业指标主要以该矿床中最主要的有用元素而定，如含稀土磷块岩对稀土不作要求，工业指标依磷而定。

771. 风化壳淋积稀土矿中稀土元素有何赋存特点？

答： 稀土元素在矿物中间的赋存形式可分为 4 种：

（1）水溶相稀土。稀土矿中水溶相稀土是指由于风化等原因形成的稀土离子或水合稀土。离子随淋滤水而迁移，但又还未被吸附的游离态稀土，这种水溶相稀土一般在矿物中含量很低，对稀土元素地球化学迁移有一定意义，也是稀土生物无机化学和稀土农用研究的对象之一。

（2）离子相稀土。稀土矿物中离子相稀土是指以水合阳离子或羟基水合阳离子这种状态被吸附在黏土矿物上的稀土，这种离子状态的稀土含量在风化壳淋积型稀土矿矿物中达到占稀土总含量的 80% 以上，所以当时将这类稀土矿称之为离子吸附型稀土矿，现在才改称为风化壳淋积型稀土矿，由于稀土是以离子状态存在，因此决定了它的提取技术也相应地改变，而不能用普通的物理选矿方法，而应该采用离子交换方法进行提取。

（3）胶态沉积相（不溶的氧化物或氢氧化物相，如 $CeO_2 \cdot nH_2O$ 等）。稀土矿物中的胶态相稀土是指稀土以水不溶性的氧化物或氢氧化物胶体沉积在矿物上或与某种氧化物成键的稀土，这是一种被确定的新的稀土赋存状态。富含稀土的原岩在天然风化条件下，地下水介质 pH 值略显酸性，pH 值为 6.0～7.0，风化产生的锰和铁都是无定型的氢氧化物，然后脱水聚合形成表面带羟基的非晶质 Mn-Fe 氧化物，稀土矿物也风化形成氢氧化物，沉积在非晶质 Mn-Fe 氧化物上，进一步脱水形成一个高聚合度的类无机高分子氧化物。这种胶态相稀土用一般的物理选矿方法无法富集，也不能用离子交换的方法提取，而必须用化学的方法提取。风化壳淋积稀土中含有的铈元素，有一部分是以四价氧化物铈或氢氧化铈状态沉积在黏土矿物上，就是典型的胶态沉积相稀土赋存状态。

（4）独立矿物相。稀土矿物中的矿物相稀土是指稀土以离子化合物形式参与矿物晶格，构成矿物晶体不可缺少的部分，或者以类质同晶置换形式分散于造矿物中的稀土。在矿物晶格中，稀土元素一般呈三价，也有二价的铕和镱，四价的铈和铽，包括稳定的稀土元素独立矿物（独居石和磷钇矿等）和不稳定的稀土元素矿物（稀土的氟碳酸盐矿物、褐帘石和铈硅磷灰石等）由于稀土离子是强亲氧性的过渡元素离子，所以大部分稀土矿物以各种含氧酸盐的形式出现，也有以氧化物形式出现的，这种矿物相赋存状态的稀土其结合能较高，一般这种矿物相稀土的提取难度也相应大些。以类质同象形式进入矿物中，包括副矿物（锆石、石榴石和榍石等）和造岩矿物（长石和云母等）。

不同风化壳淋积型稀土矿矿物，稀土含量各有不同，其矿石中的稀土选矿性能也随之变化。但是在一定的物理和化学条件下，这几种形态有时是可以相互转化的。

772. 风化壳淋积型稀土矿各相稀土采用哪些分相方法？

答：（1）水溶相。称取 500g 矿样用 2.5L 去离子蒸馏水浸取 1h，过滤浸取物；用相同条件，以错流方式浸取 10 遍，合并收集滤液，蒸馏浓缩后，采用偶氮胂Ⅲ分光光度法测定水溶相稀土含量，渣用于其他相测定。

（2）离子相。将水溶相浸取渣，用 2%(NH_4)$_2SO_4$ 反复浸出，直到没有稀土离子为止；合并收集浸出液，采用 EDTA 容量法测定稀土离子含量，浸出渣用于胶态相测定。

（3）胶态相。将离子相浸出渣用 2.5L 0.5mol/L $NH_2OH \cdot HCl$ + 2.0mol/L HCl 溶液搅拌浸取 1h，过滤浸出物；用相同条件，以错流方式浸取 5 遍，合并收集滤液，采用铜试剂分离提纯后，以偶氮胂Ⅲ分光光度法测定，浸出渣用于矿物相测定。

（4）矿物相。胶态相浸出渣经过氧化钠+氢氧化钠于 900℃ 熔融，再用盐酸溶解酸化，提纯后用草酸盐重量法分析矿物相稀土含量。

（5）总量分析。原矿样经过氧化钠+氢氧化钠于 900℃ 熔融，再用盐酸溶解酸化，提纯后，用草酸盐重量法分析稀土含量。

773. 风化壳淋积型稀土矿物的处理工艺是什么？

答：风化壳淋积型稀土矿中的稀土大多以离子相吸附在高岭石等铝硅酸盐矿物颗粒表面上。生产上采用电解质溶液直接渗浸提取稀土，有池浸工艺、原地溶浸工艺。从渗浸液中提取稀土的方法：沉淀法（草酸沉淀法、碳酸氢铵沉淀法）、液膜法萃取法、萃取法。

774. 常用稀土元素分离方法有哪些？

答：目前，稀土分离工艺的设计主要以溶剂萃取为主、离子交换为辅，并以遵循"萃少留多"的原则进行切割。所谓"萃少留多"是指在稀土萃取过程中，先萃取组分较少的稀土元素，使大部分稀土仍留在水相，这样可解决有机相的萃取容量问题，减少有机相的负载，有利于反萃和减少反萃剂。

自从我国南方稀土矿开发以后，传统的稀土分离工艺得到了很大发展。过去稀土矿物主要是以轻稀土为主，如氟碳铈矿、独居石等，只占稀土资源比重为5%的磷钇矿是以重稀土为主。现在矿山提供的稀土精矿配分发生了很大变化，有轻稀土型、中钇富铕型、中重稀土型和重稀土型等。为此，稀土分离工艺也发生了相应变化。所用萃取剂有 P507、P204 和环烷酸。

La、Y 的环烷酸分配系数最小，因此对于大多数中钇或富钇的稀土料液，首先用环烷酸萃取，把 La、Y 留在溶液中分离出 La、Y。然后用盐酸反萃出有机相中的其他稀土，再用 P507 萃取分组和分出单一稀土。从钐铕钆富集物中分离铕一般先用锌粉将铕(Ⅲ) 还原成铕(Ⅱ)，再用硫酸钡共沉淀 $EuSO_4$ 的氧化还原共沉淀法分离。目前，更先进的工艺是在闭路隔氧的还原柱中，用锌粒将 Eu(Ⅲ) 还原成 Eu(Ⅱ)，再用 P507 萃取的氧化还原萃取工艺。

应用徐光宪先生的多级串级萃取理论，设计的多出口工艺：三出口、四出口和五出口工艺都已在生产中应用。所用的级数也越来越多，一般都在 50 级以上。

775. 稀土萃取过程中常用的萃取剂有哪些?

答：萃取剂是指能与被萃物（如金属离子）相结合，并使被萃物萃入有机相的试剂。在稀土分离中，萃取剂的选择主要从金属离子的萃取分离因素、分配比和萃取剂本身的物理性能来进行。常用的稀土萃取剂按其组成和结构特点可分为含氧萃取剂、磷型萃取剂、胺型萃取剂及螯合萃取剂等。

（1）含氧萃取剂。酚和羧酸类化合物，以及醇、醚、酮、酯类化合物均属于含氧萃取剂，但从萃取机理上分类，这是两类不同的萃取剂。

酚和羧酸类萃取剂的萃取机理是通过酚羟基和羧基的氢离子与稀土离子交换而进行的，这类萃取剂的萃取能力取决于酚羟基和羧基的氢解离能力，也就是它的酸性大小及与金属离子的结合能力，酸性越大，萃取能力越大。工业上现普遍用环烷酸除去稀土中的铁，以及用它从稀土中分离出镧、钇。因为环烷酸对镧钇的萃取能力最差。

醇、醚、酮和酯类化合物均能萃取稀土和金属离子，它们的萃取机理都是由氧原子上未共用电子对与稀土配合引起的。氧原子的电子云密度是决定这类萃取剂萃取能力的一个重要因素。就萃取能力而言，一般来说，酮>醇>醚。这类萃取剂在工业上应用很少。

（2）磷型萃取剂。它可分为中性萃取剂和酸性萃取剂。

中性磷型萃取剂都是烷基类和氧化膦类，它们的分子式为：

$$(RO)_3P{=}O \qquad\qquad 磷酸三烷酯$$

$$\underset{\displaystyle R-P-(OR')_2}{\overset{\displaystyle O}{\overset{\displaystyle \|}{}}} \qquad\qquad 一烷基膦酸二烷酯$$

$$\underset{\displaystyle R_2-P-(OR')}{\overset{\displaystyle O}{\overset{\displaystyle \|}{}}} \qquad\qquad 二烷基膦酸一烷酯$$

$$R_3P{=}O \qquad\qquad 三烷基酯$$

中性磷型萃取剂均含有磷酰基（P＝O），由于 P 与 O 的电负性相差很大，P＝O 基有极性，电子云很大程度上偏向 O，形成 $\overset{\delta+}{P}{=}\overset{\delta-}{O}$。氧上电子云密度越大，其萃取能力就越强。它们的萃取能力为：

$$R_3PO > R_2PO > O(OR) > RP > O(OR)_2 > OP(OR)_3$$

这是因为烷基具有斥电子能力，可增强 P＝O 键上氧的电子云密度。中性磷型萃取剂的萃取机理与醇、酮、醚和酯的相似。

（3）酸性磷型萃取剂。它是由磷酸分子中的三个或部分羟基被烷基和烷氧基置换得到烷基磷酸、烷基膦酸和膦酸烷基酯，其分子式为：

$$\underset{\displaystyle ROP(OH)_2}{\overset{\displaystyle O}{\overset{\displaystyle \|}{}}} \qquad\qquad 一烷基磷酸$$

$$\underset{\displaystyle (RO)_2P-OH}{\overset{\displaystyle O}{\overset{\displaystyle \|}{}}} \qquad\qquad 二烷基磷酸$$

$$\underset{\displaystyle R-P(OH)_2}{\overset{\displaystyle O}{\overset{\displaystyle \|}{}}} \qquad\qquad 一烷基膦酸$$

$$\underset{\displaystyle R_2P-OH}{\overset{\displaystyle O}{\overset{\displaystyle \|}{}}} \qquad\qquad 二烷基膦酸$$

$$\underset{\displaystyle RO}{\overset{\displaystyle R}{}}\!\!\diagdown\!\!\underset{\displaystyle }{\overset{\displaystyle O}{\overset{\displaystyle \|}{P-OH}}} \qquad\qquad 一烷基膦酸一烷基酯$$

它们是弱酸，在分子中既含一个酸性的—OH 基，可按阳离子交换萃取稀土，同时还含一个能直接与金属配位的 P＝O 基，所以它们萃取能力特别强。虽然 P＝O 和 P—O 都能与稀土结合，但后者的能力更强。

典型的这类萃取剂有 P204、P507 和 P229，它们的烷基都是 R＝2-乙基己基，它们的结构式为：

$$\begin{array}{c} RO \\ \diagdown \\ P-OH \\ \diagup \\ RO \end{array} \quad\quad P204$$

$$\begin{array}{c} R \\ \diagdown \\ P-OH \\ \diagup \\ RO \end{array} \quad\quad P507$$

$$\begin{array}{c} R \\ \diagdown \\ P-OH \\ \diagup \\ R \end{array} \quad\quad P229$$

由于 RO—被 R—取代酸性降低，萃取能力下降，但选择性增强，对稀土的反萃也有利，其中 P204 和 P507 在稀土分离生产上应用广泛。

（4）胺类萃取剂。用作萃取剂的胺类化合物有伯胺、仲胺、叔胺及季铵盐等，其相对分子质量都要求在 250~600 之间，太低易溶于水，太高则影响萃取容量都不适宜作稀土萃取剂。

（5）螯合萃取剂。稀土离子形成电中性的螯合物而被萃取，螯合萃取剂种类很多，但由于螯合剂价格昂贵，只在分析上应用，在工业上应用很少。部分稀土萃取剂见表 9-4。

表 9-4　部分稀土萃取剂

名　称	结　构　式	代　号
甲基异丁基酮	$\begin{array}{c} CH_3 \\ \diagdown \\ CH-CH_2-\overset{\textstyle O}{\overset{\textstyle \|}{C}}-CH_3 \\ \diagup \\ CH_3 \end{array}$	MIBK
环烷酸	$R-\boxed{}-(CH_2)_n-\overset{\textstyle O}{\overset{\textstyle \|}{C}}-OH$	
甲基膦酸二甲酯	$\begin{array}{c} CH_3 \\ \| \\ CH_3-(CH_2)_5-CHO-\overset{\textstyle O}{\overset{\textstyle \|}{P}}-CH_3 \\ (CH_2)_5-CHO \\ CH_3-CH_3 \end{array}$	P350
磷酸三丁酯	$\begin{array}{c} C_4H_9O \\ \diagdown \\ C_4H_9O-P=O \\ \diagup \\ C_4H_9O \end{array}$	TBP

名　称	结　构　式	代　号
二（2-乙基己基）磷酸	$CH_3(CH_2)\!-\!CHCH_2O$，$CH_3(CH_2)_3\!-\!CHCH_2O$，C_2H_5，$P\!<\!{}^O_{OH}$	P204（DEHPA）
2-乙基己基磷酸单 2-乙基己酯	$CH_3(CH_2)_3\!-\!C\!-\!CH_2O$，$CH_3(CH_2)_3\!-\!C\!-\!CH_2$，$C_2H_5$，$P\!<\!{}^O_{OH}$	P507（EHEHPA）
2（1-甲基庚基）磷酸	$CH_3(CH_2)_5\!-\!CHO$，$CH_3(CH_2)_5\!-\!CHO$，CH_3，$P\!<\!{}^O_{OH}$	P215
三烷基胺	$N[C_nH_{2n+1}]_3$ $(n = 8 \sim 10)$	N235
甲基三烷基氯化铵	$\{CH_3N[(CH_2)_n]_3\}^+ Cl^-$ $(n = 6 \sim 10)$	N263
2-羟基-5 烷基二苯甲酮肟	结构式 R—苯环—OH—C—苯环，NOH	N510
1-苯基，3-甲基，4-苯甲酰基吡啶酮-5	$CH_3\!-\!C\!=\!C\!-\!C\!-\!O$ 结构式	PMBP

776. 影响稀土萃取过程分配比和分离系数的因素有哪些?

答：影响稀土萃取过程分配比和分离系数的因素有：酸度，料液稀土浓度及自盐析作用，萃取剂浓度。

777. 酸性萃取剂萃取分离稀土元素原理及特点是什么?

答：酸性萃取剂萃取分离稀土元素的特点是萃取剂都是有机弱酸，它与稀土离子以离子交换的形式发生交换反应，形成配合物被萃入有机相，例如 P204 和 P507 萃取稀土其反应式为：

$$RE^{3+} + 3(HA)_2 \rightleftharpoons RE(HA_2)_3 + 3H^+ \tag{9-5}$$

P204 和 P507 在煤油中形成二聚体，因此一个稀土需要 6 个 P204 或者 P507

与它配合萃入有机相。为了提高其萃取能力，工业上将 P204 或者 P507 的煤油用氨水皂化，皂化度一般控制在 30%~50%。

778. 中性萃取剂萃取分离稀土元素原理及特点是什么？

答：中性萃取剂萃取分离稀土元素的特点是萃取剂为中性的有机化合物（如 TBP、P350、TOPO 等），被萃物也以中性化合物，如 $La(NO_3)_2$、$Ce(NS)_3$ 等配合成中性配合物而被萃入有机相，例如 TBP 萃取硝酸镧和硝酸铈反应式如下：

$$La^{3+} + 3NO_3^- + 3TBP_{(有)} \rightleftharpoons La(NO_3)_3 + 3TBP_{(有)} \tag{9-6}$$

$$Ce^{4+} + 4NO_3^- + 2TBP_{(有)} \rightleftharpoons Ce(NO_3)_4 + TBP_{(有)} \tag{9-7}$$

779. 协同萃取分离稀土元素原理及特点是什么？

答：当两种或者两种以上萃取剂的混合物萃取某一金属离子化合物时，如其分配比显著大于某一萃取剂在相同条件下单独使用时的分配比之和，这种现象称为协同效应，这种萃取体系称为协同萃取体系。如当用两种酸性磷型萃取剂萃取时，即 $DEHPA[(HA)_2](P204)$ 和 $EHEHPA[(HB)_2](P507)$ 混合萃取，其反应方程式为：

$$Y^{3+} + m(HA)_{2(o)} + (3-m)(HB)_{2(o)} \rightleftharpoons YA_m(HA)_m B_{3-m}(HB)_{3-m(o)} + 3H^+ \tag{9-8}$$

协同萃取的平衡常数和分布系数 D 如下：

$$K_{m,\,3-m} = \frac{c_{YA_{2m}(HA)_m B_{3-m(o)}} \cdot c_{H^+}^3}{c_{Y^{3+}} \cdot c_{(HA)_{2(o)}}^m \cdot c_{(HB)_{2(o)}}^{3-m}} \tag{9-9}$$

当 $m = 0, 1, 2, 3$ 时，

$$D = \frac{3}{2} \frac{c_{YA_m(HA)_m B_{3-m}}}{c_{Y^{3+}} \cdot c_{YCl^{2+}}} \tag{9-10}$$

协同萃取有时是正效应，有时是负效应，有时则会出现一个最佳值。

780. 离子缔合萃取及萃取特点是什么？

答：萃取剂与水溶液接触后，被萃取金属离子以络阴离子（也有阳离子）与萃取剂以离子缔合方式形成萃合物被萃入有机相，属于这种萃取机理的萃取体系被称为离子缔合萃取。离子缔合萃取体系的萃取剂是含氧或含氮的有机化合物，稀土分离工业中应用的主要是含氮的胺类萃取剂。N1923 萃取剂在硫酸介质中可以选择性萃取 Th^{4+}、Ce^{4+} 的特点，对于开发氟碳和独居石混合型稀土精矿环保型无放射污染的情节处理工艺有重要意义。

781. 离子交换树脂类型与性质是什么?

答：根据树脂所带的功能团性质的不同，离子交换树脂可以分为强酸型、弱酸型、强碱型、弱碱型四种类型。

酸型树脂功能基上的阳离子可被溶液中的阳离子交换，也被称为阳离子交换树脂；碱型树脂功能基上参加离子交换的是阴离子，也被称为阴离子交换树脂。强酸和强碱型树脂的特点是电离度很高，在很大 pH 值范围内都可以达到理论交换容量；转型体积变化小，转型的盐类稳定，洗涤时不易水解。弱酸和弱碱型树脂的特点是电离度受 pH 值影响很大，只能适用于 pH 值变化小的交换体系，转型的盐类不稳定，洗涤时容易水解。

782. 离子交换色层法分离稀土元素原理及影响因素是什么?

答：在离子交换柱中先填入转过型的离子交换树脂，然后按一定速度流入混合氯化稀土溶液，让稀土和树脂上的官能团充分交换，而被吸附在树脂上。再用淋洗剂（一般含有配合剂的溶液）对树脂进行淋洗，洗去稀土离子。由于稀土离子和配合剂的配合能力不同，可有效地使稀土分离。离子交换色层可分为淋洗色层和置换色层。

吸附过程主要是起吸附稀土的作用，各工艺条件的变化对其影响不十分明显，反之，这些工艺因素的变化对淋洗过程却影响很大。影响淋洗分离的主要因素有以下几个方面：

（1）淋洗液 pH 值。适当降低 pH 值，有利于提高淋洗分离的选择性；应注意 pH 值过低也会影响淋洗剂对稀土离子的选择性。

（2）淋洗剂浓度。在溶解度允许的范围内，提高淋洗剂的浓度，可以提高流出液中的稀土浓度，缩短生产周期，过高会影响分离效果，导致络合物结晶析出。

（3）淋洗速度。淋洗速度过快，大于离子交换反应速度，则会降低分离效果，降低淋洗速度，可以使离子交换反应区域完全。

（4）淋洗温度。提高离子交换过程的温度，可使离子交换反应速度加快。

（5）柱比。柱比越大，交换反应越完全，分离效果越好。过大的柱比使生产周期延长，淋洗液和延缓离子的用量增加。合理的选择柱比十分重要。

783. 其他分离稀土元素的方法有哪些?

答：除溶剂萃取和离子交换色层方法外，用于工业中的分离稀土元素的方法还有：分级结晶法、分步沉淀法、氧化还原法、萃取树脂色层法、液膜萃取法以及气相传输分离等方法。

784. 稀土元素与非稀土杂质分离的方法有哪些？

答：稀土元素和非稀土杂质的分离可以分为粗分离和精制两方面。粗分离是稀土精矿分解制取混合稀土原料时除去其中的钍、磷、铁、铝、钙、钛和锰等杂质，常用的方法有中和法、草酸盐沉淀法、硫酸复盐沉淀法和萃取法等。精制是从稀土产品中除去微量的非稀土杂质，制取高纯稀土产品，常用的方法有草酸盐沉淀法、硫化物沉淀法和萃取法等。

785. 制备稀土氧化物的基本方法有哪些？

答：来自分离提纯阶段的稀土溶液大多呈稀土氯化物、硝酸盐或硫酸盐形态。为了制取纯度较高的稀土氧化物，通常是用草酸沉淀法，在中性或者弱酸性溶液中，预先将它们转化成稀土草酸盐。有些生产工艺为降低成本，也有用碳铵或碱液从稀土氯化物或硝酸盐的溶液中直接沉淀稀土碳酸盐或稀土氢氧化物的。现今生产稀土氧化物的初始物料主要是稀土的草酸盐、碳酸盐和氢氧化物。一般认为，稀土氢氧化物和草酸盐经过 $800\sim950℃$ 的灼烧可完全转变成稀土氧化物，而灼烧稀土碳酸盐的温度更高一些。大多数稀土生成 RE_2O_3 型氧化物，而铈、镨、铽则生成 CeO_2、Pr_6O_{11}、TbO_7 等高价氧化物。

786. 无水稀土氯化物的制备方法是什么？

答：无水稀土氯化物制备方法是将稀土氧化物或氢氧化物溶于盐酸中，可得稀土氯化物溶液。蒸发浓缩溶液至 RE_2O_3 含量为 $40\%\sim50\%$ 之后冷却结晶，并在 $100℃$ 下干燥，可制得水合稀土氯化物，水合稀土氯化物一般带 6 个结合水，其结晶水可用加热方法脱除。工业上制取无水氯化稀土是在有氯化铵存在时，采用真空脱水的方法。

787. 无水稀土氟化物的制备方法是什么？

答：制备无水稀土氟化物是采用从水溶液中沉淀水合稀土氟化物，然后脱水，或用氟化剂直接氟化稀土氧化物的方法。稀土氟化物的溶解度很小，用氢氟酸能使它从稀土的盐酸、硫酸或硝酸溶液中沉淀析出。水合稀土氟化物所含结晶水的量 n 是可变的，在 $100\sim130℃$ 干燥后，其 n 一般为 $0.3\sim1.0$。最终完全脱水温度为 $400\sim600℃$，且随稀土原子序数的增加而增高。

788. 稀土氯化物熔盐电解法制取稀土金属或合金原理是什么？

答：在工业生产中，由稀土的氯化物、氟化物和氧化物制取稀土金属，主要采用熔盐电解和金属热还原的方法。稀土化合物的化学稳定性都很强，它们的电极电位比氢更负，而氢在其表面的超电压又小，因而不可能从水溶液中电解生产稀土金属。在稀土氯化物电解中，熔融稀土氯化物既是电解质的组成之一，又是稀土电解的原料，它具有离子导电性质。在直流电场的作用下，稀土氯化物被电解还原，在阴极和阳极上分别析出熔融稀土金属和氯气。

789. 稀土氧化物-氟化物熔盐电解法制取稀土金属原理是什么？

答：稀土氧化物-氟化物熔盐电解的实质，是以稀土氧化物为原料，在氟化物熔盐中进行电解以析出稀土金属的过程。由于稀土氧化物和氟化物的沸点较高，蒸气压低，因此此法不仅可用以制取混合稀土金属，还可制取镧、铈、镨、钕等单一轻稀土金属及其合金。

790. 金属热还原制取稀土金属原理及要求是什么？

答：用金属还原剂还原稀土化合物，只有当反应的自由能变化 ΔG 为负值时，还原反应方可进行。金属镁与稀土卤化物和氧化物反应的 ΔG 具有正值或较小的负值，而钙、锂与稀土卤化物反应的 ΔG 均为负值。因此，钙、锂可作为还原剂将稀土卤化物还原成稀土金属。镧和铈能将其他稀土氧化物还原成金属。

采用金属热还原法制取稀土金属的前提条件是：被还原的稀土化合物易于制备，纯度高；反应物中非稀土杂质含量少，还原剂纯度在 99.9% 以上；反应容器与稀土金属及反应物作用小；还原反应须在惰性气体保护下进行（制备钐等在真空下进行）。

791. 热还原法制取稀土金属典型工艺是什么？

答：热还原法制取稀土金属典型工艺主要有稀土氟化物钙热还原法、稀土氯化物钙热还原法、稀土氯化物锂热还原法和稀土氧化物镧、铈热还原法。用还原剂金属钙将稀土氟化物还原金属的过程主要用于制取钆、铽、镝、钬、铒、铥、镥、钇等稀土金属。稀土氯化物钙热还原法用金属钙将稀土氯化物还原成金属，可用于制取镧、铈、镨、钕等轻稀土金属。

792. 稀土金属的提纯特点是什么？

答：稀土金属性质活泼，容易与金属和非金属杂质发生作用，因此提纯应在氩气或真空中进行，同时要选择适宜的坩埚和冷凝器，避免对稀土金属造成污染；由于提纯方法对去除稀土金属中的稀土杂质的效果较差，应选择稀土杂质尽量低的稀土金属作为提纯的原料。

9.3　稀土冶金过程中"三废"处理

793. 稀土冶金生产过程中产生的"三废"指哪些？

答：稀土冶金生产过程中产生的"三废"指废气、废水、废渣。

（1）废气主要有含尘气体和含毒气体。含尘气体有时会有放射性元素铀、钍的粉尘；含毒气体的主要有害物质有 HF、SiF_4、SO_2、Cl_2，各种酸、碱溶液的气溶胶，有机萃取剂及其溶剂的挥发物。

（2）废水的有害成分主要是悬浮物、酸、碱、氟化物、放射性元素、各种无机盐和有机溶剂等。

（3）废渣主要是选矿产生的尾矿、火法冶炼产生的熔炼渣、精矿分解后的不溶渣、湿法冶炼的沉淀渣、除尘系统积尘、废水处理后的沉淀渣。废渣常常含有放射性元素。

794. 稀土生产中废气的产生过程、组成是什么？

答：根据稀土矿石种类不同，稀土生产具有不同工艺，工艺类型不同会产生不同废气，典型例子如下：

（1）硫酸焙烧法处理氟碳铈矿所产生的工业废气中含有有害物质较多，主要有 HF、三氧化硫、二氧化硫、氟化硅和硫酸雾等。

（2）稀土氯化物熔盐电解产生的含氯废气主要是阳极产生的氯气。

（3）用电弧炉生产稀土硅铁合金过程中会产生大量烟气，烟气含二氧化碳、一氧化碳、氟化硅、低价硅氧化物、二氧化硫等。

（4）除上述工序产生废气外，在湿法冶炼中使用的化工材料也比较多，它们与物料发生反应时，易挥发或排出氯化氢、氟化氢气体及硝酸雾、氨气等。

795. 常用的废气处理方法有哪些？

答：废气的处理方法是根据废气中所含物质的性质来确定。对于颗粒物，采用旋风除尘器、布袋收尘器和静电除尘器等分离设备。废气的净化，一般有冷凝法、吸收法、吸附法、燃烧法和催化法等。对于稀土生产中产生的有害气体，通常采用适当的液体吸收剂或固体吸收剂进行净化处理，达到分离有害气体的目的。

796. 稀土生产中废水的来源及组成有哪些？

答：稀土生产中废水主要来源于稀土选矿、湿法冶炼过程。根据稀土矿物的组成和生产中使用的化学试剂的不同，废水的组成成分也有差异。总的来说，由于稀土矿物中多数都伴生有一些天然放射性元素和氟，因而稀土生产中废水有害成分主要来源于稀土矿物的放射性元素、氟化物和生产中使用的各种酸、碱、无机盐和有机溶剂，因此可分为放射性废水、含氟废水和酸碱废水。

797. 稀土生产中废水处理的方法有哪些？

答：（1）放射性废水的处理方法：化学处理法（中和沉淀除铀和钍、硫酸盐共晶沉淀除镭、高分子絮凝剂除悬浮物）和离子交换法。

（2）含氟废水的处理方法：酸性含氟废水的处理方法有石灰沉淀、中和等方法；碱性含氟废水的处理方法有石灰沉淀、偏磷酸钠和铝盐继续沉淀。

（3）含酸废水的处理方法：废烧碱液或石灰乳液中和处理。

798. 稀土生产中固体废物的特点及处理方法是什么？

答：稀土生产中产生的固体废物大多具有一定的放射性，非放射性或低放射性废渣量大，放射性比强度低，堆存时需占较大的场地。

放射性固体废物的贮存处理：渣坝（渣场）堆放和建立渣库贮存。其他处理方法有：固化法（水泥固化、沥青固化、玻璃固化）和高温焚化（熔化）处理。

799. 稀土生产放射工作场所如何规定？

答：从事稀土生产的场所，符合下列条件之一者应划为稀土生产放射工作场所。

（1）稀土物质中的天然铀、钍含量大于1‰，且日最大操作量大于下列值：

1）稀土开采、选矿、精矿干燥及冶炼，天然铀、钍总量10kg。

2）矿石场、精矿仓库、稀土合金仓库，天然铀、钍总量50kg。

（2）稀土物质中的天然铀、钍含量虽小于1‰，且满足一般的卫生防护条件，但生产场所空气中含铀粉尘和铀、钍系有关放射性核素的年平均浓度大于各自导出空气浓度的1/10时。

800. 稀土放射卫生防护基本要求是什么？

答：稀土生产放射工作场所应满足以下基本要求：

（1）甲级工作场所和乙级工作场所应设卫生通过间及专用洗衣房并配备防护衣具、监测设备和个人衣物贮存柜，以及提供皮肤、工作服相携出物品污染的监测设备、冲洗或淋浴设施及污染衣具的贮存柜。

（2）放射工作场所内部装修墙面和地面，所用材料应不易积尘和易于去污，并定期冲洗。

（3）应用局部排风除尘系统，使内部保持负压。局部机械通风应当与全面机械通风相结合，并保证不同级别工作场所的换气次数不得低于下列要求：甲级6~10次/时；乙级4~6次/时；丙级3~4次/时。

（4）由车间排出的含尘废气必须达到国家规定的排放标准。

（5）稀土生产放射工作场所空气中含铀、钍等天然放射性核素的粉尘浓度应低于 $2mg/m^3$。

（6）稀土生产许可证持有者应为工作人员提供适用、足够和符合卫生防护要求的个人防护用具。

参 考 文 献

[1] 王鸿雁. 有色金属冶金 [M]. 北京：化学工业出版社，2010.

[2] 张廷安，朱旺喜. 铝冶金技术 [M]. 北京：科学出版社，2014.

[3] 李兴旺. 氧化铝生产理论与工艺 [M]. 长沙：中南大学出版社，2010.

[4] 杨重禹. 轻金属冶金学 [M]. 北京：冶金工业出版社，2004.

[5] 陈国发. 重金属冶金学 [M]. 北京：冶金工业出版社，1992.

[6] 贺晓红，孙来胜. 铜冶金生产技术 [M]. 北京：冶金工业出版社，2017.

[7] 彭容秋. 铜冶金 [M]. 长沙：中南大学出版社，2004.

[8] 王吉坤，张博亚. 铜阳极泥现代综合利用技术 [M]. 北京：冶金工业出版社，2008.

[9] 彭容秋. 锌冶金 [M]. 长沙：中南大学出版社，2005.

[10] 王吉坤. 铅锌冶炼生产技术手册. [M]. 北京：冶金工业出版社，2012.

[11] 雷霆，余宇楠，李永佳，等. 铅冶金 [M]. 北京：冶金工业出版社，2012.

[12] 中国有色金属协会. 中国镍业 [M]. 北京：冶金工业出版社，2013.

[13] 陈自江. 镍冶金技术问答 [M]. 长沙：中南大学出版社，2013.

[14] 北京有色冶金设计研究总院. 重有色金属冶炼设计手册·铜镍卷 [M]. 北京：冶金工业出版社，1996.

[15] 李洪桂. 钨冶金学 [M]. 长沙：中南大学出版社，2010.

[16] 向铁根. 钼冶金 [M]. 长沙：中南大学出版社，2009.

[17] 孙戬. 金银冶金 [M]. 北京：冶金工业出版社，1998.

[18] 宋庆双，符岩. 金银提取冶金 [M]. 北京：冶金工业出版社，2012.

[19] 卢宜源，宾万达. 贵金属冶金学 [M]. 长沙：中南工业大学出版社，1994.

[20] 余建民. 贵金属分离与精炼工艺学 [M]. 北京：化学工业出版社，2006.

[21] 石富. 稀土冶金技术 [M]. 北京：冶金工业出版社，2009.

[22] 张长鑫，张新. 稀土冶金原理与工艺 [M]. 北京：冶金工业出版社，1997.